# 建筑识图与构造

主　编　焦欣欣　高　琨　肖　霞
副主编　王苏娜　朱　飞　马桂芬
　　　　陈　萍
参　编　马卫明　王　婧　安镜如
　　　　韩　锐

北京理工大学出版社
BEIJING INSTITUTE OF TECHNOLOGY PRESS

## 内 容 提 要

本书按照高等院校人才培养目标以及专业教学改革的需要，依据最新标准规范进行编写。全书共分为十三章，主要内容包括建筑制图基本知识、投影原理、剖面图与断面图、房屋建筑概述、基础与地下室构造、墙体构造、楼地层构造、楼梯与电梯、门窗构造、屋顶构造、建筑变形缝构造、单层工业厂房构造、建筑工程施工图识读等。

本书可作为高等院校工程造价等相关专业的教材，也可作为函授和自考辅导用书，还可供工程项目施工现场相关技术和管理人员工作时参考使用。

**版权专有　侵权必究**

### 图书在版编目（CIP）数据

建筑识图与构造 / 焦欣欣，高琨，肖霞主编. —北京：北京理工大学出版社，2018.2
ISBN 978-7-5682-5360-4

Ⅰ.①建… Ⅱ.①焦… ②高… ③肖… Ⅲ.①建筑制图—识图 ②建筑构造 Ⅳ.①TU2

中国版本图书馆CIP数据核字（2018）第041550号

| | |
|---|---|
| 出版发行 / | 北京理工大学出版社有限责任公司 |
| 社　　址 / | 北京市海淀区中关村南大街5号 |
| 邮　　编 / | 100081 |
| 电　　话 / | (010)68914775(总编室) |
| | (010)82562903(教材售后服务热线) |
| | (010)68948351(其他图书服务热线) |
| 网　　址 / | http://www.bitpress.com.cn |
| 经　　销 / | 全国各地新华书店 |
| 印　　刷 / | 北京紫瑞利印刷有限公司 |
| 开　　本 / | 787毫米×1092毫米　1/16 |
| 印　　张 / | 18.5 |
| 字　　数 / | 447千字 |
| 版　　次 / | 2018年2月第1版　2018年2月第1次印刷 |
| 定　　价 / | 72.00元 |

| | |
|---|---|
| 责任编辑 / | 钟　博 |
| 文案编辑 / | 钟　博 |
| 责任校对 / | 周瑞红 |
| 责任印制 / | 边心超 |

图书出现印装质量问题，请拨打售后服务热线，本社负责调换

# 前 言

建筑构造知识是学习房屋建筑工程必备的专业知识，识读建筑施工图是建筑工程类学生必须具备的专业能力，它们又是学习建筑结构、建筑施工、建筑工程概预算、建筑工程施工组织等课程最重要的基础。"建筑识图与构造"课程是工程造价专业的一门专业基础课。本课程的主要任务是学习建筑的基本构造原理和构造方法，熟悉常用构造的适用场合、构造做法和选用要求，促进施工图识读能力的提高，培养学生运用所学知识解决实际问题的能力。

为积极推进课程改革和教材建设，满足高等教育教学改革和发展的需要，我们根据高等院校工程造价等相关专业的教学要求，结合各种新工艺、新标准，组织编写了本教材。本教材的编写力求突出以下特色：

（1）依据现行《房屋建筑制图统一标准》（GB/T 50001—2017）、《总图制图标准》（GB/T 50103—2010）、《建筑结构制图标准》（GB/T 50105—2010）等相关规范，结合高等教育的要求，以社会需求为基本依据，以就业为导向，以学生为主体，在内容上注重与岗位实际要求紧密结合，符合国家对技能型人才培养的要求，体现教学组织的科学性和灵活性；在编写过程中，注重理论性、基础性、现代性，强化学习概念和综合思维，有助于学生知识与能力的协调发展。

（2）本书在编写时倡导先进性、注重可行性，注意淡化细节，强调对学生思维能力的培养，编写时既考虑内容的相互关联性和体系的完整性，又不拘泥于此，对部分在理论研究上有较大意义，但在实践中实施尚有困难的内容不进行深入的讨论。

（3）以"学习目标—技能目标—本章小结—思考与练习"的形式，构建了一个"引导—学习—总结—练习"的教学全过程，给学生的学习和教师的教学作出了引导，并帮助学生从更深的层次思考、复习和巩固所学的知识。

（4）在章节安排上，均按每小节分别叙述。本书内容新颖、层次明确、结构有序，注重理论与实际相结合，加大了实践运用力度。其基础内容具有系统性、全面性，具体内容具有针对性、实用性，满足专业特点要求。

本书由焦欣欣、高琨、肖霞担任主编；王苏娜、朱飞、马桂芬、陈萍担任副主编；马卫明、王婧、安镜如、韩锐参与编写。具体编写分工为：焦欣欣编写第一章、第二章、第十一章，高琨编写第三章，肖霞编写第十二章、第八章，王苏娜编写第十三章，朱飞编写第六章，马桂芬编写第七章，陈萍编写第五章，马卫明、王婧共同编写第十章，安镜如编写第九章，韩锐编写第四章。

本书在编写过程中参阅了大量的文献，在此向这些文献的作者致以诚挚的谢意！

由于编写时间仓促，编者的经验和水平有限，书中难免有不妥和疏漏之处，恳请读者和专家批评指正。

编　者

# 目　录

第一章　建筑制图基本知识 ………………… 1
　第一节　制图工具及仪器用品 ……………… 1
　　一、制图工具 ……………………………… 1
　　二、制图仪器 ……………………………… 3
　　三、制图用品 ……………………………… 5
　第二节　制图基础知识 ……………………… 6
　　一、图幅、图标及会签栏 ………………… 6
　　二、线型 …………………………………… 9
　　三、字体 …………………………………… 11
　　四、尺寸标注 ……………………………… 14
　第三节　绘图步骤与方法 …………………… 19
　　一、制图前的准备工作 …………………… 20
　　二、绘制步骤 ……………………………… 20
　　三、平面图形的绘图方法 ………………… 20
　本章小结 ……………………………………… 21
　思考与练习 …………………………………… 22

第二章　投影原理 …………………………… 23
　第一节　投影的基本知识 …………………… 23
　　一、投影的概念 …………………………… 23
　　二、投影的分类 …………………………… 23
　　三、平行投影的特性 ……………………… 25
　　四、工程中常用的投影图 ………………… 26
　第二节　正投影的基本特征 ………………… 27
　　一、投影面的设置 ………………………… 27
　　二、投影面的展开 ………………………… 28
　　三、正投影规律及尺寸关系 ……………… 28
　　四、正投影图中的方位关系 ……………… 29
　　五、正投影的重影性与积聚性 …………… 30

　第三节　点、直线、平面的投影 …………… 31
　　一、点的投影 ……………………………… 31
　　二、直线的投影 …………………………… 34
　　三、平面的投影 …………………………… 37
　　四、平面投影的识读与作图 ……………… 40
　第四节　基本形体的投影 …………………… 41
　　一、建筑形体的组成 ……………………… 42
　　二、平面图的投影 ………………………… 43
　　三、曲面立体的投影 ……………………… 49
　　四、组合体的投影 ………………………… 53
　　五、基本形体、组合形体尺寸标注 ……… 58
　本章小结 ……………………………………… 61
　思考与练习 …………………………………… 61

第三章　剖面图与断面图 …………………… 62
　第一节　剖面图 ……………………………… 62
　　一、剖面图的形成 ………………………… 62
　　二、剖面图的标注 ………………………… 62
　　三、画剖面图应注意的问题 ……………… 65
　　四、剖面图的种类及其画法 ……………… 67
　第二节　断面图 ……………………………… 72
　　一、断面图的形成 ………………………… 72
　　二、断面图与剖面图的区别 ……………… 72
　　三、断面图的种类 ………………………… 73
　本章小结 ……………………………………… 74
　思考与练习 …………………………………… 75

第四章　房屋建筑概述 ……………………… 76
　第一节　建筑的构成 ………………………… 76

一、房屋建筑的组成 ················76
　　二、建筑构造的组成及其要求 ·······77
　　三、建筑构造的基本要求和影响因素 ···78
第二节　建筑的分类 ·····················79
　　一、按照建筑物的使用性质分类 ····79
　　二、按照建筑结构形式分类 ·······79
　　三、按照建筑物的施工方法分类 ····79
　　四、按照承重结构的材料分类 ·····80
第三节　建筑的等级 ·····················80
　　一、按建筑物的使用年限分级 ·····80
　　二、按建筑物的防火性能分级 ·····80
　　三、按建筑物的重要性和规模分级 ···82
本章小结 ·····························83
思考与练习 ···························83

第五章　基础与地下室构造 ···············84
第一节　地基与基础概述 ···············84
　　一、地基 ························84
　　二、基础 ························85
　　三、地基与基础的关系 ············90
第二节　基础埋置深度及影响因素 ······92
　　一、基础埋置深度的确定原则 ·····92
　　二、影响基础埋置深度的因素 ·····92
第三节　地下室构造 ···················93
　　一、地下室的组成及分类 ·········93
　　二、地下室防水构造 ·············94
本章小结 ·····························97
思考与练习 ···························98

第六章　墙体构造 ·······················99
第一节　墙体概述 ·····················99
　　一、墙体的类型 ···················99
　　二、墙体的设计要求 ·············100
　　三、墙体的结构布置 ·············103
第二节　砌体墙的构造 ················104
　　一、砌墙的材料 ·················104
　　二、砖墙的砌筑方式 ·············106
　　三、砖墙的尺寸 ·················108
　　四、砖墙的细部构造 ·············108

第三节　隔墙与隔断的构造 ············117
　　一、隔墙 ························118
　　二、隔断 ························121
本章小结 ····························124
思考与练习 ··························124

第七章　楼地层构造 ····················125
第一节　楼板层的基本组成与分类 ····125
　　一、楼板层的组成 ···············125
　　二、楼板的类型及特点 ···········126
第二节　钢筋混凝土楼板构造 ·········127
　　一、现浇式钢筋混凝土楼板构造 ··127
　　二、预制装配式钢筋混凝土楼板 ··131
　　三、装配整体式钢筋混凝土楼板 ··135
第三节　楼地层的组成与构造 ·········137
　　一、楼地层的组成 ···············137
　　二、楼地层的构造 ···············137
　　三、楼地面的构造 ···············138
　　四、楼地层变形缝的构造 ········140
　　五、楼地层防潮、防水与隔声 ····141
第四节　阳台与雨篷构造 ·············143
　　一、阳台结构布置 ···············144
　　二、雨篷的构造 ·················144
本章小结 ····························145
思考与练习 ··························146

第八章　楼梯与电梯 ····················147
第一节　楼梯概述 ····················147
　　一、楼梯的组成 ·················147
　　二、楼梯类型 ···················148
　　三、楼梯的设置与尺度 ··········149
第二节　钢筋混凝土楼梯 ·············154
　　一、钢筋混凝土楼梯的分类 ······154
　　二、现浇整体式钢筋混凝土楼梯 ··155
　　三、预制装配式钢筋混凝土楼梯 ··157
　　四、钢筋混凝土楼梯起止步的处理 ··159
第三节　楼梯的细部构造 ·············160
　　一、踏步表面处理 ···············160
　　二、栏杆和扶手构造 ·············160

  第四节 室外台阶与坡道…………164
    一、台阶与坡道的形式…………164
    二、室外台阶…………………………165
    三、坡道………………………………166
  第五节 电梯与自动扶梯……………168
    一、电梯的分类与组成…………168
    二、自动扶梯………………………170
    三、消防电梯………………………171
  本章小结……………………………………172
  思考与练习…………………………………172

第九章 门窗构造………………………………173
  第一节 门的类型及木门构造……173
    一、门的分类………………………173
    二、门的组成………………………175
    三、门的尺寸………………………175
    四、平开木门的构造……………176
  第二节 窗的类型及构造组成……178
    一、窗的分类………………………178
    二、窗的组成与尺寸……………179
  第三节 平开木窗的构造……………180
    一、木窗的断面形状与尺寸…180
    二、双层窗…………………………180
    三、玻璃的选择与安装…………182
    四、窗框与窗扇的连接…………182
    五、窗框的安装……………………183
    六、窗的五金零件…………………183
  第四节 铝合金门窗构造……………185
    一、铝合金门窗的分类…………185
    二、铝合金门窗框的安装………186
  第五节 塑钢结构门窗构造………187
    一、塑钢门窗的分类……………187
    二、塑钢门窗的安装……………187
  第六节 其他形式门窗构造…………188
    一、塑料窗…………………………188
    二、钢窗……………………………189
    三、建筑节能门窗…………………191
    四、特殊要求的门窗……………192
  本章小结……………………………………192

  思考与练习…………………………………193

第十章 屋顶构造………………………………194
  第一节 屋顶概述……………………………194
    一、屋顶的功能……………………194
    二、屋顶的类型……………………194
    三、屋顶的坡度……………………195
  第二节 平屋顶构造……………………196
    一、平屋顶的组成…………………196
    二、平屋顶排水设计……………197
    三、卷材防水屋面构造…………200
    四、粉剂防水屋面的构造………206
    五、涂膜防水屋面…………………207
    六、平屋顶的保温与隔热………208
  第三节 坡屋顶构造……………………211
    一、坡屋顶的特点及形式………211
    二、坡屋顶的组成…………………211
    三、坡屋顶承重结构……………212
    四、坡屋顶屋面构造……………212
    五、坡屋顶的细部构造…………215
    六、坡屋顶的保温与隔热………220
  本章小结……………………………………221
  思考与练习…………………………………222

第十一章 建筑变形缝构造…………………223
  第一节 变形缝概述……………………223
    一、变形缝的种类…………………223
    二、变形缝的设置原则…………223
    三、变形缝的宽度尺寸…………225
  第二节 变形缝构造……………………226
    一、伸缩缝的构造…………………226
    二、沉降缝的构造…………………226
    三、防震缝的构造…………………228
  本章小结……………………………………229
  思考与练习…………………………………229

第十二章 单层工业厂房构造………………230
  第一节 工业厂房建筑的特点及类型…230
    一、工业厂房建筑的特点………230

二、工业建筑的分类……231
第二节 单层工业厂房结构的组成和类型……232
　一、单层工业厂房结构的组成……232
　二、单层工业厂房结构的类型……233
　三、单层工业厂房的主要结构及构件……233
第三节 外墙构造……243
第四节 屋面构造……249
　一、接缝……249
　二、挑檐……249
　三、纵墙外天沟……249
　四、中间天沟……250
　五、长天沟外排水……250
　六、山墙、纵向女儿墙泛水……251
第五节 大门、侧窗和天窗……251
　一、大门洞口的尺寸……251
　二、一般大门的构造……252
　三、天窗与侧窗……255
　四、矩形天窗的构造……255
第六节 地面构造……259
　一、结构层的设置与选择……259
　二、垫层……259
　三、细部构造……260
**本章小结**……261
**思考与练习**……261

第十三章 建筑工程施工图识读……263
　第一节 施工图概述……263
　　一、施工图的产生……263
　　二、施工图的分类……263
　　三、施工图常用符号……264
　第二节 建筑施工图识读……268
　　一、图纸目录与设计说明……268
　　二、总平面图……268
　　三、建筑平面图……271
　　四、建筑立面图……273
　　五、建筑剖面图……275
　　六、建筑详图……277
　第三节 结构施工图识读……278
　　一、结构施工图的内容……278
　　二、结构施工图的比例……279
　　三、钢筋混凝土结构图……279
　　四、基础结构施工图识读……284
　　五、楼层结构布置平面图……286
　**本章小结**……286
　**思考与练习**……287

**参考文献**……288

# 第一章 建筑制图基本知识

◎ 学习目标

(1)了解绘图工具和仪器的使用方法；
(2)了解建筑制图标准；
(3)熟悉图样绘制方法和步骤。

◎ 技能目标

(1)掌握基本绘图工具和仪器的使用方法；
(2)掌握建筑制图标准中常用部分的内容，并能够在学习过程中应用；
(3)能够用一般方法进行简单绘图和对不同线条进行应用。

## 第一节 制图工具及仪器用品

### 一、制图工具

1. 图板

图板是指用来铺贴图纸及配合丁字尺、三角板等进行制图的平面工具。图板板面要平整，相邻边要平直，如图1-1所示。图板板面通常为椴木夹板，边框以水曲柳等硬木制作，其左面的硬木边为工作边(导边)，必须保持平直，以便与丁字尺配合画出水平线。图板常用的规格有0号图板、1号图板、2号图板，分别适用于相应图号的图纸。在学习中，多采用1号图板或2号图板。

2. 丁字尺

丁字尺由相互垂直的尺头和尺身构成，尺头的内侧边缘和尺身的工作边必须平直光滑。丁字尺是用来画水平线的。画线时，左手把住尺头，使它始终贴住图板左边，然后上下推动，直至丁字尺工作边对准要画线的地方，再从左至右画出水平线，如图1-2所示。需要注意的是，不得把丁字尺的尺头靠在图板的右边、下边或上边画线，也不得用丁字尺的下边画线。

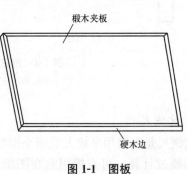

图1-1 图板

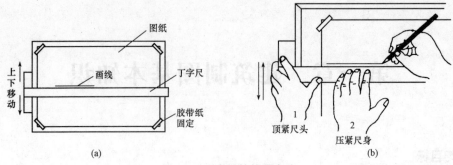

图1-2 丁字尺的使用方法

### 3. 三角板

常用的三角板有30°×60°×90°和45°×45°×90°两种。三角板可配合丁字尺自上而下画一系列铅垂线，如图1-3所示。用两块三角板配合可以画出任意直线的平行线或垂直线。用丁字尺和三角板配合还可以画出与水平线成30°、45°、60°、75°及15°角的斜线，这些斜线都是按照自左向右的方向画出，如图1-4所示。

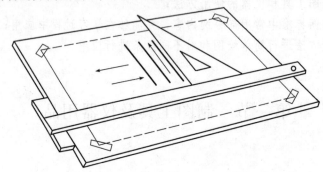

图1-3 用三角板和丁字尺作铅垂线

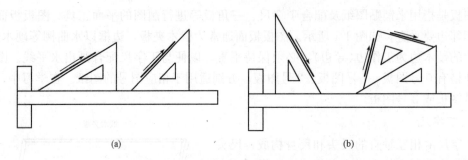

图1-4 用三角板和丁字尺作特殊角度斜线
(a)作30°、45°斜线；(b)作60°、75°、15°斜线

### 4. 比例尺

比例尺是直接用来放大或缩小图线长度的度量工具。比例尺上刻有不同的比例，绘图时不必通过计算，可直接用它在图纸上量取物体的实际尺寸，如图1-5(a)所示，尺上刻度所注数字的单位为米。目前，常用的比例尺是在3个棱面上刻有6种比例的三棱尺，例如1∶100、1∶200、1∶300、1∶400、1∶500、1∶600、1∶10、1∶20和1∶1 000、

1∶2 000等。三棱尺上虽然没有这种直接的比例，但可分别对应在1∶100、1∶200等的比例尺上绘出。例如，1∶500的尺面刻度25表示25 m，若图样比例是1∶50或1∶5 000，可用1∶500的比例来度量，其刻度为25的地方，分别表示2.5 m、250 m，以此类推，如图1-5(b)所示。

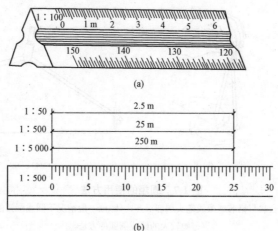

图1-5　比例尺的使用方法

5. 曲线板

曲线板是用来画非圆曲线的，其使用方法如图1-6所示。在绘制曲线时，首先按相应作图法作出曲线上的一些点，再用铅笔徒手把各点依次连成曲线，然后找出曲线板上与曲线相吻合的一段，画出该段曲线，最后同样找出下一段。注意前后两段应有一小段重合，曲线才显得圆滑。以此类推，直至画完全部曲线。

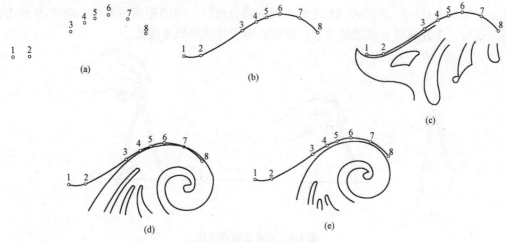

图1-6　曲线板的使用方法

## 二、制图仪器

1. 圆规与分规

(1)圆规。圆规是画圆和圆弧的主要工具。常见的圆规是三用圆规。在画圆或圆弧前，应将定圆心的钢针台肩调整到与铅芯的端部平齐，铅芯应伸出芯套6～8 mm，如图1-7(a)所示。在画一般情况下的圆或圆弧时，应使圆规按顺时针方向转动，并稍向画线方向倾斜，如图1-7(b)所示。在画较大的圆或圆弧时，应使圆规的两条腿都垂直于纸面，如图1-7(c)所示。

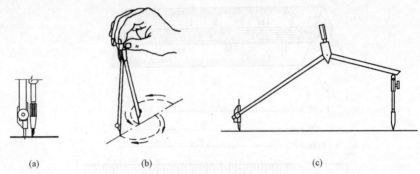

**图1-7 圆规的使用方法**
(a)钢针台肩与铅芯或墨线笔头端部对齐；(b)画一般情况下圆或圆弧的方法；
(c)画较大的圆或圆弧的方法

(2)分规。分规的形状与圆规相似，但其两腿都装有钢针。用它可量取线段长度，如图1-8(a)、(b)所示，也可用来等分直线段或圆弧，图1-8(c)所示为用试分法三等分已知线段$AB$，其具体作法如下：

首先按目测估计，使两针尖的距离调整到大约是$AB$长度的1/3，在线段上试分，若图中的第3个等分点$P_3$，正好落在$B$点上，说明试分准确；若$P_3$只落在线段$AB$之内，则应将分规针尖间的距离目测放大到$P_3B$的1/3，再重新试分；这样继续进行，直到正确等分为止。如试分后，$P_3$在线段$AB$之外，则应将分规针尖间的距离目测缩小至$P_3B$的1/3，再重新试分。上述试分直线段的方法，也可以用于等分圆周或圆弧。

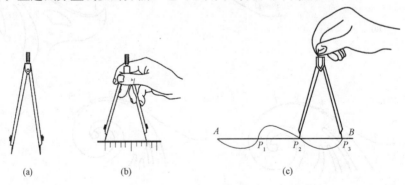

**图1-8 分规的使用方法**
(a)分规；(b)量取长度；(c)用分规等分直线段

### 2. 墨线笔和绘图墨水笔

(1)墨线笔。墨线笔也称为直线笔，是上墨、描图的工具。在正式描图前，应进行反复调整线型宽度、擦拭叶片外面沾有的墨水等工作。正确的笔位如图1-9(a)所示，墨线笔与尺边垂直，两叶片同时垂直于纸面，且向前进方向稍倾斜。图1-9(b)所示为不正确的笔位，当笔杆向外倾斜时,笔内墨水将会沿尺边渗入尺底而弄脏图纸;而当笔杆向内倾斜时,所绘图线外侧会不光洁。

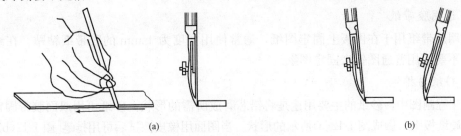

**图 1-9 墨线笔的用法**
(a)正确的笔位;(b)不正确的笔位

(2)绘图墨水笔。绘图墨水笔又称为针管笔,其笔头为一根针管,有粗细不同的规格,内配相应的通针。它能像普通钢笔那样吸墨水和存储墨水,描图时,不需频频加墨。画线时,要使笔尖与纸面尽量保持垂直。针管的直径为 0.18～1.4 mm,可根据图线的粗细选用。其因使用和携带方便,是目前常用的描图工具,如图 1-10 所示。

用于绘图的墨水一般有普通绘图墨水和碳素墨水两种。普通绘图墨水快干易结块,适用于传统的鸭嘴笔;碳素墨水不易结块,适用于针管笔。

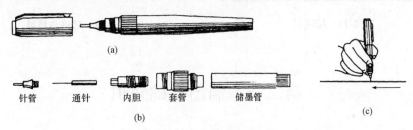

**图 1-10 绘图墨水笔**
(a)外观;(b)构造组成;(c)画线时与纸面保持垂直

### 三、制图用品

常用的制图用品有图纸、绘图铅笔、擦图片、橡皮、透明胶带纸、砂纸、排笔等。

1. 图纸

图纸有绘图纸和描图纸两种。绘图纸用于画铅笔或墨线图,要求纸面洁白、质地坚实,并以橡皮擦拭不起毛、画墨线不洇为好。

2. 绘图铅笔

绘图铅笔按铅芯的软硬程度可分为 B 型和 H 型两类。"B"表示软铅芯,"H"表示硬铅芯,HB 介于两者之间。在画图时,可根据使用要求选用不同的铅笔型号。建议采用 B 或 2B 画粗线;采用 H 或 2H 画细线或底稿线;采用 HB 画中粗线或书写字体。

3. 擦图片与橡皮

擦图片是用于修改图样的工具。擦图片上有各种形状的孔,如图 1-11 所示。使用时,应将擦图片盖在图面上,使画错的线在擦图片上适当的模孔内露出来,然后用橡皮擦拭,这样可以防止擦去近旁画好的图线，有助于提高绘图速度。橡皮有软、硬之分。修整铅笔线多采用软质的橡皮；修整墨线多采用硬质的橡皮。

4. 透明胶带纸

透明胶带纸用于在图板上固定图纸，通常使用宽度为1 mm的胶带纸粘贴。在绘制图纸时，不要使用普通图钉来固定图纸。

5. 砂纸与排笔

在工程制图中，砂纸的主要用途是将铅芯磨成所需的形状。砂纸可用双面胶带固定在薄木板或硬纸板上，做成图1-12(a)所示的形状。当图面用橡皮擦拭后可用排笔[图1-12(b)]扫掉碎屑。

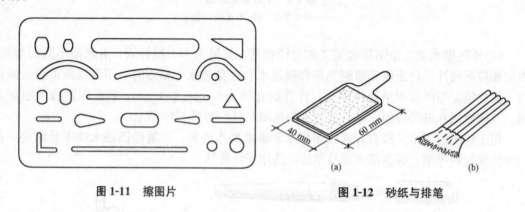

图1-11 擦图片　　　　　　　　　图1-12 砂纸与排笔

## 第二节　制图基础知识

### 一、图幅、图标及会签栏

图幅即图纸幅面，是指图纸的大小规格。为了便于图纸的装订、查阅和保存，满足图纸现代化管理的要求，图纸的大小规格应力求统一。建筑工程图纸的幅面及图框尺寸应符合我国现行国家标准《房屋建筑制图统一标准》(GB/T 50001—2017)的规定，见表1-1。表中数字是裁边以后的尺寸，尺寸代号的意义如图1-13所示。

表1-1　幅面及图框尺寸　　　　　　　　　　　　　　　　　mm

| 尺寸代号＼幅面代号 | A0 | A1 | A2 | A3 | A4 |
|---|---|---|---|---|---|
| $b×l$ | 841×1 189 | 594×841 | 420×594 | 297×420 | 210×297 |
| $c$ | 10 | | | 5 | |
| $a$ | 25 | | | | |

图幅分横式和立式两种。从表1-1中可知，A1号图幅是A0号图幅的对折，A2号图幅是A1号图幅的对折，以此类推，上一号图幅的短边，即下一号图幅的长边。

图纸的标题栏(简称"图标")和装订边的位置应按图1-13所示布置。

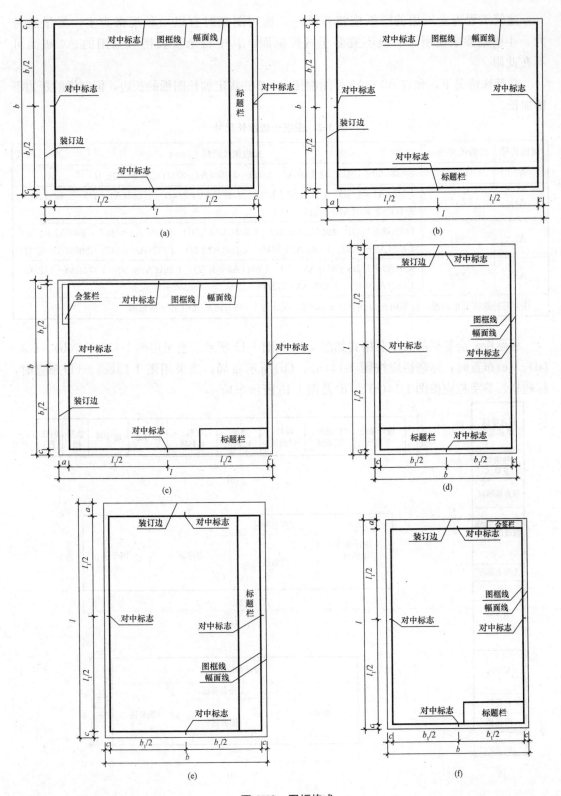

**图 1-13　图幅格式**

(a)A0～A3 横式幅面(一)；(b)A0～A3 横式幅面(二)；(c)A0～A1 横式幅面(三)

(d)A0～A4 立式幅面(一)；(e)A0～A4 立式幅面(二)；(f)A0～A2 立式幅画(三)

建筑工程专业所用的图纸应整齐统一，选用图幅时宜以一种规格为主，尽量避免大、小图幅掺杂使用。一般不宜多于两种幅面，其中目录及表格所采用的 A4 幅面可不在此限。

在特殊情况下，允许 A0～A3 号图幅按表 1-2 的规定加长图纸的长边，但图纸的短边不得加长。

表 1-2  图纸长边加长尺寸

| 幅面代号 | 长边尺寸/mm | 长边加长后尺寸/mm |
|---|---|---|
| A0 | 1 189 | 1 486(A0+1/4$l$)   1 783(A0+1/2$l$)   2 080(A0+3/4$l$)   2378(A0+1$l$) |
| A1 | 841 | 1 051(A1+1/4$l$)   1 261(A1+1/2$l$)   1 471(A1+3/4$l$)   1 682(A1+1$l$)   1 892(A1+5/4$l$)   2 102(A1+3/2$l$) |
| A2 | 594 | 743(A2+1/4$l$)   891(A2+1/2$l$)   1 041(A2+3/4$l$)   1 189(A2+1$l$)   1 338(A2+5/4$l$)   1 486(A2+3/2$l$)   1 635(A2+7/4$l$)   1 783(A2+2$l$)   1 932(A2+9/4$l$)   2 080(A2+5/2$l$) |
| A3 | 420 | 630(A3+1/2$l$)   841(A3+1$l$)   1 051(A3+3/2$l$)   1 261(A3+2$l$)   1 471(A3+5/2$l$)   1 682(A3+3$l$)   1 892(A3+7/2$l$) |

注：有特殊需要的图纸，可采用 $b \times l$ 为 841 mm×891 mm 与 1 189 mm×1 261 mm 的幅面。

标题栏、会签栏的大小及格式如图 1-14 和图 1-15 所示。当采用图 1-13(a)、(b)、(c)、(d)、(e) 布置时，标题栏应按图 1-14(a)、(b) 所示布局；当采用图 1-13(c)、(f) 布置时，标题栏、签字栏应按图 1-14(c)、(d) 及图 1-15 所示布局。

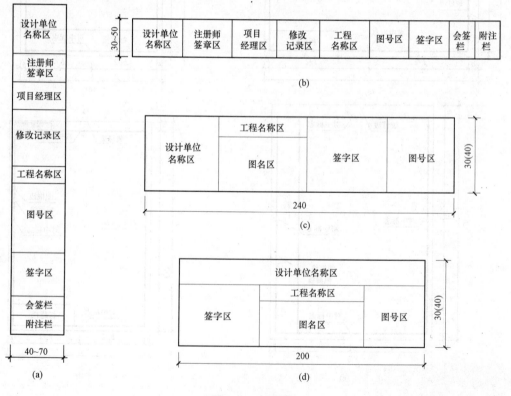

图 1-14  标题栏

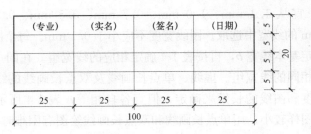

图 1-15 会签栏

## 二、线型

任何建筑图样都是用图线绘制而成的,因此,熟悉图线的类型及用途,掌握各类图线的画法是建筑制图最基本的技能。

为了使图样清楚、明确,建筑制图采用的图线分为实线、虚线、单点长画线、双点长画线、折断线和波浪线 6 类,其中前 4 类线型按宽度不同又分为粗、中粗、中、细 4 种,后两类线型一般均为细线。各类图线的规格及用途见表 1-3。

表 1-3 各类图线的规格及用途

| 名称 | | 线型 | 线宽 | 一般用途 |
|---|---|---|---|---|
| 实线 | 粗 | | $b$ | 主要可见轮廓线 |
| | 中粗 | | $0.7b$ | 可见轮廓线 |
| | 中 | | $0.5b$ | 可见轮廓线、尺寸线、变更云线 |
| | 细 | | $0.25b$ | 图例填充线、家具线 |
| 虚线 | 粗 | | $b$ | 见各有关专业制图标准 |
| | 中粗 | | $0.7b$ | 不可见轮廓线 |
| | 中 | | $0.5b$ | 不可见轮廓线、图例线 |
| | 细 | | $0.25b$ | 图例填充线、家具线 |
| 单点长画线 | 粗 | | $b$ | 见各有关专业制图标准 |
| | 中 | | $0.5b$ | 见各有关专业制图标准 |
| | 细 | | $0.25b$ | 中心线、对称线、轴线等 |
| 双点长画线 | 粗 | | $b$ | 见各有关专业制图标准 |
| | 中 | | $0.5b$ | 见各有关专业制图标准 |
| | 细 | | $0.25b$ | 假想轮廓线、成型前原始轮廓线 |
| 折断线 | | | $0.25b$ | 断开界线 |
| 波浪线 | | | $0.25b$ | 断开界线 |

图线的宽度,宜从 1.4 mm、1.0 mm、0.7 mm、0.5 mm、0.35 mm、0.25 mm、0.18 mm、0.13 mm 的线宽中选取。图线宽度不应小于 0.1 mm。每个图样应根据复杂程度与比例大小,先选定基本线宽 $b$,再按表 1-4 确定相应的线宽组。在同一张图纸中,相同比例的各图样应选用相同的线宽组。虚线、单点长画线及双点长画线的线段长度和间隔,应根据图样的复杂程度和图线的长短来确定,但宜各自相等,表 1-4 所示线段的长度和间隔尺寸可作参考。当图样较小,用单点长画线和双点长画线绘图有困难时,可用实线代替。

表 1-4 线宽组

| 线宽比 | 线宽组/mm | | | |
|---|---|---|---|---|
| $b$ | 1.4 | 1.0 | 0.7 | 0.5 |
| $0.7b$ | 1.0 | 0.7 | 0.5 | 0.35 |
| $0.5b$ | 0.7 | 0.5 | 0.35 | 0.25 |
| $0.25b$ | 0.35 | 0.25 | 0.18 | 0.13 |

注:1. 需要缩微的图纸,不宜采用 0.18 mm 及更细的线宽;
2. 同一张图纸内,各不同线宽中的细线,可统一采用较细的线宽组的细线。

图纸的图框线和标题栏线的宽度可按表 1-5 确定。

表 1-5 图框线、标题栏线的宽度

| 幅面代号 | 图框线宽度/mm | 标题栏外框线宽度/mm | 标题栏分格线、会签栏线宽度/mm |
|---|---|---|---|
| A0、A1 | $b$ | $0.5b$ | $0.25b$ |
| A2、A3、A4 | $b$ | $0.7b$ | $0.35b$ |

此外,在绘制图线时还应注意以下几点:

(1)单点长画线和双点长画线的首末两端应是线段,而不是点。单点长画线(双点长画线)与单点长画线(双点长画线)交接或单点长画线(双点长画线)与其他图线交接时,应是线段交接。

(2)当虚线与虚线交接或虚线与其他图线交接时,都应是线段交接。当虚线为实线的延长线时,不得与实线连接。虚线交接的正确画法和错误画法如图 1-16 所示。

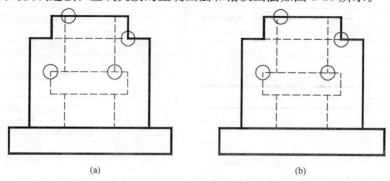

图 1-16 虚线交接的画法
(a)正确画法;(b)错误画法

(3)相互平行的图例线，其间距不宜小于其中粗线宽度，且不宜小于 0.7 mm。

(4)图线不得与文字、数字或符号重叠、混淆。当不可避免时，应首先保证文字等的清晰。

### 三、字体

图纸上书写的文字、数字或符号等，均应笔画清晰、字体端正、排列整齐；标点符号应清楚正确。如果字迹潦草，难以辨认，则容易发生误解，甚至造成工程事故。

图样及说明中的汉字应写成长仿宋体(矢量字体或黑体)，大标题、图册封面、地形图等的汉字，也可以写成其他字体(矢量字体或黑体)，但应易于辨认。汉字的简化写法，必须遵照国务院公布的《汉字简化方案》和有关规定。

**1. 长仿宋字体**

长仿宋字体是由宋体字演变而来的长方形字体，它的笔画匀称明快、书写方便，是工程图纸中最常用的字体。写仿宋字(长仿宋体)的基本要求可概括为"行款整齐、结构匀称、横平竖直、粗细一致、起落顿笔、转折勾棱"。

长仿宋体字样如图 1-17 所示。

建筑设计结构施工设备水电暖风平立侧断剖切面总详标准草略正反迎背新旧大中小上下内外纵横垂直完整比例年月日说明共编号寸分吨斤厘毫甲乙丙丁戊己表庚辛红橙黄绿青蓝紫黑白方粗细硬软镇郊区域规划截道桥梁房屋绿化工业农业民用居住共厂址车间仓库无线电农机粮畜舍晒谷厂商业服务修理交通运输行政办宅宿舍公寓卧室厨房厕所贮藏浴室食堂饭厅冷饮公从餐馆百货店菜场邮局旅客站航空海港口码头长途汽车行李候机船检票学校实验室图书馆文化宫运动场体育比赛博物馆走廊过道盥洗楼梯层数壁橱基础底层墙踢脚阳台门散水沟窗格

图 1-17 长仿宋体字样

(1)字体格式。为了使字写得大小一致、排列整齐，书写前应事先用铅笔淡淡地打好字格，然后进行书写。字格高宽比例一般为 3：2。为了使字行清楚，行距应大于字距。通常字距约为字高的 1/4，行距约为字高的 1/3(图 1-18)。

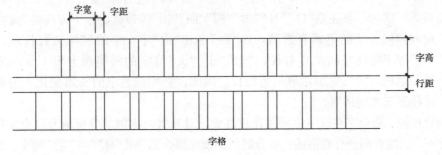

图 1-18 字格

字的大小用字号来表示，字的号数即字的高度，长仿宋字体的高度与宽度的关系见表 1-6。

表 1-6　长仿宋字体的高、宽关系　　　　　　　　　　　　　　mm

| 字高 | 20 | 14 | 10 | 7 | 5 | 3.5 |
|---|---|---|---|---|---|---|
| 字宽 | 14 | 10 | 7 | 5 | 3.5 | 2.5 |

图纸中常用的为 10、7、5 三种字号。如需书写更大的字，其高度应按 $\sqrt{2}$ 的比值递增。汉字的字高应不小于 3.5 mm。

(2)字体笔画。长仿宋字体的笔画要横平竖直，注意起落。常用笔画的写法及特征如下：

横画基本要平，可略向上自然倾斜，运笔起落略顿一下笔，使尽端形成小三角，但应一笔完成。

竖画要铅直，笔画要刚劲有力，运笔同横画。

撇的起笔同竖画，但是随斜向逐渐变细，运笔由重到轻。

捺的运笔与撇相反，起笔轻而落笔重，终端稍顿笔再向右尖挑。

挑画是起笔重，落笔尖细如针。

点的位置不同，其写法也不同，多数的点是起笔轻而落笔重，形成上尖下圆的光滑形象。

竖钩的竖同竖画，但要挺直，稍顿后向左上尖挑。

横钩由两笔组成，横同横画，末笔应起重轻落，钩尖如针。

弯钩有竖弯钩、斜弯钩和包钩 3 种。竖弯钩起笔同竖画，由直转弯过渡要圆滑；斜弯钩的运笔由轻到重再到轻，转变要圆滑；包钩由横画和竖钩组成，转折要勾棱，竖钩的竖画有时可向左略斜。

(3)字体结构。形成一个结构完善的字的关键是各个笔画的相互位置要正确，各部分的大小、长短、间隔要符合比例，上、下、左、右要匀称，笔画疏密要合适。为此，书写时应注意如下几点：

1)撑格、满格和缩格。每个字最长笔画的棱角要顶到字格的边线。绝大多数的字，都应写满字格，以使单个字显得大方，使成行的字显得均匀整齐。然而，有一些字在写满字格时，就会显得肥硕，它们置身于均匀整齐的字列当中，将有损于行款的美观，这些字就必须缩格。如"口""日"两字四周都要缩格，"工""四"两字上下要缩格，"目""月"两字左右要略为缩格等。同时，须注意"口""日""内""同""曲""图"等带框的字下方应略为收分。

2)长短和间隔。字的笔画有繁简，如"翻"字和"山"字。字的笔画又有长短，如"非""曲""作""业"等字的两竖画左短右长，"土""于""夫"等字的两横画上短下长；又如"三""川"等字第一笔长，第二笔短，第三笔最长。因此，必须熟悉字的长短变化，匀称地安排其间隔，这样字态才能清秀。

3)缀合比例。缀合字在汉字中所占比重甚大，对其缀合比例的分析研究，也是写好仿宋字的重要一环。缀合部分有对称或三等分的，如横向缀合的"明""林""辨""衍"等字，纵向缀合的"辈""昌""意""器"等字，偏旁、部首与其缀合部分约为 1∶2 的如"制""程""筑""堡"等字。

横、竖是仿宋字中的骨干笔画，在书写时必须挺直不弯，否则，就失去了仿宋字挺拔刚劲的特征。横画要平直，但并非完全水平，而是沿运笔方向稍许上斜，这样字形不显死板，而且也适于手写的笔势。

仿宋字的横、竖、粗、细一致，字形爽目。它区别于宋体的横画细、竖画粗，与楷体字笔画的粗细变化有致也不相同。

横画与竖画的起笔和收笔、撇的起笔、钩的转角等都要顿一下笔，形成小三角形，给人以锋颖挺劲的感觉。

2. 拉丁字母、阿拉伯数字及罗马数字

拉丁字母、阿拉伯数字及罗马数字的书写与排列等，应符合表1-7的规定。

表1-7 拉丁字母、阿拉伯数字、罗马数字的书写规则

| 书写格式 | | 一般字体 | 窄字体 |
|---|---|---|---|
| 字母高 | 大写字母 | $h$ | $h$ |
| | 小写字母（上、下均无延伸） | $7/10h$ | $10/14h$ |
| 小写字母伸出的头部或尾部 | | $3/10h$ | $4/14h$ |
| 笔画宽度 | | $1/10h$ | $1/14h$ |
| 书写格式 | | 一般字体 | 窄字体 |
| 间隔 | 字母间距 | $2/10h$ | $2/14h$ |
| | 上、下行基准线的最小间距 | $14/10h$ | $20/14h$ |
| | 词间距 | $6/10h$ | $6/14h$ |

注：1. 小写拉丁字母 a、c、m、n 等上、下均无延伸，j 上、下均有延伸。
2. 字母的间距，如需排列紧凑，可按表中字母的最小距离减少一半。

拉丁字母、阿拉伯数字可以直写，也可以斜写。斜体字的斜度是从字的底线逆时针向上倾斜75°，字的高度与宽度应与相应的直体字相等。当数字与汉字同行书写时，其大小应比汉字小一号，并宜写直体。拉丁字母、阿拉伯数字及罗马数字的字高，应不小于2.5 mm。拉丁字母、阿拉伯数字及罗马数字分为一般字体和窄体字，其运笔顺序和字例如图1-19所示。

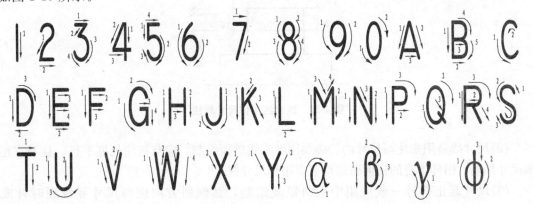

图1-19 运笔顺序和字例

字体书写练习要持之以恒，多看、多摹、多写，只要严格认真、反复刻苦地练习，自然熟能生巧。

### 四、尺寸标注

在建筑施工图中，图形只能表达建筑物的形状，建筑物各部分的大小还必须通过标注尺寸才能确定。房屋施工和构件制作都必须根据尺寸进行，因此，尺寸标注是制图的一项重要工作，必须认真细致、准确无误。如果尺寸有遗漏或错误，必将给施工造成困难和损失。

在标注尺寸时，应力求做到正确、完整、清晰、合理。

1. 尺寸的组成

建筑图样上的尺寸一般由尺寸界线、尺寸线、尺寸起止符号和尺寸数字4部分组成，如图1-20所示。

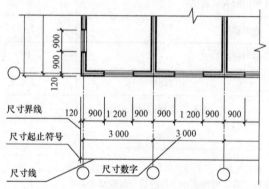

图1-20　尺寸的组成和平行排列的尺寸

(1)尺寸界线是控制所注尺寸范围的线，应用细实线绘制，一般应与被注长度垂直；其一端应离开图样轮廓线不小于2 mm，另一端宜超出尺寸线2~3 mm。必要时，图样的轮廓线可用作尺寸界线(图1-21)。

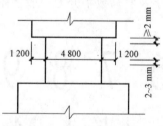

图1-21　轮廓线用作尺寸界线

(2)尺寸线是用来注写尺寸的，必须用细实线单独绘制，应与被注长度平行，且不宜超出尺寸界线。图样本身的任何图线均不得用作尺寸线。

(3)尺寸起止符号一般应用中粗斜短线绘制，其倾斜方向应与尺寸界线顺时针成45°角，长度宜为2~3 mm。半径、直径、角度和弧长的尺寸起止符号，宜用箭头表示，箭头的画法如图1-22所示。

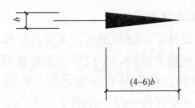

图 1-22　箭头的画法

（4）建筑图样上的尺寸数字是建筑施工的主要依据，建筑物各部分的真实大小应以图样上所注写的尺寸数字为准，不得从图上直接量取。图样上的尺寸单位，除标高及总平面图以 m 为单位外，均必须以 mm 为单位，图中无须注写计量单位的代号或名称。本书正文和图中的尺寸数字以及习题集中的尺寸数字，除有特别注明外，均遵从上述规定。

尺寸数字的标注方向应按图 1-23(a)规定的方向注写，尽量避免在图中所示的 30°范围内标注尺寸。当实在无法避免时，宜按图 1-23(b)的形式注写。

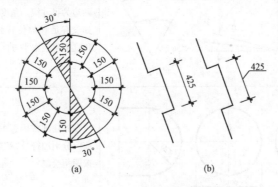

图 1-23　尺寸数字标注方向

尺寸数字应依据其读数方向注写在靠近尺寸线的上方中部，如没有足够的注写位置，最外边的尺寸数字可注写在尺寸界线外侧，中间相邻的尺寸数字可错开注写，也可引出注写，如图 1-24 所示。

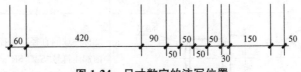

图 1-24　尺寸数字的注写位置

图线不得穿过尺寸数字，当不可避免时，应将尺寸数字处的图线断开（图 1-25）。

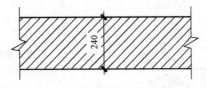

图 1-25　尺寸数字处图线应断开

## 2. 常用尺寸的排列、布置及注写方法

尺寸宜标注在图样轮廓线以外，不宜与图线、文字及符号等相交。相互平行的尺寸线，应从被注的图样轮廓线由近向远整齐排列，小尺寸应离轮廓线较近，大尺寸应离轮廓线较远。图样轮廓线以外的尺寸线距图样最外轮廓线之间的距离，不宜小于 10 mm。平行尺寸线的间距宜为 7～10 mm，并应保持一致，如图 1-20 所示。

总尺寸的尺寸界线应靠近所指部位，中间的分尺寸的尺寸界线可稍短，但其长度应相等(图 1-20)。半径、直径、球面、角度、弧长、薄板厚度、坡度以及非圆曲线等常用尺寸的标注方法见表 1-8。

表 1-8 常用尺寸的标注方法

| 标注内容 | 图例 | 说明 |
|---|---|---|
| 角度 | 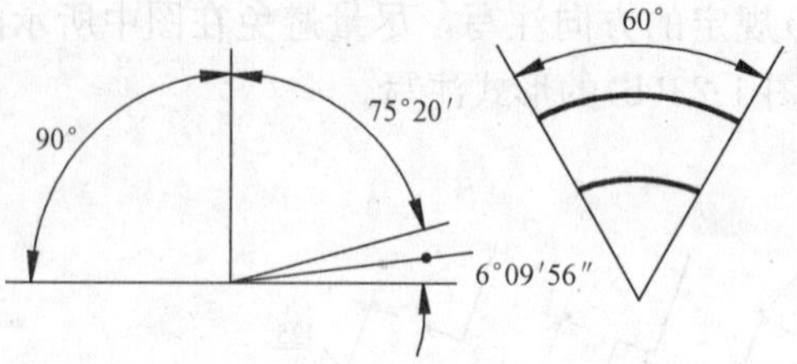  | 尺寸线应画成圆弧，圆心是角的顶点，角的两边为尺寸线。角度的起止符号应以箭头表示，如没有足够的位置画箭头，可以用圆点代替。角度数字应水平方向书写 |
| 圆和圆弧 | 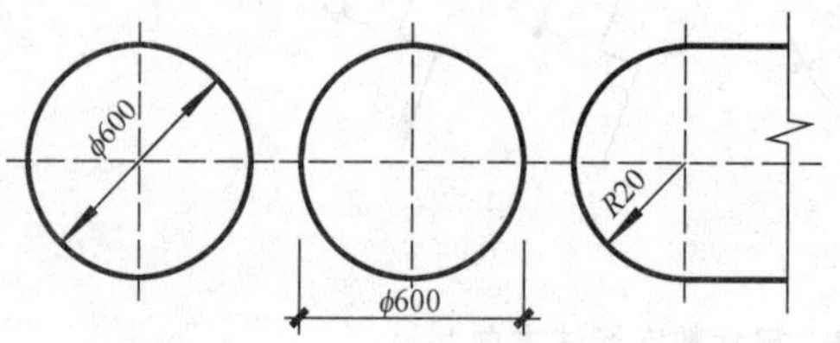  | 在标注圆或圆弧的直径、半径时，尺寸数字前应分别加符号"$\phi$""$R$"，尺寸线及尺寸界线应按图例绘制 |
| 大圆弧 | 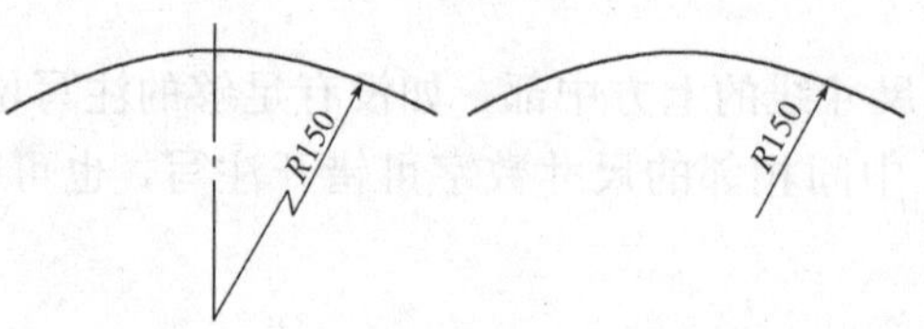  | 较大圆弧的半径可按图例形式标注 |
| 球面 | 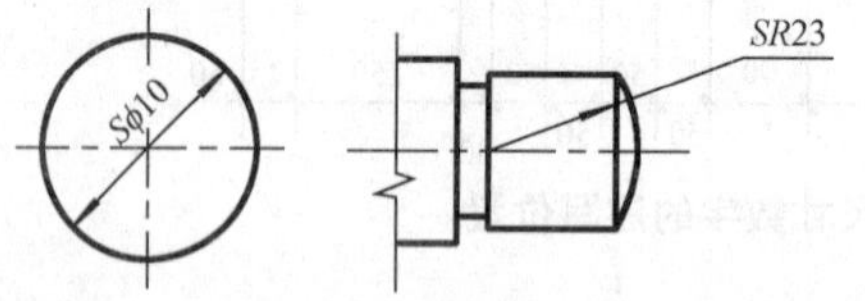  | 标注球的直径、半径时，应分别在尺寸数字前加注符号"$S\phi$""$SR$"，注写方法与圆和圆弧的直径、半径的尺寸标注方法相同 |
| 薄板厚度 | 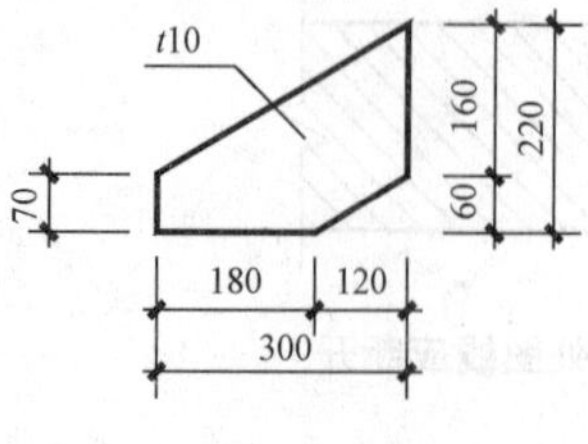  | 在薄板板面标注板厚尺寸时，应在厚度数字前加厚度符号"$t$" |

续表

| 标注内容 | 图例 | 说明 |
|---|---|---|
| 正方形 | 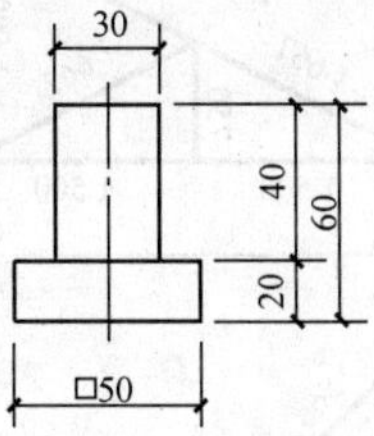 | 在正方形的侧面标注该正方形的尺寸,除可用"边长×边长"外,也可以在边长数字前加正方形符号"□" |
| 坡度 | 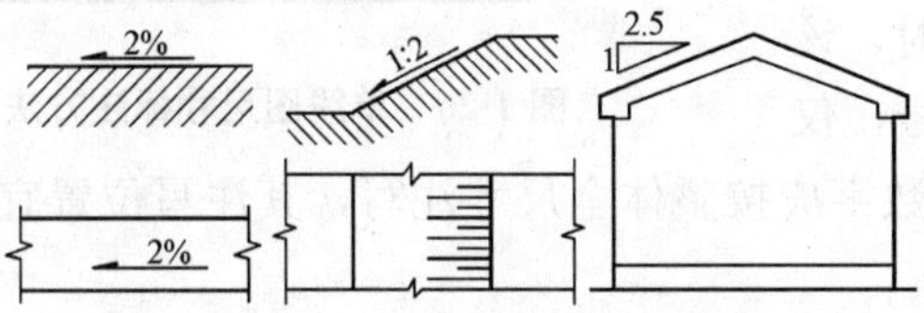 | 标注坡度时,在坡度数字下,应加注坡度符号,坡度符号的箭头一般应指向下坡方向,坡度也可用直角三角形的形式标注 |
| 小圆和小圆弧 | 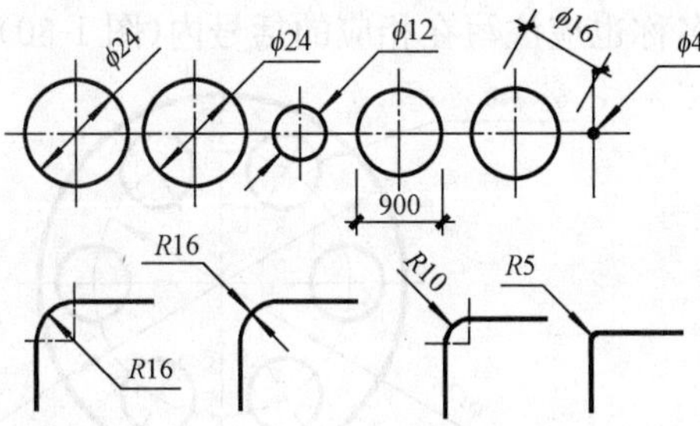 | 小圆的直径和小圆弧的半径可按图例形式标注 |
| 弧长和弦长 | 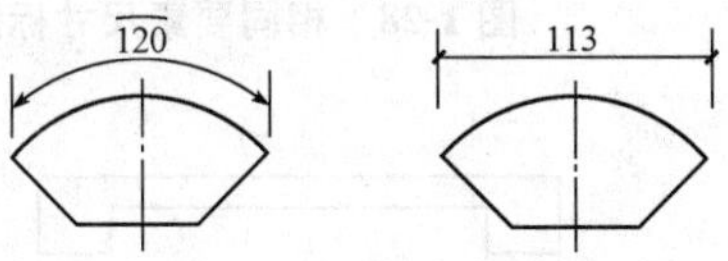 | 尺寸界线应垂直于该圆弧的弦。标注弧长时,尺寸线应以与该圆弧同心的圆弧线表示,起止符号应用箭头表示,尺寸数字上方加注圆弧符号。标注弧长时,尺寸线应以平行于该弦的直线表示,起止符号用中粗斜线表示 |
| 构件外形为非圆曲线 | 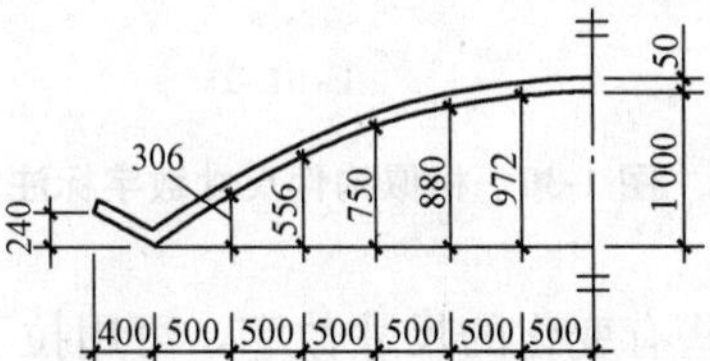 | 用坐标形式标注尺寸 |
| 复杂的圆形 | 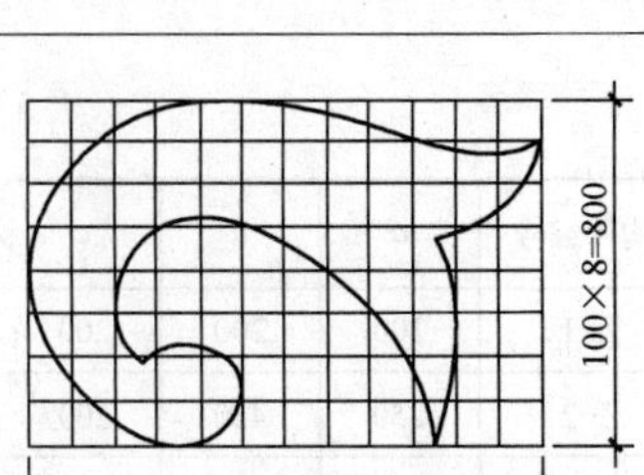 | 用网格形式标注尺寸 |

3. 尺寸的简化标注

(1)杆件或管线的长度,在单线图(桁架简图、钢筋简图、管线图等)上,可直接将尺寸数字沿杆件或管线的一侧注写(图1-26)。

(2)连续排列的等长尺寸,可用"个数×等长尺寸=总长"的形式标注(图1-27)。

(3)构配件内的构造要素(如孔、槽等)如相同,可仅标注其中一个要素的尺寸(图1-28)。

(4)对称构配件采用对称省略画法时,该对称构配件的尺寸线应略超过对称符号,仅在尺寸线的一端画尺寸起止符号,尺寸数字应按整体全尺寸注写,其注写位置宜与对称符号对齐(图1-29)。

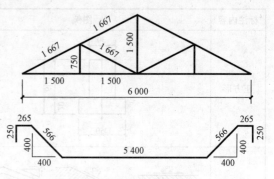

图1-26 单线图尺寸标注方法

(5)两个构配件,如仅个别尺寸数字不同,可在同一图样中将其中一个构配件的不同尺寸数字注写在括号内,同时,该构配件的名称也应注写在相应的括号内(图1-30)。

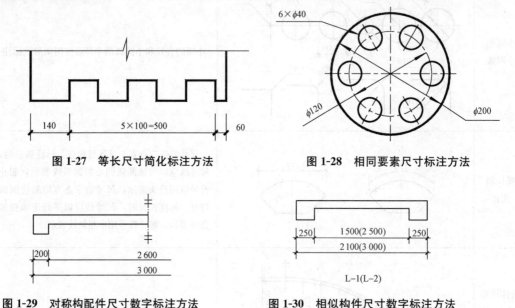

图1-27 等长尺寸简化标注方法　　图1-28 相同要素尺寸标注方法

图1-29 对称构配件尺寸数字标注方法　　图1-30 相似构件尺寸数字标注方法

(6)数个构配件,如仅某些尺寸不同,这些有变化的尺寸数字,可用拉丁字母注写在同一图样中,另列表格写明其具体尺寸(图1-31)。

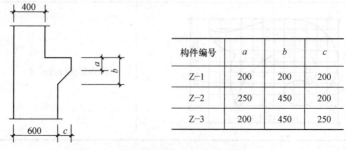

| 构件编号 | a | b | c |
|---|---|---|---|
| Z-1 | 200 | 200 | 200 |
| Z-2 | 250 | 450 | 200 |
| Z-3 | 200 | 450 | 250 |

图1-31 相似构配件尺寸表格式标注方法

## 4. 标高的注法

标高分为绝对标高和相对标高。我国以青岛市外黄海海面±0.000 的标高为绝对标高，如世界最高峰珠穆朗玛峰高度为 8 844.43 m（中国国家测绘局 2005 年测定）即为绝对标高。而以某一建筑底层室内地坪为±0.000 的标高称为相对标高，如上海浦东 88 层的金茂大厦高度为 420 m，即为相对标高。

建筑图样中除总平面图上标注绝对标高外，其余图样上的标高均为相对标高。

标高符号，除总平面图室外地坪标高宜用全部涂黑的三角形外，其他图面一律用图 1-32 所示符号。

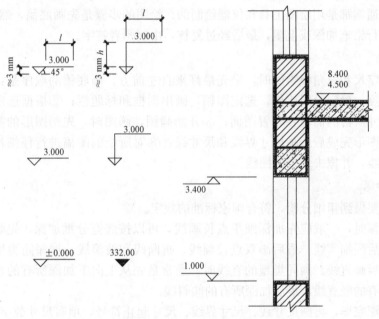

**图 1-32 标高符号及其标注**

标高符号的图形为等腰直角三角形，方向可正置或倒置，高度为 3 mm 左右，三角形尖部所指位置即为标高位置，其水平线的长度，根据标高数字长短而定。标高数字以 m 为单位，在总平面图上标注至小数点后 2 位数，而在其他任何图上标注至小数点后 3 位数。如零点标高标注成±0.000，正数标高数字前一律不加正号，如 3.000、2.700、0.900，负数标高数字前必须加注负号，如−0.020、−0.450。

在剖面图及立面图中，标高符号的尖端，根据所指位置，可向上指，也可向下指，如同时表示几个不同的标高，可在同一位置重叠标注，标高符号及其标注如图 1-32 所示。

# 第三节 绘图步骤与方法

为提高图面质量和绘图速度，除必须熟悉制图标准、正确使用绘图工具和仪器外，还要掌握正确的绘图方法和步骤。

## 一、制图前的准备工作

(1)准备好所需的全部作图用具,擦净图板、丁字尺、三角板等。
(2)削磨铅笔、铅芯。
(3)分析了解所绘对象,根据所绘对象的大小选择合适的图幅及绘图比例。
(4)固定图纸。

## 二、绘制步骤

工程图样通常都是用绘图工具和仪器绘制的。绘图的步骤是先画底稿,然后进行校对,再根据需要进行铅笔加深或上墨,最后经过复核,由制图者签字。

### 1. 画底稿

在使用丁字尺和三角板绘图时,采光最好来自左前方。画底稿的顺序是:①按图形的大小和复杂程度,确定绘图比例,选定图幅,画出图框和标题栏;②根据选定的比例估计图形及注写尺寸所占的面积,布置图面;③开始画图,画图时,先画图形的基线,再逐步画出细部;④图形完成后,画尺寸界线和尺寸线;⑤对所绘的图稿进行仔细校对,改正画错或漏画的图线,并擦去多余的图线。

### 2. 铅笔加深

铅笔加深要做到粗细分明,符合国家标准的规定。

用铅笔加深时,一般应先加深细单点长画线,可以按线宽分批加深,先画粗实线,再画中实线,然后画细实线,最后画双点长画线、折断线和波浪线。加深同类型图线的顺序是先画曲线,后画直线。画同类型的直线时,通常是先从上向下加深所有的水平线,再从左向右加深所有的竖直线,最后加深所有的倾斜线。

当图形加深完毕,再画尺寸线、尺寸界线、尺寸起止符号,填写尺寸数字和书写图名、比例等文字说明和标题栏。

### 3. 描绘墨线图

墨线应用针管笔绘制,应保持针管笔的畅通,灌墨不宜太多,以免溢漏污染图面。墨线图的描绘步骤与铅笔图相同,可参照执行。

### 4. 复核和检查

整张图纸画完以后应经过细致检查、校对、修改后才算最终完成。首先应检查图样是否正确;其次应检查图线的交接、粗细、色泽以及线型应用是否准确;最后校对文字、尺寸标注是否整齐、正确,符号是否符合国家标准的规定。

## 三、平面图形的绘图方法

平面图形是由若干直线线段和曲线线段按一定规则连接而成的。在绘图前,应根据平面图形给定的尺寸,明确各线段的形状、大小、相互位置及性质,从而确定正确的绘图顺序。

### (一)平面图形尺寸分析

平面图形中的尺寸,按其作用分为定形尺寸和定位尺寸两类。要标注平面图形的尺寸,首先必须了解这两类尺寸，并对其进行分析。

### 1. 尺寸基准

尺寸基准是标注尺寸的起点。平面图形的长度方向和高度方向都要确定一个尺寸基准。尺寸基准常常选用图形的对称线、底边、侧边、图中圆周或圆弧的中心线等。在图1-33所示的平面图形中，长度、高度的尺寸基准分别取φ38圆的竖直中心线和水平中心线。

### 2. 定形尺寸和定位尺寸

定形尺寸是确定平面图形各组成部分大小的尺寸，如图1-33中的φ38、φ12、R54、R10等；定位尺寸是确定平面图形各组成部分相对位置的尺寸，如图1-33中的5、60、40、26、24等。从尺寸基准出发，通过各定位

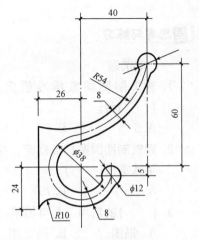

图1-33 平面图形

尺寸，可确定图形中各个部分的相对位置，通过各定形尺寸，可确定图形中各个部分的大小，于是就可以完全确定整个图形的形状和大小，准确地画出这个平面图形。

### 3. 尺寸标注的基本要求

平面图形的尺寸标注要做到正确、完整、清晰。"正确"是指标注尺寸应符合国家标准的规定。"完整"是指标注尺寸应该没有遗漏尺寸，也没有矛盾尺寸。在一般情况下不注写重复尺寸(包括通过现有尺寸计算或作图后，可获得的尺寸在内)，但在需要时，也允许标注重复尺寸。"清晰"是指尺寸标注得清楚、明显，并标注在便于看图的地方。

## (二)平面图形的线段分析

平面图形中圆弧连接处的线段，根据尺寸是否完整可分为以下3类：

(1)已知线段；

(2)中间线段；

(3)连接线段。

抄绘平面图形的步骤如下：①分析平面图形及其尺寸基准和圆弧连接的线段，拟定作图顺序；②按选定的比例画底稿，先画与尺寸基准有关的作图基线，再依次画出已知线段、中间线段、连接线段；③在图形完成后，画尺寸线和尺寸界线，并校核修正底稿，清理图面；④按规定线型加深或上墨，写尺寸数字，再次校核修正，便完成了抄绘这个平面图形的任务。

## 本章小结

本章首先介绍了国家制图标准，包括图幅、标题栏、会签栏、图线及画法、比例、尺寸标注、字体等。这些内容是建筑工程图识读与绘制的基础，也是必须掌握的技能。读者在学习中要经常查阅国家制图标准，读图时以国家制图标准为依据，绘图时严格执行国家标准的有关规定。其次又讲解了绘图工具、仪器和用品的种类及使用方法，几何作图步骤及要求等。读者要在了解常用建筑绘图工具、仪器及用品的基础上，熟练掌握常用绘图工具的使用方法和要领，要充分把握建筑制图的基本方法与步骤，学习时要多练习，初步具备建筑工程图识读与绘制的基本技能，为后续内容的学习奠定基础。

## 思考与练习

### 一、单选题

1. 建筑制图国家标准规定,字体的号数即字体的高度,分为( )种。
   A. 5　　　　　B. 6　　　　　C. 7　　　　　D. 8

2. 建筑制图国家标准规定,字母写成斜体时,字头向右倾斜,与水平基准成( )。
   A. 600°　　　B. 75°　　　　C. 120°　　　 D. 125°

3. ( )的常用工具有铅笔、圆规、曲线板、三角板等。
   A. 描图　　　B. 画正图　　　C. 画草图　　　D. 画底图

4. 在绘制正图时,加深的顺序是( )。
   A. 先加深圆或圆弧,后加深直线
   B. 先标注尺寸和写字,后加深图线
   C. 一边加深图形,一边标注尺寸和写字
   D. 加深图形和标注尺寸及写字不分先后

5. 描图时应按先粗后细、( )、先上后下的步骤进行。
   A. 先圆后直、先右后左　　　　B. 先圆后直、先左后右
   C. 先直后圆、先左后右　　　　D. 先直后圆、先右后左

6. 描图中描直线与圆弧连接时,应( )。
   A. 先描直线再描圆弧　　　　　B. 先描圆弧再描直线
   C. 圆弧和直线同时描　　　　　D. 描圆弧和直线无先后顺序,可任意描

### 二、判断题

1. 图样自身的任何图线均不得用作尺寸线,但可用作尺寸界线。　　　　(　)
2. 常用单点长画线或双点长画线表示对称线,当在较小图形中绘制有困难时,可用虚线代替。单点长画线或双点长画线的两端部,应是线段而不是点。　　　　(　)
3. 绘图铅笔上标注的"B"前面的数字越大,表示铅芯越软;"H"前面的数字越大,表示铅芯越硬。　　　　(　)
4. 用铅笔加深图线时,应先曲线,其次是直线,最后是斜线。　　　　(　)
5. 使用圆规画圆时,应尽可能使钢针和铅芯垂直于纸面。　　　　(　)
6. 丁字尺与三角板随意配合,便可画出65°倾斜线。　　　　(　)

### 三、简答题

1. 图纸有几种幅面尺寸?A2、A3的图幅尺寸是多少?图纸的长、短边有怎样的比例关系?
2. 什么是图样的比例?试解释比例"1∶20"的含义。
3. 长仿宋字的书写要领是什么?其对字高和字宽有什么要求?
4. 尺寸标注是由哪些部分组成的?标注时应注意哪些要求?

# 第二章 投影原理

◉ **学习目标**

(1)了解投影的形成与分类;
(2)对三面正投影有一定的认知;
(3)熟悉点、直线、平面的投影相关知识;
(4)了解基本形体投影的内容。

◉ **技能目标**

(1)能够根据投影特性对投影进行分类;
(2)能够熟练运用三面正投影的展开规则;
(3)熟练掌握点、直线、平面和基本形体的投影,并能在日后的学习过程中适当运用。

## 第一节 投影的基本知识

### 一、投影的概念

在光线的照射下,人和物在地面或墙面上产生影子的现象,早已为人们所知。人们经过长期的实践,将这些现象加以抽象、分析研究和科学总结,从中找出影子和物体之间的关系,用以指导工程实践。这种光线照射形体,在预先设置的平面上投影产生影像的方法,称为投影法。如图2-1所示,光源称为投影中心;从光源发射出去的光线称为投影线;预设的平面称为投影面;形体在预设平面上的影像称为形体在投影面上的投影;投影中心和投影面以及它们所在的空间称为投影体系。在这个体系中,假设投影线可以穿透形体,使所产生的"影子"不像真实的影子那样黑色一片,如图2-1(a)所示,而能在"影子"范围内用轮廓线来显示形体的感光面的形状;同时,又假设形体受光面的下方还有不同形状的轮廓线,用虚线来显示,如图2-1(b)所示。另外,对投影线的方向也作出了假定,使其能够产生合适的投影。

### 二、投影的分类

根据投影中心的距离和投影面远近的不同,投影可分为中心投影和平行投影两类。

#### (一)中心投影

中心投影即在有限的距离内,由投影中心 S 发射出的投影线所产生的投影,如图 2-2

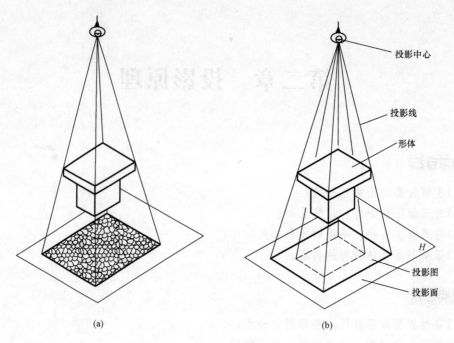

图 2-1 投影

所示。其特点是：投影线相交于一点，投影图的大小与投影中心 $S$ 距离投影面的远近有关，在投影中心 $S$ 与投影面 $P$ 距离不变的情况下，物体离投影中心 $S$ 越近，投影图越大，反之则越小。用中心投影法绘制物体的投影图称为透视图，如图 2-3 所示。其直观性很强，形象逼真，常用作建筑方案设计图和效果图。但其绘制比较烦琐，而且建筑物等的真实形状和大小不能直接在图中度量，不能作为施工图用。

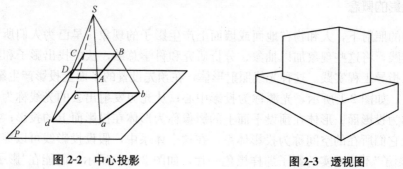

图 2-2 中心投影　　　　　图 2-3 透视图

**(二) 平行投影**

如果投影中心 $S$ 距离投影面无限远，则投影线可视为相互平行的直线，由此产生的投影，则称为平行投影。其特点是：投影线互相平行，所得投影的大小与物体距离投影中心的远近无关。根据互相平行的投影线与投影是否垂直，平行投影又可分为正投影和斜投影。

**1. 正投影**

如投影线与投影面相互垂直，由此所作出的平行投影称为正投影，也称为直角投影，如图 2-4(a)所示。采用正投影法，在 3 个互相垂直相交且平行于物体主要侧面的投影面上所作出的物体投影图，称为正投影图，如图 2-5 所示。该投影图能够较为真实地反映物体的形状和大小。其度量性好，多用于绘制工程设计图和施工图。

2. 斜投影

投影线斜交投影面所作出物体的平行投影，称为斜投影，如图 2-4(b)所示。用斜投影法可绘制斜轴测图，如图 2-6 所示。斜轴测图有一定的立体感，作图简单，但不能准确地反映物体的形状，使视觉上变形和失真，只能作为工程的辅助图样。

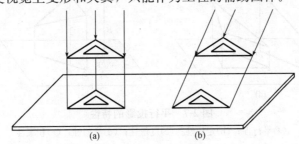

图 2-4 平行投影

(a)正投影；(b)斜投影

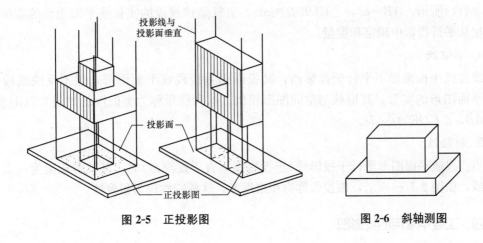

图 2-5 正投影图　　　　图 2-6 斜轴测图

### 三、平行投影的特性

平行投影的特性有平行性、定比性、度量性、类似性、积聚性等，如图 2-7 所示。

1. 平行性

空间两直线平行($AB//CD$)，则其在同一投影面上的投影仍然平行($ab//cd$)，如图 2-7(a)所示。

通过两平行直线 $AB$ 和 $CD$ 的投影线所形成的平面 $ABba$ 和 $CDdc$ 平行，而两平面与同一投影面 $P$ 的交线平行，即 $ab//cd$。

2. 定比性

点分线段为一定比例，点的投影分线段的投影为相同的比例，如图 2-7(b)所示，$AC:CB=ac:cb$。

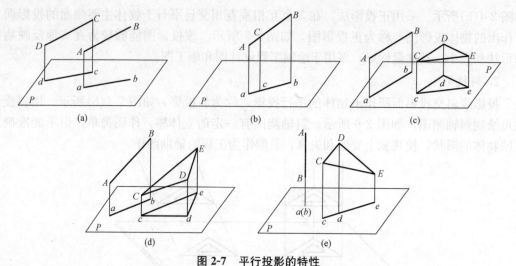

图 2-7 平行投影的特性
(a)平行性；(b)定比性；(c)度量性；(d)类似性；(e)积聚性

3. 度量性

线段或平面图形平行于投影面，则在该投影面上反映线段的实长或平面图形的实形，如图 2-7(c)所示，$AB=ab$，$\triangle CDE \cong \triangle cde$。也就是该线段的实长或平面图形的实形，可以直接从平行投影中确定和度量。

4. 类似性

线段或平面图形不平行于投影面，其投影仍是线段或平面图形，但不反映线段的实长或平面图形的实形，其形状与空间图形相似，这种性质称为类似性。如图 2-7(d)所示，$ab<AB$，$\triangle CDE \backsim \triangle cde$。

5. 积聚性

当直线或平面图形平行于投影线(正投影则垂直于投影面)时，其投影积聚为一点或一条直线，如图 2-7(e)所示，该投影称为积聚投影，这种特性称为积聚性。

### 四、工程中常用的投影图

为了清楚地表示工程中的不同对象，满足工程建设的需要，工程中常用的投影图有 4 种，即透视投影图、轴测投影图、正投影图和标高投影图。

1. 透视投影图

运用中心投影的原理绘制的具有逼真立体感的单面投影图称为透视投影图，简称透视图，如图 2-8 所示。它真实、直观、具有空间感，且符合人们的视觉习惯，但绘制较为复杂，形体的尺寸不能在投影图中度量和标注，不能作为施工的依据，仅用于建筑、室内设计等方案的比较以及美术、广告等。

2. 轴测投影图

运用平行投影的原理在一个投影图上作出的具有较强立体感的单面投影图称为轴测投影图，如图 2-9 所示。其特点是作图较透视图简单，相互平行的线可平行画出，但其立体感稍差，常作为辅助图样。

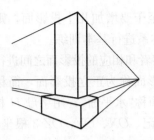
图 2-8　形体的透视投影图

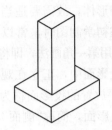
图 2-9　形体的轴测投影图

3. 正投影图

运用正投影法使形体在相互垂直的多个投影面上得到投影，然后按规则展开在一个平面上所得到的投影图称为正投影图，如图 2-10 所示。其优点是作图较以上各图简单，便于度量和标注尺寸，形体的平面平行于投影面时能够反映其实形，所以，其在工程上应用最多。其缺点是无立体感，需多个正投影图结合起来分析想象，才能得出立体形象。

4. 标高投影图

标高投影图是标有高度数值的水平正投影图，在建筑工程中常用于表示地面的起伏变化、地形、地貌。作图时，用一组上、下等距的水平剖切平面剖切地面，其交线反映在投影图上称为等高线。将不同高度的等高线自上而下投影在水平投影面上时，便可得到等高线图，称为标高投影图，如图 2-11 所示。

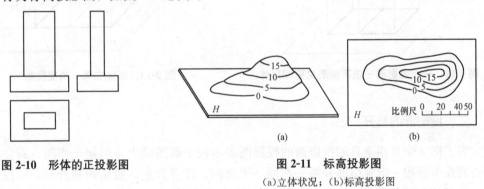

图 2-10　形体的正投影图　　　　图 2-11　标高投影图
(a)立体状况；(b)标高投影图

## 第二节　正投影的基本特征

采用正投影法进行投影所得的图样，称为正投影图。正投影图能够在各自的投影面中，确切地反映所画形体对应面的几何形状。其主要特点是便于度量尺寸，能满足生产技术上的要求。但它缺乏立体感，需要经过一定的训练才能读懂图纸。

一、投影面的设置

如图 2-12 所示，$H$ 投影面上的投影图，可以是形体 Ⅰ 的投影，也可以是形体 Ⅱ 的投影，还可能是其他几何形体的投影。因此，用一个投影面投影所绘出的投影图，一般不能反映确切的空间形体，故需要适当增加投影面。至于要增加几个投影面，则要由形体的复杂程度而定。在初学制图时，常以三投影面投影体系进行基本训练。

我国规定采用第一角画法，即将形体放置在观察者和相应的投影面之间进行投影（图2-13）。在第一角三个投影面中，正立在观察者对面的投影面称为正立投影面，简称"正面"，用字母 $V$ 标记；水平放置的投影面称为水平投影面，简称"水平面"，用字母 $H$ 标记；右侧的投影面称为侧立投影面，简称"侧面"，用字母 $W$ 标记。$OX$、$OY$、$OZ$ 3 根坐标轴互相垂直，其交点称为原点。

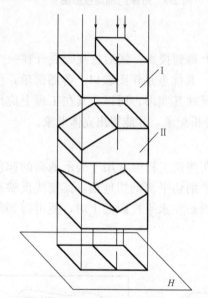

图 2-12　一个投影图一般不能表达空间形体

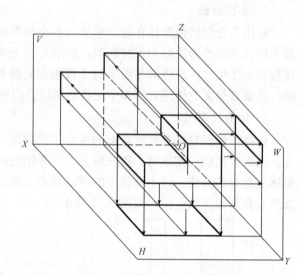

图 2-13　形体在第一角度投影

## 二、投影面的展开

为了把 3 个互相垂直的投影面的投影图表示在平面图纸上，以便于作图，需要将互相垂直的投影面按一定规律展开摊平在同一平面内。按照规定，投影面展开时，$V$ 投影面不动，$H$ 投影面绕投影轴 $OX$ 向下旋转 $90°$，$W$ 投影面绕投影轴 $OZ$ 向右旋转 $90°$。此时，投影轴 $OY$ 假想分成两根，一根随 $W$ 投影面旋转至与 $OX$ 轴处在同一直线上，记作 $Y_W$；另一根随 $H$ 投影面旋转至与 $OZ$ 轴处在同一直线上，记作 $Y_H$，这样使得 $V$、$H$、$W$ 投影面处于同一平面图纸上（图2-14）。作图时，因理论上投影面是无限大的，故通常在工程图样上不画投影面的边线和投影轴，各投影面的名称也不标注，可由投影位置关系来识别投影面，但初学制图时，仍可保留投影轴和标注。

## 三、正投影规律及尺寸关系

如图 2-14 所示，$V$ 投影图反映形体的长与高；$H$ 投影图反映形体的长与宽；$W$ 投影图反应形体的高与宽。因此，相邻投影图同一个方向的尺寸相等，即：

$V$、$H$ 投影图中的相应投影长度相等，并且对正，简称"长对正"。

$V$、$W$ 投影图中的相应投影高度相等，并且平齐，简称"高平齐"。

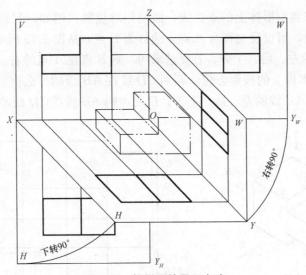

**图 2-14　投影面的展开方法**

$H$、$W$ 投影图中的相应投影宽度相等，并且量取的 $Y_H$ 等于 $Y_W$，简称"宽相等"。

应当指出，不论是什么样的形体，只要对其进行正投影，形体中的每一部分在各投影上都要符合"长对正、高平齐、宽相等"的投影规律及尺寸关系。

### 四、正投影图中的方位关系

人们对于汽车的前、后、上、下、左、右位置关系，一般都能够区分得清楚。如图 2-15 所示的立体图，它与投影图的方位有着相同的对应关系。$V$ 投影面反映汽车的上下、左右、前；$H$ 投影面反映汽车的前后、左右、上；$W$ 投影面反映汽车的前后、上下、左。从投影图中可以看出，$V$ 投影面上标注的前，直接图示出形体（汽车）前面形状轮廓线的投影；$H$ 投影面上标注的上，直接图示出形体上面形状轮廓线的投影；$W$ 投影面上标注的左，直接图示出形体左侧面形状轮廓线的投影。

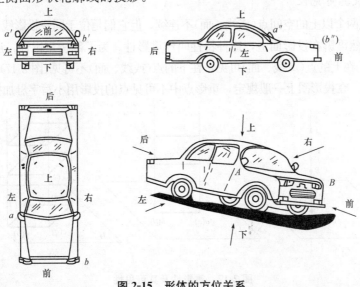

**图 2-15　形体的方位关系**

可以根据方位来判别形体上的点、线、面的相对位置。例如，判别汽车的反光镜在汽车前灯的什么位置时，可设反光镜为 $A$ 点，前灯为 $B$ 点，从图 2-15 所示投影图的分析可以看出，$A$ 点在 $B$ 点的左、后、上方，若反过来问，则 $B$ 点在 $A$ 点的右、前、下方。

图 2-16 所示为木榫头的投影方位，判别 $CD$ 线在 $AB$ 线的什么位置时，从图中的分析可以看出，$CD$ 线在 $AB$ 线的左、后、下方；反之，则 $AB$ 线在 $CD$ 线的右、前、上方。

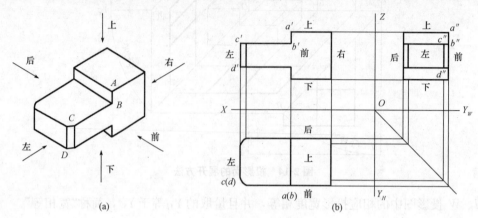

图 2-16 木榫头的投影方位

在投影图中，一般规定空间点用大写字母表示，在三投影面上的投影用同一字母的小写字母表示，且在 $H$ 投影上只用小写字母表示，$V$ 投影则在小写字母的右上角加一撇表示，$W$ 投影则在小写字母的右上角加两撇表示。例如，图 2-16 中空间位置的形体上标注了交点 $A$，该点在三投影面上的标注用同一字母的小写字母 $a$、$a'$、$a''$ 表示；反之，$a$、$a'$、$a''$ 也表示了空间点 $A$。

### 五、正投影的重影性与积聚性

#### 1. 重影性及其可见性

如果两个或两个以上的空间点（或线、面）不连续，但它们是位于同一投影线上的投影，则各点（或线、面）必然重影在投影面上，这种特性叫作重影性。为了剖析重影性，还需判别其可见性。对 $H$ 投影，在上的点（或线、面）可见，在下的点（或线、面）不可见（图 2-17），$V$、$W$ 投影的可见性判别类同。在投影图上一般规定，重影点中不可见点的投影用小写字母加括号表示。

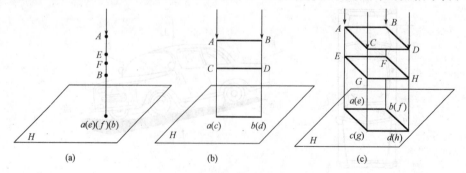

图 2-17 重影性及其可见性

## 2. 积聚性

垂直于投影面的直线，其正投影为一点，该直线上的任意一点的投影也落在这一点上，如图 2-17(a)所示；垂直于投影面的平面，其正投影为一条线，该面上的任意一点或线或其他图形的投影也都积聚在这条线上，如图 2-17(b)所示。投影中的这种特性称为积聚性。

## 第三节 点、直线、平面的投影

用三面正投影表示一个物体是各种工程图中常用的表现手法。众所周知，建筑形体大多是由多个平面组成的，各平面相交于多条棱线，各条棱线又相交于多个顶点，因此，研究空间中点、线、面的投影规律是绘制建筑工程图样的基础。

### 一、点的投影

点虽然在任何投影面上的投影均是点，但它是绘制线、面、体投影的基础，学习物体在三面正投影体系中的投影，必须从点投影入手。

#### (一)点的三面投影

点 $A$ 在三面投影体系中的投影如图 2-18 所示。过点 $A$ 分别向 $H$ 面、$V$ 面和 $W$ 面作投影线，投影线与投影面的交点 $a$、$a'$、$a''$，就是点 $A$ 的三面投影图。点 $A$ 在 $H$ 面上的投影 $a$，称为点 $A$ 的水平投影；点 $A$ 在 $V$ 面上的投影 $a'$，称为点 $A$ 的正面投影；点 $A$ 在 $W$ 面上的投影 $a''$，称为点 $A$ 的侧面投影。

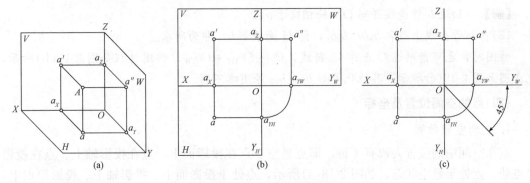

图 2-18 点的三面投影图
(a)立体图；(b)展开图；(c)投影图

#### (二)点的投影标记

根据制图规定，在三面投影图中，空间点应用大写拉丁字母，如 $A$、$B$、$C$……表示；投影点则用同名小写字母，如 $a$、$b$、$c$……表示。为了使各投影点号之间有所区别，在 $H$ 面的投影用相应的小写字母表示，在 $V$ 面的投影用相应的小写字母右上角加一撇表示，在 $W$ 面的投影用相应的小写字母右上角加两撇表示。如点 $A$ 的三面投影分别用 $a$、$a'$、$a''$ 表示。

在制图时，点的投影用小圆圈画出（直径小于 1 mm）；点号写在投影点的近旁，并标在所属的投影面积区域中，如图 2-18 所示。

### （三）点的投影规律

(1) 点的水平投影和正面投影的连线垂直于 $OX$ 轴，即 $aa' \perp OX$。
(2) 点的正面投影和侧面投影的连线垂直于 $OZ$ 轴，即 $a'a'' \perp OZ$。
(3) 点的水平投影到 $X$ 轴的距离等于点的侧面投影到 $Z$ 轴的距离，即 $aa_X = a''a_X$。

以上三条投影规律，就是被称为"长对正、高平齐、宽相等"的三等关系。它也说明，在点的三面投影图中，每两个投影都有一定的联系。只要给出点的任何两面投影，就可以求出第三面投影。

【例 2-1】 已知一点 $B$ 的 $V$、$W$ 面投影 $b'$、$b''$，求投影点 $b$，如图 2-19(a) 所示。

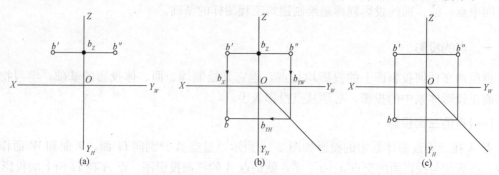

**图 2-19 已知点的二面投影求第三面投影**
(a)已知条件；(b)作图过程；(c)完成图

【解】 (1) 过 $b'$ 作垂线并与 $OX$ 轴相交于 $b_X$；
(2) 在所作垂线上截取 $b_X b = b_Z b''$，得 $H$ 面投影 $b$，即为所求。

作图时，也可借助过 $O$ 点作 45°斜线，使得 $Ob_{YH} = Ob_{YW}$。作图过程如图 2-19(b) 所示，完成图如图 2-19(c) 所示，其他代号如 $b_X$、$b_{YW}$ 等省略不写。

### （四）点的空间位置及坐标

#### 1. 点的空间位置

点在空间中的位置大致有 4 种，即点悬空、点在投影面上、点在投影轴上、点在投影原点处。点处于悬空状态，如图 2-18(a) 所示，点处于投影面上、投影轴上、投影原点上，如图 2-20 所示。

#### 2. 点的坐标

研究点的坐标，也就是研究点与投影面的相对位置。在 $H$、$V$、$W$ 投影体系中，常将 $H$、$V$、$W$ 投影面看成坐标面，而 3 条投影轴则相当于 3 条坐标轴 $OX$、$OY$、$OZ$，3 轴的交点为坐标原点，如图 2-18 所示。空间点到 3 个投影面的距离就等于它的各方向坐标值，也就是点 $A$ 到 $W$ 面、$V$ 面和 $H$ 面的距离 $Aa''$、$Aa'$ 和 $Aa$ 分别称为 $x$ 坐标、$y$ 坐标和 $z$ 坐标。

空间点的位置可用 $A(x, y, z)$ 的形式表示，所以，$A$ 点的水平投影 $a$ 的坐标是 $(x, y, 0)$；正面投影的 $a'$ 的坐标是 $(x, 0, z)$；侧面投影 $a''$ 的坐标是 $(0, y, z)$。

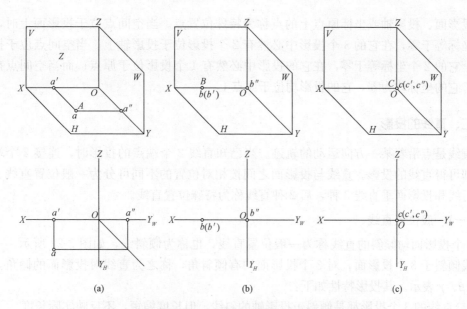

**图 2-20 点在投影面、投影轴和投影原点处的投影**
(a)点在投影面上；(b)点在投影轴上；(c)点在投影原点上

空间点的位置不仅可以用其投影确定，也可以由它的坐标确定。若已知点的三面投影，就可以量出该点的 3 个坐标；反之，已知点的坐标，也可以作出该点的三面投影。

【**例 2-2**】 已知点 $B$ 的坐标(4，6，5)，作 $B$ 点的三面投影图。

【**分析**】 根据已知条件，$B$ 点坐标 $X_b=4$，$Y_b=6$，$Z_b=5$，由于点的 3 个投影与点的坐标关系为 $b(x,y)$、$b'(x,z)$、$b''(y,z)$，因此，可作出点的投影图。

作图：由空间点 $B$ 的坐标作三面投影图，如图 2-21 所示。

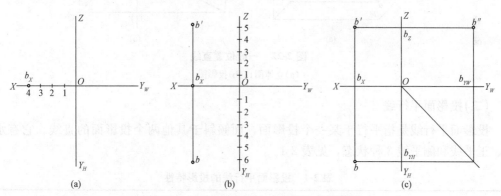

**图 2-21 已知点的坐标，求点的三面投影**

(1)画出三轴及原点后，在 $X$ 轴自 $O$ 点向左量取 4 mm 得 $b_X$ 点，如图 2-21(a)所示。

(2)过 $b_X$ 引 $OX$ 轴的垂线，由 $b_X$ 向上量取 $z=5$ mm，得 $V$ 面投影 $b'$，再向下量取 $y=6$ mm，得 $H$ 面投影 $b$，如图 2-21(b)所示。

(3)过 $b'$ 作水平线与 $Z$ 轴相交于 $b_Z$ 并延长，量取 $b_Z b''=b_X b$，得 $W$ 面投影 $b''$，此时 $b$、$b'$、$b''$ 即为所求。在作出 $b$、$b'$ 以后也可以利用 45°斜线求出，如图 2-21(c)所示。

空间点可以处于悬空位置，也可以处于投影面上、投影轴上或投影原点上。通常，把处于投影面、投影轴或坐标原点上的点称为特殊位置点。当空间点位于投影面上时，它的一个坐标等于零，在它的3个投影中必然有2个投影位于投影轴上；当空间点位于投影轴上时，它的2个坐标等于零，在它的投影中必然有1个投影位于原点；而当空间点在原点上时，它的坐标均为零，它的投影均位于原点上。

### 二、直线的投影

直线是点沿着某一方向运动的轨迹。当已知直线2个端点的投影时，连接2个端点的投影即可得直线的投影。直线与投影面之间按相对位置的不同可分为一般位置直线、投影面平行线和投影面垂直线3种，后2种直线称为特殊位置直线。

#### （一）一般位置直线

3个投影面均倾斜的直线称为一般位置直线，也称为倾斜线，如图2-22所示。一般位置直线倾斜于3个投影面，对3个投影面均有倾斜角，称之为直线对投影面的倾角，分别用 α、β、γ 表示。其投影特性如下：

(1)直线的3个投影都是倾斜于投影轴的斜线，但长度缩短，不反映实际长度。
(2)各个投影与投影轴的夹角不反映空间直线对投影面的倾角。

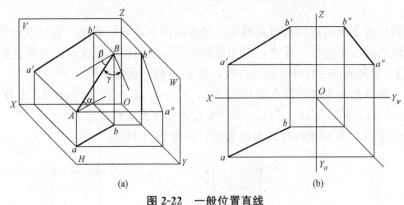

图 2-22　一般位置直线
(a)立体图；(b)投影图

#### （二）投影面平行线

投影面平行线是指平行于某一个投影面，而倾斜于其他两个投影面的直线。它有水平线、正平线和侧平线3种状态，见表2-1。

表 2-1　投影面平行线的投影特性

| 名　称 | 直观图 | 投影图 | 投影特性 |
| --- | --- | --- | --- |
| 水平线 |  |  | (1)水平投影反映实长。<br>(2)水平投影与 $X$ 轴和 $Y$ 轴的夹角分别反映直线与 $V$ 面和 $W$ 面的倾角 $\beta$ 和 $\gamma$。<br>(3)正面投影和侧面投影分别平行于 $X$ 轴及 $Y$ 轴，但不反映实长 |

续表

| 名称 | 直观图 | 投影图 | 投影特性 |
|---|---|---|---|
| 正平线 | | | (1)正面投影反映实长。<br>(2)正面投影与 $X$ 轴和 $Z$ 轴的夹角，分别反映直线与 $H$ 面和 $W$ 面的倾角 $\alpha$ 和 $\gamma$。<br>(3)水平投影及侧面投影分别平行于 $X$ 轴及 $Z$ 轴，但不反映实长 |
| 侧平线 | | | (1)侧面投影反映实长。<br>(2)侧面投影与 $Y$ 轴和 $Z$ 轴的夹角，分别反映直线与 $H$ 面和 $V$ 面的倾角 $\alpha$ 和 $\beta$。<br>(3)水平投影及正面投影分别平行于 $Y$ 轴及 $Z$ 轴，但不反映实长 |

(1)水平线是指平行于水平投影面的直线，即与 $H$ 面平行，但与 $V$ 面、$W$ 面倾斜的直线。

(2)正平线是指平行于正立投影面的直线，即与 $V$ 面平行，但与 $H$ 面、$W$ 面倾斜的直线。

(3)侧平线是指平行于侧立投影面的直线，即与 $W$ 面平行，但与 $V$ 面、$H$ 面倾斜的直线。

投影面平行线在它所平行的投影面上的投影反映实长，且该投影与相应投影轴的夹角，反映直线与其他两个投影面的倾角；直线在另外两个投影面上的投影分别平行于相应的投影轴，但不反映实长。其在各投影面的投影特性见表 2-1。在投影图上，如果有一个投影平行于投影轴，而另有一个投影倾斜，那么，这个空间直线一定是投影面的平行线。

**(三)投影面垂直线**

投影面垂直线是垂直于某一投影面，同时也平行于另外两个投影面的直线。投影面垂直线可分为铅垂线、正垂线和侧垂线。

(1)铅垂线是垂直于水平投影面的直线，即只垂直于 $H$ 面，同时平行于 $V$ 面、$W$ 面的直线。

(2)正垂线是垂直于正立投影面的直线，即只垂直于 $V$ 面，同时平行于 $H$ 面、$W$ 面的直线。

(3)侧垂线是垂直于侧立投影面的直线，即只垂直于 $W$ 面，同时平行于 $V$ 面、$H$ 面的直线。

投影面垂直线在它所垂直的投影面上的投影积聚为一点；直线在另两个投影面上的投影反映实长且垂直于相应的投影轴。其投影特性见表2-2。

**表 2-2　投影面垂直线的投影特性**

| 名　称 | 直观图 | 投影图 | 投影特性 |
|---|---|---|---|
| 铅垂线 | 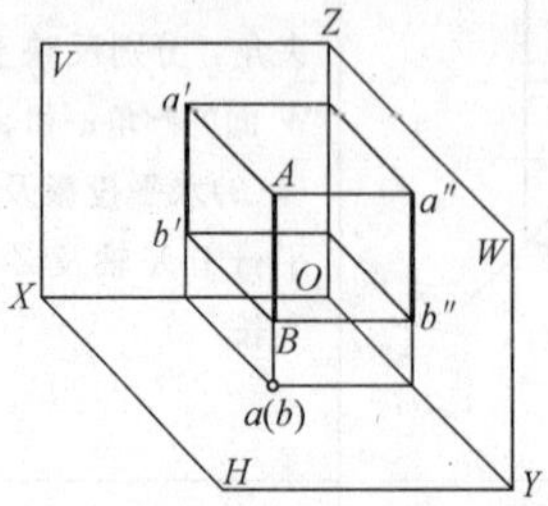 | 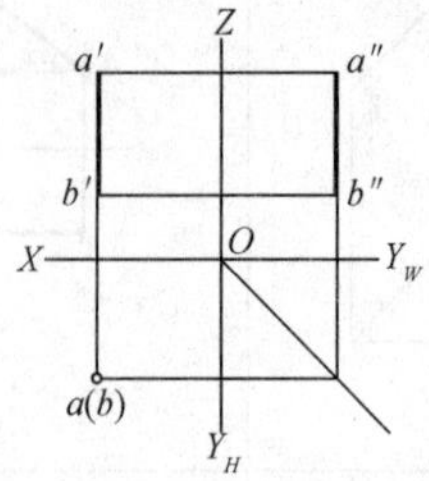 | (1)水平投影积聚成一点。<br>(2)正面投影及侧面投影分别垂直于 $X$ 轴及 $Y$ 轴，且反映实长 |
| 正垂线 | 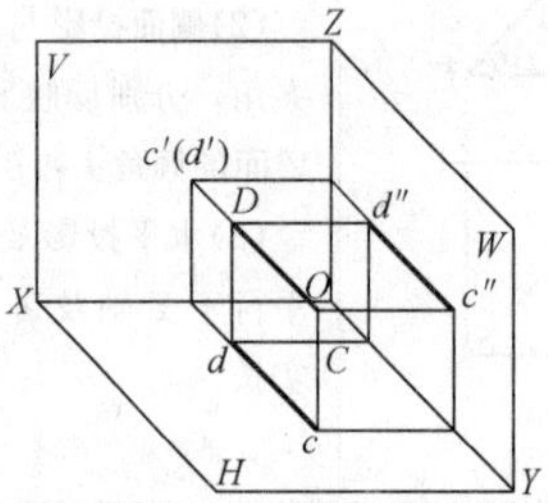 | 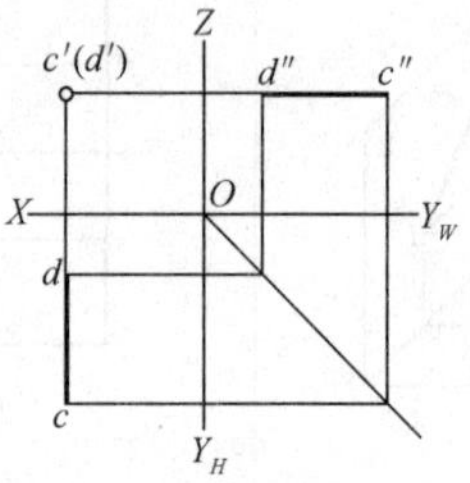 | (1)正面投影积聚成一点。<br>(2)水平投影及侧面投影分别垂直于 $X$ 轴及 $Z$ 轴，且反映实长 |
| 侧垂线 | 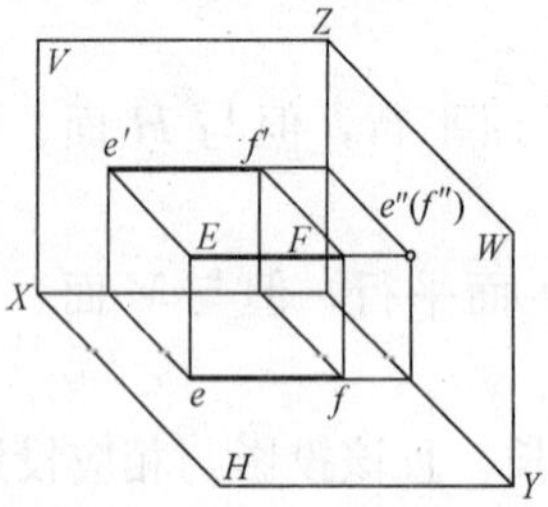 | 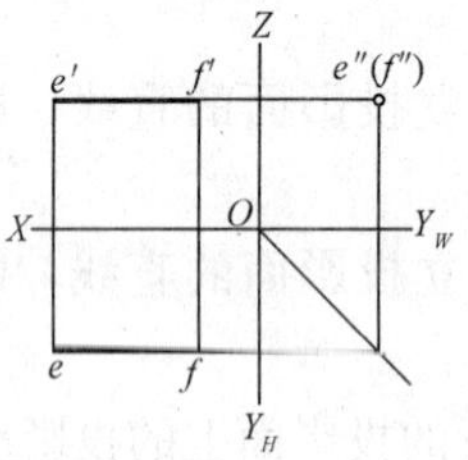 | (1)侧面投影积聚成一点。<br>(2)水平投影及正面投影分别垂直于 $Y$ 轴及 $Z$ 轴，且反映实长 |

在投影面上，只要有一条直线的投影积聚为一点，那么，它一定为投影面的垂直线，并且垂直于积聚投影所在的投影面。

**(四)直线投影图的识读**

识读直线投影图，首先要判别直线在空间中的位置。直线在空间中的位置，应根据直线在三面投影图中的特性来确定。例如，在投影图中，有一个投影平行于投影轴，而另一个投影倾斜，那么，这一空间直线一定为投影面的平行线。如判别图2-23中三面投影图里直线 $AB$、$CD$、$EF$ 的空间位置。判别方法如下：

(1)直线 $AB$ 的3个投影都倾斜，故它为投影面的一般位置线。

(2)直线 $CD$ 在 $H$ 面和 $W$ 面上的投影分别平行于 $OX$ 和 $OZ$，而在 $V$ 面上的投影倾斜，故它为 $V$ 面的平行线(即正平线)。

(3)直线 $EF$ 在 $H$ 面上的投影积聚成一点，在 $V$ 面和 $W$ 面上的投影分别垂直于 $OX$ 和 $OY_W$，故它为 $H$ 面的垂直线（即铅垂线）。

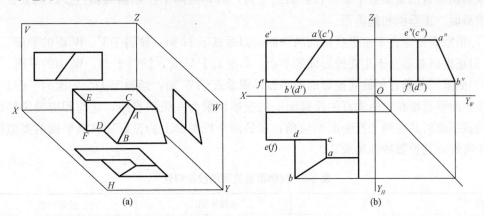

图 2-23 直线的空间位置

## 三、平面的投影

平面是直线沿某一方向运动的轨迹。要作出平面的投影，只要作出构成平面图形轮廓的若干点与线的投影，然后连成平面图形即可得到。平面与投影面之间按相对位置的不同可分为一般位置平面、投影面垂直面和投影面平行面，后两种统称为特殊位置平面。

### (一)一般位置平面

与 3 个投影面均倾斜的平面称为一般位置平面，也称为倾斜面，如图 2-24 所示。从图中可以看出，一般位置平面的各个投影均为原平面图形的类似图形，且比原平面图形本身的实形小。它的任何一个投影，既不反映平面的实形，也无积聚性。

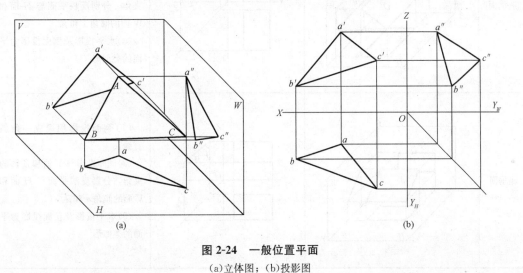

图 2-24 一般位置平面
(a)立体图；(b)投影图

## (二)投影面垂直面

投影面垂直面是垂直于某一投影面的平面,对其余两个投影面倾斜。投影面垂直面可分为铅垂面、正垂面和侧垂面。

(1)铅垂面是垂直于水平投影面的平面,即垂直于 $H$ 面,倾斜于 $V$、$W$ 面的平面。

(2)正垂面是垂直于正立投影面的平面,即垂直于 $V$ 面,倾斜于 $H$、$W$ 面的平面。

(3)侧垂面是垂直于侧立投影面的平面,即垂直于 $W$ 面,倾斜于 $H$、$V$ 面的平面。

投影面垂直面在它所垂直的投影面上的投影积聚为一条斜直线,它与相应投影轴的夹角反映该平面对其他两个投影面的倾角;在另两个投影面上的投影反映该平面的类似图形且小于实形,其投影特性见表 2-3。

表 2-3 投影面垂直面的投影特性

| 名 称 | 直观图 | 投影图 | 投影特性 |
| --- | --- | --- | --- |
| 铅垂面 | | | (1)水平投影积聚成一条斜直线。<br>(2)水平投影与 $X$ 轴和 $Y$ 轴的夹角,分别反映平面与 $V$ 面和 $W$ 面的倾角 $\beta$ 和 $\gamma$。<br>(3)正面投影及侧面投影为平面的类似形。 |
| 正垂面 | | | (1)正面投影积聚成一条斜直线。<br>(2)正面投影与 $X$ 轴和 $Z$ 轴的夹角,分别反映平面与 $H$ 面和 $W$ 面的倾角 $\alpha$ 和 $\gamma$。<br>(3)水平投影及侧面投影为平面的类似形 |
| 侧垂面 | | | (1)侧面投影积聚成一条斜直线。<br>(2)侧面投影与 $Y$ 轴和 $Z$ 轴的夹角,分别反映平面与 $H$ 面和 $V$ 面的倾角 $\alpha$ 和 $\beta$。<br>(3)水平投影及正面投影为平面的类似形 |

一个平面只要有一个投影积聚为一条平行于投影轴的直线,那么该平面就平行于非积

聚投影所在的投影面，并且反映实形。

### (三)投影面平行面

投影面平行面是平行于某一投影面的平面，同时也垂直于另外两个投影面。投影面平行面可分为水平面、正平面和侧平面。

(1)水平面是平行于水平投影面的平面，即平行于 $H$ 面，同时垂直于 $V$ 面、$W$ 面的平面。

(2)正平面是平行于正立投影面的平面，即平行于 $V$ 面，同时垂直于 $H$ 面、$W$ 面的平面。

(3)侧平面是平行于侧立投影面的平面，即平行于 $W$ 面，同时垂直于 $V$ 面、$H$ 面的平面。

投影面平行面在它所平行的投影面的投影反映实形，在其他两个投影面上的投影积聚为直线，且与相应的投影轴平行。其投影特性见表2-4。

表2-4 投影面平行面的投影特性

| 名 称 | 直观图 | 投影图 | 投影特性 |
| --- | --- | --- | --- |
| 水平面 | 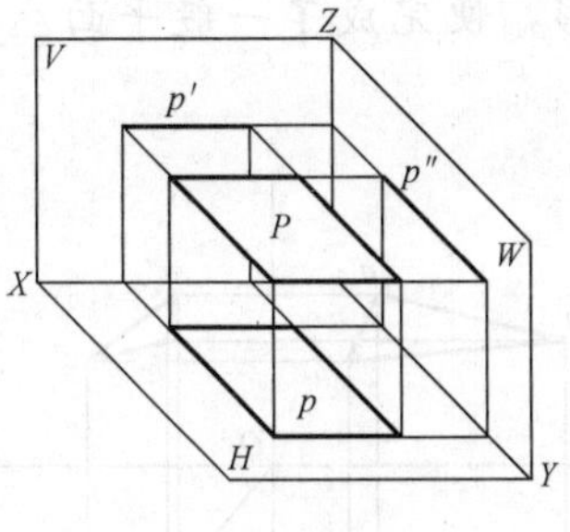  | 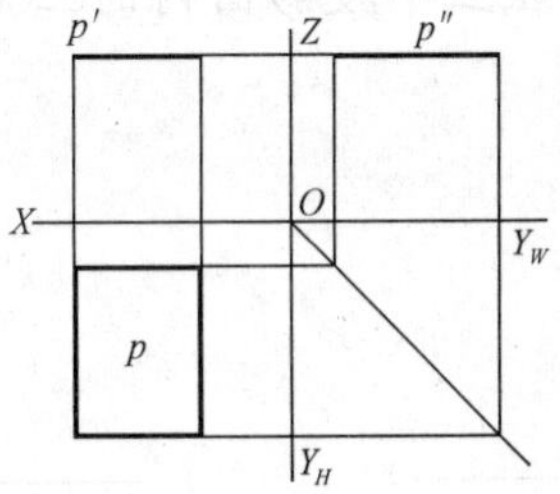  | (1)水平投影反映实形。<br>(2)正面投影及侧面投影积聚成一条直线，且分别平行于 $X$ 轴及 $Y$ 轴 |
| 正平面 | 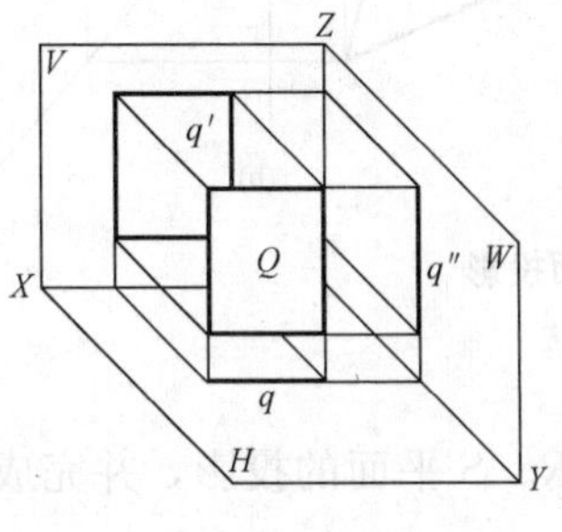  | 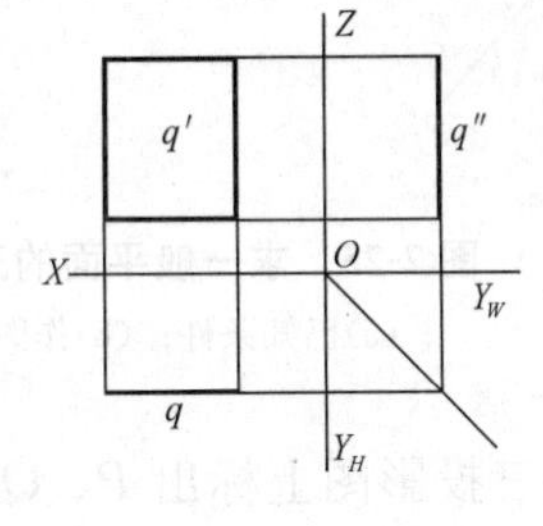  | (1)正面投影反映实形。<br>(2)水平投影及侧面投影积聚成一条直线，且分别平行于 $X$ 轴及 $Z$ 轴 |
| 侧平面 | 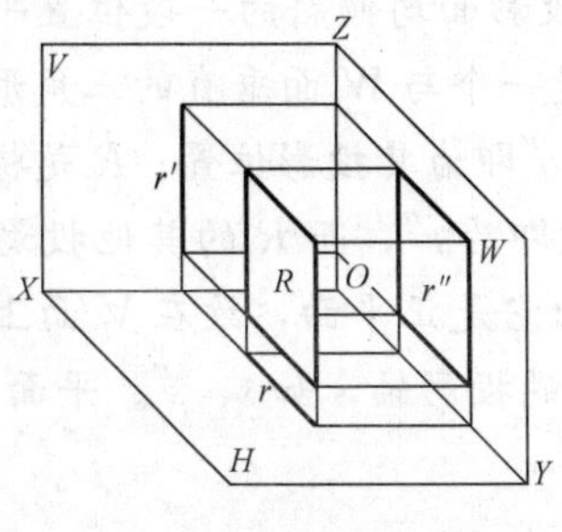  | 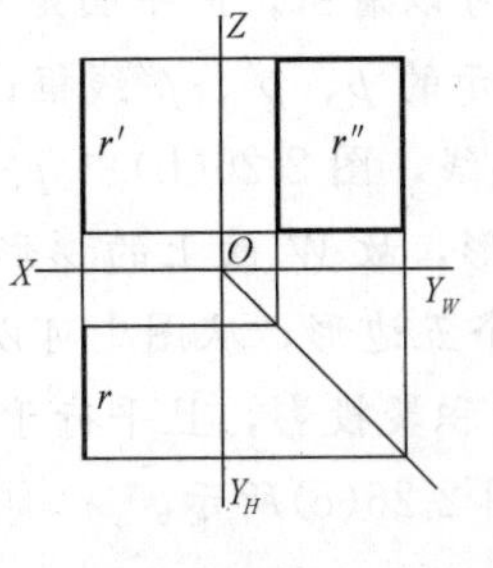  | (1)侧面投影反映实形。<br>(2)水平投影及正面投影积聚成一条直线，且分别平行于 $Y$ 轴及 $Z$ 轴 |

一个平面只要有一个投影积聚为一条平行于投影轴的直线,那么该平面就平行于非积聚投影所在的投影面,并且反映实形。

### 四、平面投影的识读与作图

下面通过几道例题来了解平面投影的识读与作图。

【例2-3】 以$AB$为边,求一般位置平面的三面投影,如图2-25(a)所示。

【解】 因为$AB$是一般位置的直线,在图中任选一点$C$,由一点$C$和一条直线$AB$则构成$\triangle ABC$,根据平面投影特性可知,任选的三点所构成的$\triangle ABC$为一般位置平面,$\triangle ABC$在三个投影面的投影应显示为三角形,且具有类似性。

作图步骤如图2-25(b)所示。

(1)在$V$面上任选一点$c'$,连接$a'c'$、$b'c'$,构成$\triangle ABC$的$V$面投影$\triangle a'b'c'$。

(2)过$c'$向下作垂线进入$H$面,在$H$面内同样任选一点$c$,使$cc'\perp OX$且符合"长对正"的投影特性,构成$\triangle ABC$的$H$面投影$\triangle abc$。

(3)只要已知点的任意两投影,即可求出其第三投影。根据投影特性"高平齐、宽相等",求出$A$、$B$、$C$三点在$W$面的投影$a''$、$b''$和$c''$,连接$a''b''$和$a''c''$,构成$\triangle ABC$在$W$面的投影$\triangle a''b''c''$,加粗三个投影面内的三角形,便完成了一般平面$\triangle ABC$的三面投影图。

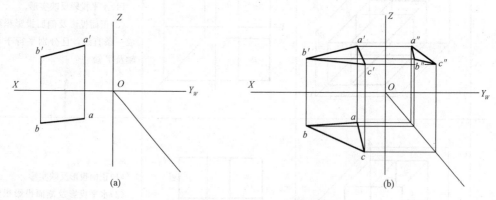

图2-25 求一般平面的三面投影
(a)已知条件;(b)作图方法

【例2-4】 根据直观图在三投影图上标出$P$、$Q$、$R$、$S$平面的投影,并完成表中的填空,如图2-26所示。

【分析】 从图2-26(a)中可以看出,$P$平面是与三投影面均倾斜的一般位置平面,故$P$的投影位置应如图2-26(b)所示的$p$、$p'$、$p''$线框;$Q$是一个与$W$面垂直的三角形平面,是侧垂面,其中$q''$应为一条斜直线,图2-26(b)中$q$、$q'$、$q''$即为其投影位置;$R$是梯形且为侧平面,在$W$面上应反映其实形,故$W$面上的梯形线框即为$r''$,而$R$的其他投影均为积聚投影,如图中的$r$、$r'$;$S$是个五边形,从图中可以看出它是正平面,故在$V$面上反映它的实形$s'$,其他面上的投影都为积聚投影,且平行于相应的投影轴,如$s$、$s''$。平面$P$、$Q$、$R$及$S$与投影面的相对位置如图2-26(c)所示。

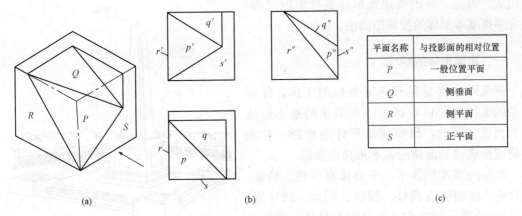

图 2-26 形体中平面的空间位置

【例 2-5】 已知等腰三角形 $ABC$ 的顶点 $A$，过点 $A$ 作等腰三角形的投影。该三角形为铅垂面，高为 25 mm，$\beta=30°$，底边 $BC$ 为水平线，长为 20 mm，如图 2-27(a)所示。

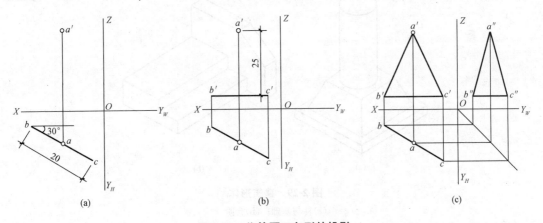

图 2-27 作等腰三角形的投影

(a)过 $a$ 作 $bc$，与 $x$ 轴成 30°角，且使 $ba=ac=10$ mm；(b)过 $a'$ 向正下方截取 25 mm，并作 $BC$ 的正面投影 $b'c'$；(c)根据水平投影及正面投影，完成侧面投影

【分析】 因等腰三角形 $ABC$ 是铅垂面，故水平投影积聚成一条与 $X$ 轴成 $\beta=30°$ 角的斜直线。三角形的高是铅垂线，在正面投影反映实长（25 mm）。底边 $BC$ 在水平投影上反映实长（20 mm）。因为 $BC$ 为水平线，所以，正面投影 $b'c'$ 和侧立面投影 $b''c''$ 平行于 $X$、$Y_W$ 轴，作图过程如图 2-27(b)、(c)所示。

## 第四节 基本形体的投影

一般建筑物或建筑构件的形状虽然复杂多样，若用形体分析法去观察这些形体，其都可以看成由长方体、棱柱、棱台、圆柱、圆锥、圆锥台、球等基本几何体（简称"基本体"）按一定方式组合而成。如图 2-28 所示的纪念碑，该形体可以看成由棱锥、棱台和若干棱柱所组成。因此,在识读建筑形体的投影图之前,应先掌握基本形体的投影图读法。

## 一、建筑形体的组成

建筑形体都是具有三维坐标的实体,任何复杂的实体都可以看成由一些简单的基本形体组合而成。因此,研究建筑形体的投影,首先要研究组成建筑形体的基本形体的投影。

常见的基本形体中,平面体有棱柱、棱锥、棱台等,曲面体有圆柱、圆锥、圆球、圆环等。图 2-29(a)所示的柱和基础是由圆柱体、四棱台和四棱柱组成的;而图 2-29(b)所示的台阶是由两个四棱柱和侧面的五棱柱组成的。

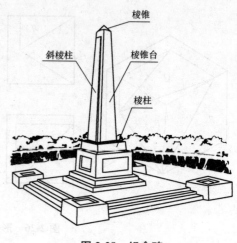

图 2-28 纪念碑

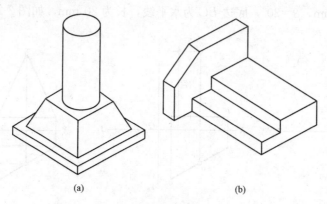

图 2-29 建筑形体
(a)柱与基础;(b)台阶

三平面构成的几何体称为平面几何体。在建筑工程中,多数构配件是由平面几何体构成的。根据各棱体的棱线的相互关系,平面几何体又可分为各棱线相互平等的几何体——棱柱体,如正方体、长方体、三棱体等;各棱线或其延长线交于一点的几何体——棱锥体,如三棱锥、四棱台等,如图 2-30 所示。

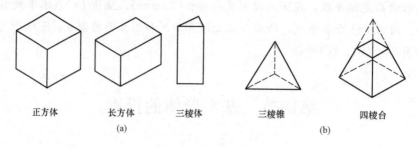

图 2-30 平面几何体
(a)棱柱体;(b)棱锥体

## 二、平面图的投影

基本形体的表面由平面围成的形体称为平面体，也称为平面几何体。在建筑工程中，多数构配件是由平面几何体构成的。根据各棱体中棱线之间的相互关系，平面几何体可以分为棱柱体和棱锥体两种。棱柱体是各棱线相互平行的几何体，如正方体、长方体、棱柱体；棱锥体是各棱线或其延长线交于一点的几何体，如三棱锥、四棱台等。

### (一)长方体的投影

长方体是由前、后、左、右、上、下6个平面构成的，且各平面相互垂直。只要按照投影规律画出各个表面的投影，即可得到长方体的投影图。图2-31所示为某长方体的三面投影图。根据长方体在三面投影体系中的位置，底面、顶面平行于$H$面，则在$H$面的投影反映实形，并且相互重合；前后面、左右面垂直于$H$面，其投影积聚成为直线，构成长方形的各条边。

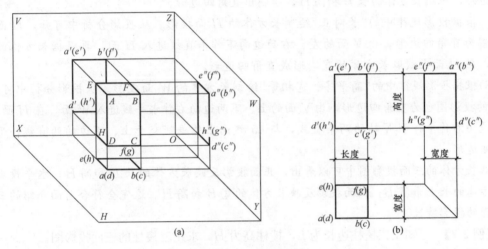

图2-31　长方体的投影
(a)立体图；(b)投影图

### (二)棱柱体的投影

棱柱体是指有两个互相平行的多边形平面，其余各面都是四边形，并且每相邻两个四边形的公共边都互相平行的几何体。这两个互相平行的平面称为棱柱的底面，其余各平面称为棱柱的侧面，侧面的公共边称为棱柱的侧棱。常见的棱柱体有三棱柱、五棱柱、六棱柱等。

【例2-6】　已知长方体长为$L$，宽为$B$，高为$H$，求长方体的三面投影。

【解】　长方体如图2-31(a)所示，将上、下面摆放成水平面与$H$面平行，将左、右面放置成侧平面与$W$面平行，将前、后面放置成正平面与$V$面平行。

(1)投影分析。

1)$H$面投影是上、下底面的投影面，为矩形，因为平行于$H$面，所以其反映实形且上、下面对齐并重叠在一起；四边形的前、后两边是前、后面的投影，因为两平面垂直

于 $H$ 面，所以有积聚性，其投影是直线；同理，可得左、右两边。同时四边形的 4 个顶点是长方体上与 $H$ 面垂直棱线的投影，因为有积聚性，4 条棱线积聚成 4 个点。

2) $V$ 面投影为矩形，它是前、后面的投影面，因为平行于 $V$ 面，所以它反映实形且前、后面对齐并重叠在一起；四边形的上、下两边是上、下面的投影，因为两平面垂直于 $V$ 面，所以有积聚性，其投影是直线；同理，可得左、右两边。同时四边形的 4 个顶点还是长方体上与 $V$ 面垂直棱线的投影，因为有积聚性，4 条棱线积聚成 4 个点。

3) $W$ 面投影为矩形，它是左、右面的投影面，因为平行于 $W$ 面，所以它反映实形且左、右面对齐并重叠在一起；四边形的上、下两边是上、下面的投影，因为两平面垂直于 $W$ 面，所以有积聚性，其投影是直线；同理，可得前、后两边。同时四边形的 4 个顶点还是长方体上与 $W$ 面垂直棱线的投影，因为有积聚性，4 条棱线积聚成 4 个点。

(2) 作图步骤。如图 2-31(b) 所示，长方体投影图的作图步骤如下：

1) 根据视图分析，先绘制长方体的 $V$ 面投影。从投影分析中可知，$V$ 面的投影图为直角四边形，根据长方体的长 $L$ 和高 $H$，绘制出直角四边形。

2) 根据投影规律中的"长对正"绘制长方体的 $H$ 面投影。从投影分析中可知，$H$ 面的投影图为直角四边形，由 $V$ 面的左、右两边向下作垂直线进入 $H$ 面，再根据长方体的宽度 $B$，在 $H$ 面上截取长方体的宽，形成直角四边形。

3) 根据投影规律中的"高平齐、宽相等"绘制长方体的 $W$ 面投影。从投影分析中可知，$W$ 面的投影图也为直角四边形，由 $V$ 面的上、下两边向右作水平线进入 $W$ 面，在 $H$ 面前、后两边向右作平行于 $X$ 轴的两条直线，与 45°线向上作垂线交于上、下边的两直线，形成直角四边形。

从长方体的三面投影图中可以看出，正面投影反映长方体的长 $L$ 和高 $H$；水平投影反映长方体的长 $L$ 和宽 $B$；侧面投影反映长方体的宽 $B$ 和高 $H$。这完全符合前面介绍的三面投影图的投影特性。

【例 2-7】 已知正三棱柱边长为 $L$，棱柱高为 $H$，求正三棱柱的三面投影图。

【解】 棱柱体如图 2-32(a) 所示，将上、下面摆放成水平面与 $H$ 面平行，将后面放置成正平面与 $V$ 面平行，将左、右两个侧后面放置成正垂面并使棱线朝前。

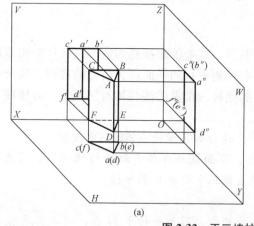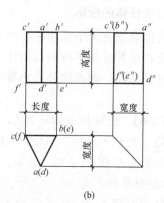

图 2-32 正三棱柱的投影

(a) 立体图；(b) 投影图

(1) 投影分析。

1) $H$ 面投影为等边三角形,它是上、下底面的投影面,因为平行于 $H$ 面,所以它反映实形且上、下面对齐并重叠在一起;三条边的边长为 $L$,三条边也是三棱柱侧面的投影,因为三棱柱侧面垂直于 $H$ 面,所以有积聚性,其投影是直线。

2) $V$ 面投影为倒放的"日"字形,即由两个四边形构成,外围的轮廓就是与 $V$ 面平行的后面,它也是一个正平面,也就是左侧棱柱面,右边的四边形就是右边的棱柱面;上、下两边是上、下面的投影,因为两平面垂直于 $V$ 面,所以有积聚性,其投影是直线;左、中、右垂直的 3 条线就是 3 条棱柱线的投影,因为与 $V$ 面平行,所以其反映实长,也是棱柱的高 $H$。

(2) 作图步骤。如图 2-33(b) 所示,正三棱柱投影图的作图步骤如下:

1) 根据视图分析,先绘制正三棱柱的 $V$ 面投影。从投影分析中可知,$V$ 面的投影为倒放的"日"字形,垂直三条边,水平两条边,根据正三棱柱的边长 $L$ 和高 $H$,绘制出直角四边形;在上、下边长 $L$ 上将两面的两个中点相连,就画出了倒放的"日"字形。

2) 根据投影规律中的"长对正"绘制三棱柱体的 $H$ 面投影。从投影分析中可知,$H$ 面的投影为等边三角形,由 $V$ 面的左、中、右 3 条垂直棱柱体线向下作垂直线进入 $H$ 面,再根据三棱柱体的边长 $L$,在 $H$ 面作等三角形。

3) 根据投影规律中的"高平齐、宽相等"绘制三棱柱体的 $W$ 面投影。从投影分析中可知,$W$ 面的投影也为直角四边形,由 $V$ 面的上、下两边向右作水平线进入 $W$ 面,在 $H$ 面前点、后边向右作平行于 $X$ 轴的两条直线,与 45°线向上作垂线交于上、下边的两直线,形成直角四边形。

从三棱柱的三面投影图中可以看出,正面投影反映三棱柱的边长 $L$ 和高 $H$;水平投影反映三棱柱的边长 $L$ 和投影宽度 $B$;侧面投影反映三棱柱的宽度 $B$ 和高 $H$。这完全符合前面介绍的三面投影图的投影特性。

【例 2-8】 已知正五棱柱,如图 2-33 所示,求其三面投影图。

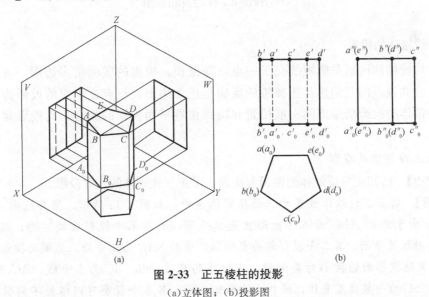

图 2-33 正五棱柱的投影
(a)立体图;(b)投影图

【解】 (1) 投影分析。由图可知,在立体图中,正五棱柱的顶面和底面是两个相等的正五边形,都是水平面,其水平投影重合并且反映实形,正面和侧面的投影重影为一条直线;棱柱的5个侧棱面,后棱面为正平面,其正面投影反映实形,水平和侧面投影为一条直线;棱柱的其余4个侧棱面为铅垂面,其水平投影分别重影为一条直线,正面和侧面的投影都是类似形。

五棱柱的侧棱线 $AA_0$ 为铅垂线,水平投影积聚为一点 $a(a_0)$,正面和侧面的投影都反映实长,即 $a'a'_0 = a''a''_0$。对底面和顶面的边及其他棱线可进行类似分析。

(2)作图步骤。根据分析结果,作图时,由于水平面的投影(即平面图)反映了正五棱柱的特征,所以,应先画出平面图,再根据三视图的投影规律作出其他两个投影,即正立面图和侧立面图。其作图过程如图2-34(a)所示。需要特别注意的是,在这里加了一个45°斜线,它是按照点的投影规律作的。也可以按照三视图的投影规律,根据方位关系,先找出"长对正、高平齐、宽相等"的对应关系,然后再作图,如图2-34(b)所示。

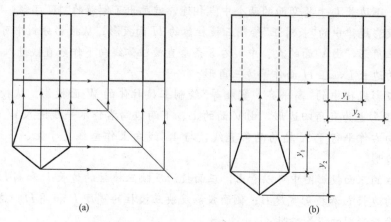

图 2-34　正五棱柱投影的作图过程
(a)点的规律;(b)三视图的规律

### (三)棱锥体的投影

棱锥与棱柱的区别是侧棱线交于一点,即锥顶。棱锥的底面是多边形,各个棱面都是有一个公共顶点的三角形。正棱锥的底面是正多边形,顶点在底面的投影为多边形的中心。棱锥体的投影仍是空间一般位置和特殊位置平面投影的集合,其投影规律和方法同平面。

#### 1. 正三棱锥体的投影

【例 2-9】已知正三棱锥体的锥顶和底面,求正三棱锥体的三面投影。

【分析】将正三棱锥体放置于三面投影体系中,如图2-35所示,使其底面 $ABC$ 平行于 $H$ 面。由于底面 $ABC$ 为正三角形且是水平面,则其水平投影反映实形;棱面 $SAB$、$SBC$ 为一般位置平面,其各个投影都为类似形,棱面 $SAC$ 为侧垂面,其侧面投影积聚为一条直线,其他投影面的投影为类似形;三棱锥的底边 $AB$、$BC$ 为水平线,$AC$ 为侧垂线,棱线 $SA$、$SC$ 为一般位置直线,棱线 $SB$ 为侧平线,其各个投影可以根据不同位置的直线的投影特性来分析作图,也可根据三视图的投影规律作出这个三棱锥的三视图。

作图步骤:作图时,应根据上述分析结果和正三棱锥的特性,先作出正三棱锥的水平投影，也就是平面图。作出正三角形后，再分别作三角形的高，找到中心点，然后根据投影规律作出其他两个视图。作图时，需要注意"长对正、高平齐、宽相等"的对应关系。

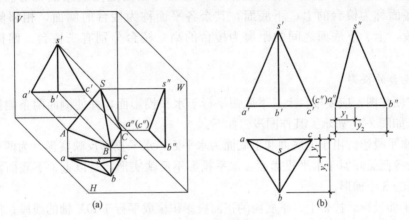

**图 2-35　正三棱锥的投影**

(a)立体图；(b)投影图

#### 2.正四棱锥体的投影

【例 2-10】　如图 2-36 所示，已知正四棱锥体的底面边长和棱锥高，求正四棱锥体的三面投影。

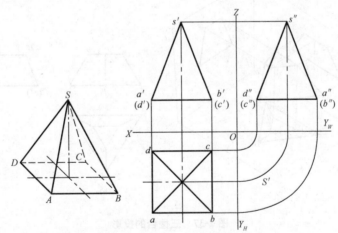

**图 2-36　正四棱柱的三面投影**

【分析】　将正四棱锥体放置于三面投影体系中，使其底面平行于 $H$ 面，并且 $ab//cd//OX$，如图 2-36 所示。

(1) $H$ 面投影。根据放置的位置关系，正四棱锥体底面在 $H$ 面的投影反映实形，锥顶 $S$ 的投影在底面投影的几何中心上，$H$ 面投影中的 4 个三角形分别为 4 个锥面的投影。

(2) $V$ 面投影。棱锥面△$SAB$ 与 $V$ 面倾斜，在 $V$ 面的投影缩小。因为△$SAB$ 与△$SCD$ 对称，所以，它们的投影相互重合。由于底面与 $V$ 面垂直，其投影为一直线。棱锥面△$SAD$ 和△$SBC$ 与 $V$ 面垂直，所以投影积聚成一斜线。

(3) $W$ 面投影。$W$ 面与 $V$ 面的投影方法相同，投影图形相同，只是所反映的投影面不同。

## (四)棱台体的投影

用平行于棱锥底面的平面切割棱锥后,底面与截面之间剩余的部分称为棱台体。截面与原底面称为棱台的上、下底面,其余各平面称为棱台的侧面,相邻侧面的公共边称为侧棱,上、下底面之间的距离为棱台的高。棱台分别有三棱台、四棱台、五棱台等。

### 1. 三棱台的投影

为了方便作图,应使棱台上、下底面平行于水平投影面,并使侧面两条侧棱平行于正立投影面,如图 2-37 所示。其作图步骤如下:

(1)作水平投影。由于上底面和下底面为水平面,水平投影反映实形,为两个相似的三角形。其余各侧面倾斜于水平投影面,水平投影不反映实形,是以上、下底面水平投影相应边为底边的 3 个梯形。

(2)作正面投影。棱台上、下底面的正面投影积聚成平行于 $OX$ 轴的线段;侧面 $ACFD$ 和 $ABED$ 为一般位置平面,其正面投影仍为梯形;$BCFE$ 为侧垂面,其正面投影不反映实形,仍为梯形,并与另两个侧面的正面投影重合。

(3)作侧面投影。棱台上、下底面的侧面投影分别积聚成平行于 $OY$ 轴的线段,侧垂面 $BCFE$ 也积聚成倾斜于 $OZ$ 轴的线段,而 $ACFD$ 与 $ABED$ 重合成为一个梯形。

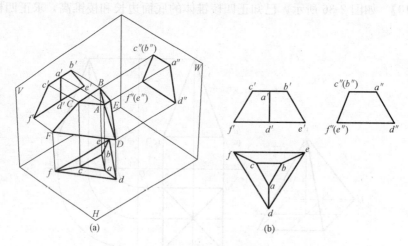

图 2-37 三棱台的投影
(a)直观图;(b)投影图

### 2. 四棱台的投影

用同样的方法作四棱台的投影,如图 2-38 所示。在四棱台的 3 个投影中,其中一个投影有两个相似的四边形,且各相应顶点相连;另外两个投影仍为梯形。

由上述三棱台、四棱台的投影可得:在棱台的三面投影中,其中一个投影中有两个相似的多边形,且各相应顶点相连构成梯形;另两个投影分别为一个或若干个梯形。反之,若一个形体的投影中有两个相似的多边形,且两个多边形的相应顶点相连构成梯形,其余两个投影也为梯形,则可以得出这个形体为棱台,从相似多边形的边数可以得知棱台的棱数。

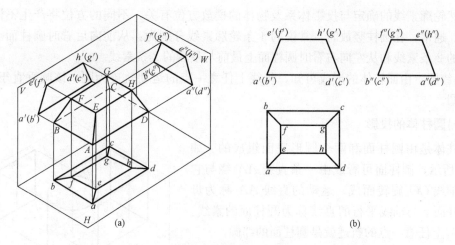

图 2-38　四棱台的投影
(a)直观图；(b)投影图

### 三、曲面立体的投影

由曲面或曲面与平面围成的立体称为曲面体。圆柱、圆锥、圆球等都是工程上常见的曲面体，由它们可以组合成不同形状的建筑物。例如，上海"东方明珠"电视塔是用球体、圆柱体等几何图形经过有机的组合构成的。

(1)回转体的形成。由于曲面体的曲表面均可看成由一根动线绕着一固定轴线旋转而成，故这类形体又称为回转体。如图 2-39 所示，图中的固定轴线称为回转轴，动线称为母线。

1)当母线为直母线且平行于回转轴时，形成的曲面为圆柱面，如图 2-39(a)所示。

2)当母线为直母线且与回转轴相交时，形成的曲面为圆锥面。圆锥面上的所有母线交于一点，称为锥顶，如图 2-39(b)所示。

3)由圆母线绕其直径回转而成的曲面称为圆球面，如图 2-39(c)所示。

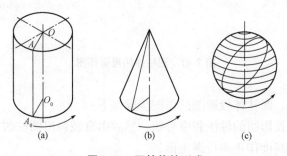

图 2-39　回转体的形成
(a)圆柱面；(b)圆锥面；(c)圆球面

(2)素线和轮廓素线。

1)素线。母线绕回转轴旋转到任一位置时，称为素线。

2)轮廓素线。将物体置于投影体系中，在投影时能构成轮廓的素线，称为轮廓素线。

显然轮廓素线的确定与投影体系及物体的摆放方位有关，不同的方位将产生不同的轮廓素线。通常，在圆柱竖放时，常说的 4 条轮廓素线分别为：从前向后看时圆柱面上最左与最右的 2 条素线和从左向右看时圆柱面上最前与最后的 2 条素线。

(3)纬圆。由回转体的形成可知，母线上任意一点的运动轨迹为圆，该圆垂直于轴线，此即纬圆。

### (一)圆柱体的投影

圆柱体是由圆柱面和两个圆形底面组成的。如图 2-40 所示，圆柱面可看成由一条直线 $AA_0$ 绕与它平行的轴线 $OO_0$ 旋转而成。运动的直线 $AA_0$ 称为母线。圆柱面上与轴线平行的直线称为圆柱面的素线。母线 $AA_0$ 上任意一点的轨迹就是圆柱面的纬圆。

如图 2-41 所示，当圆柱体的轴线为铅垂线时，圆柱面所有的素线都是铅垂线，在平面图上积聚为一个圆，圆柱面上所有的点和直线的水平投影都在平面图的圆上；其正立面图和侧立面图上的轮廓线为圆柱面上最左、最右、最前、最后轮廓素线的投影。圆柱体的上、下底面为水平面，水平投影为圆（反映实形），另两个投影积聚为直线。

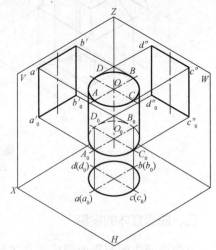

图 2-40 圆柱体作图分析

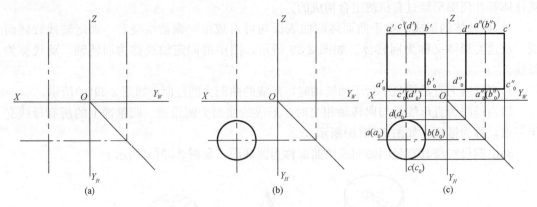

图 2-41 圆柱体的投影作图

如图 2-41(c)所示，圆柱体投影图的作图步骤如下：
(1)作圆柱体三面投影图的轴线和中心线，然后由直径画出圆柱的水平投影圆。
(2)由"长对正"和高度作正面投影矩形。
(3)由"高平齐、宽相等"作侧面投影矩形。

### (二)圆锥体的投影

圆锥体是由圆锥面和一个底面组成的。圆锥面可看成由一条直线绕与它相交的轴线旋转而成。圆锥放置时，应使轴线与水平面垂直，底面平行于水平面，以便作图，如图 2-42 所示。

如图2-42(a)所示,当圆锥体的轴线为铅垂线时,其正立面图和侧立面图上的轮廓线为圆锥面上最左、最右、最前、最后轮廓素线的投影。圆锥体的底面为水平面,水平投影为圆(反映实形),另两个投影积聚为直线。

与圆柱一样,圆锥的 $V$ 面、$W$ 面的投影代表了圆锥面上不同的部位。正面投影是前半部投影与后半部投影的重合,而侧面投影是圆锥左半部投影与右半部投影的重合。

如图2-42(b)所示,圆锥体的作图步骤如下:
(1)先画出圆锥体三面投影的轴线和中心线,然后由直径画出圆锥的水平投影圆。
(2)由"长对正"和高度作底面及圆锥顶点的正面投影,并连接成等腰三角形。
(3)由"宽相等、高平齐"作侧面投影等腰三角形。

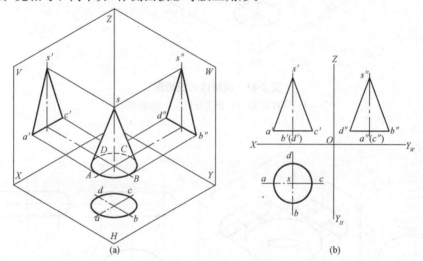

**图 2-42　圆锥体的投影图**
(a)直观图；(b)投影图

### (三)圆球体的投影

圆球体是由一个圆球面组成的。如图2-43(a)所示,圆球面可看成由一条半圆曲线绕以它的直径作为轴线的 $OO_0$ 旋转而成。母线、素线和纬圆的意义都是一样的。

如图2-43(b)所示,球体的三面投影均为与球的直径大小相等的圆,故又称为"三圆为球"。$V$ 面、$H$ 面和 $W$ 面投影的3个圆分别是球体的前、上、左3个半球面的投影,后、下、右3个半球面的投影分别与之重合;3个圆周代表了球体上分别平行于正面、水平面和侧面的三条素线圆的投影。由图2-43(b)还可以看出,圆球面上直径最大的、平行于水平面和侧面的圆 $A$ 与圆 $B$ 的正面投影分别积聚在过球心的水平与铅垂中心线上。

如图2-43(c)所示,圆球体的作图步骤如下:
(1)画圆球面3个投影圆的中心线。
(2)以球的直径为直径画3个等大的圆,即各个投影面的投影圆。

### (四)圆环的投影

圆环是由一个圆环面组成的,如图2-44(a)所示。圆环面可以看成由一条圆曲线绕与圆所在平面上且在圆外的直线作为轴线 $OO_0$ 旋转而成,圆上任意点的运动轨迹为垂直于轴线的纬圆。

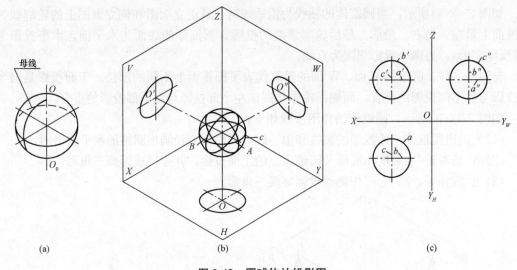

**图 2-43 圆球体的投影图**
(a)球的形成；(b)作图分析；(c)投影图

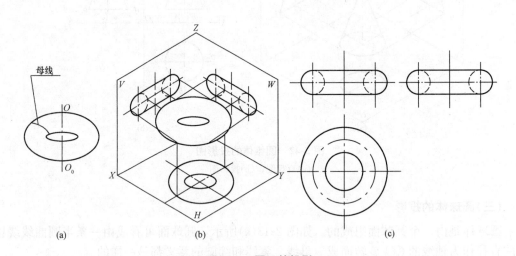

**图 2-44 圆环的投影**
(a)圆环的组成；(b)作图分析；(c)投影图

如图 2-44(b)所示，圆环的正面投影是最左、最右两个素线圆和与该圆相切的直线，其素线圆是圆环面正面投影的轮廓线，其直径等于母线圆的直径；直线是母线圆最上和最下的点的纬圆的积聚投影，其投影长度等于此点纬圆的直径，也就是母线圆的直径。侧面投影和正面投影分析相同，在此不再赘述。水平面的投影为 3 个圆，其直径分别为圆环上、下两部分的分界线的纬圆，也就是回转体的最大直径纬圆和最小直径纬圆，用粗实线画出，另一个圆用点画线画出，是母线圆圆心的轨迹。

如图 2-44(c)所示，圆环的作图步骤如下：

(1)先画出三个视图的中心线的投影(细点画线)。
(2)再画出各个投影面的投影圆。
(3)作出正面投影和侧面投影的切线，并将不可见部分用虚线画出。

### 四、组合体的投影

#### (一)组合体的组合方式

由若干个几何体(基本形体)所构成的形体称为组合体。按组合方式的不同,组合体可分为以下几种。

1. 叠加式组合体

叠加式组合体的主要部分由几个基本形体叠加而成,如图2-45(a)所示。

2. 切割式组合体

切割式组合体是由一个基本形体切去某些部分而成,如图2-45(b)所示,可看成在一长方体A的左、右面中上部各挖去一个长方体B而形成的几何体。

3. 混合式组合体

混合式组合体是兼有叠加与切割两种形式的组合体,其造型复杂,形体之间进行了有机的切割与叠加,能将许多功能不一的空间组合布置,同时又加以联系,以方便使用,如图2-45(c)所示。

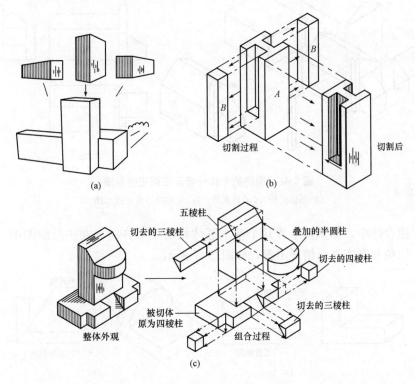

图 2-45 组合体的组合方式
(a)叠加式组合体;(b)切割式组合体;(c)混合式切割体

#### (二)组合体投影图的画法

画组合体投影图,通常先对组合体进行形体分析,然后按照分析,从其基本体的作图出发,逐步完成组合体的投影。

1. 形体分析

形体分析法是认识组合体构成的基本方法，其实质为假想组合体是由一些基本形体组合而成的，通过对这些基本形体的研究，间接地完成对复杂组合体的研究。其目的可用8个字来描述，即"化繁为简，化难为易"。

进行形体分析时，首先要把组合体看成由若干基本形体按一定的组合方式、位置关系组合而成，然后对组合体中基本形体的组合方式、位置关系以及投影特性等进行分析，以弄清各部分的形状特征及投影表达。

房屋模型如图2-46(a)所示。从形体分析的角度看，它是叠加式组合体。其组合方式为：屋顶是三棱柱，屋身和烟囱是长方体，烟囱一侧的小屋则由带斜面的长方体构成；其位置关系为：烟囱、小屋均位于大屋形体的左侧，其底面都处在同一水平面上。确定房屋的正面方向，如图2-46(b)所示，以便在正立投影上反映该形体的主要特征和位置关系，在侧立投影上反映形体左侧及屋顶三棱柱的特征，而水平投影则反映各组成部分前后、左右的位置关系，如图2-46(c)所示。

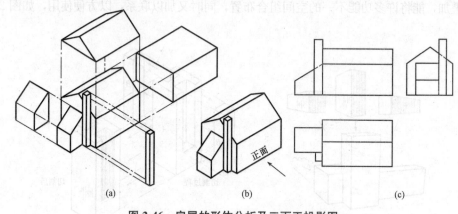

图2-46 房屋的形体分析及三面正投影图
(a)形体分析；(b)直观图；(c)房屋的三面正投影图

在有些组合体中，如某两个或几个基本形体相切或平齐时，在正投影图中，其分界处不应画线，以免与真实表面情况不符，如图2-47所示。

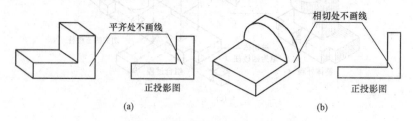

图2-47 形体表面的平齐与相切
(a)表面平齐；(b)表面相切

2. 确定组合体在投影体系中的位置

在作图前，应对组合体在投影体系中的安放位置进行选择、确定，以利于清晰、完整地反映形体。因此，应按以下原则确定：

(1)符合平稳原则。形体在投影体系中的位置,应重心平稳,使其在各投影面上的投影图形尽量反映实形,符合日常视觉习惯及构图的平稳原则。如图2-46所示,房屋体位平稳,墙面均与V、W面平行,能较好地反映实形。

(2)符合工作位置。有些组合体类似于工程形体,例如建筑物、水塔等,在画这些形体投影图时,应使其符合正常的工作位置,以便于理解。

(3)摆放的位置要尽可能多地显示特征轮廓,最好使其主要特征面平行于基本投影面。通常把组合体上特征最明显(或特征最多)的那个面,平行正立投影面摆放,使正立投影反映特征轮廓。例如,建筑物的正立面图一般都用于反映建筑物的主要出入口所在墙面的情况,以表达建筑物的主要造型及风格。

3. 选择比例与图幅

为了作图和读图的方便,作图最好采用1:1的比例。但工程物体有大有小,无法按实际大小作图,所以必须选择适当的比例作图。当比例选定以后,再根据投影图所需面积,选用合理的图幅。

4. 作投影图

画组合体投影图的已知条件有两种:一是给出组合体的实物或模型;二是给出组合体的直观图。不论何种已知条件,在作组合体投影图时,一般应按以下步骤进行:

(1)对组合体进行形体分析。

(2)选择合理的摆放位置,并确定作图比例与图幅。

(3)作投影图。作投影图时,应先布置投影图的位置,再根据组合体选定的比例计算每个投影图的大小,均衡、匀称地布置图位,并画出各投影图的基准线,然后按形体分析分别画出各基本形体的投影图。经校核无误后,按规定的线型、线宽描深图线。

【例2-11】 已知某组合体如图2-48(a)所示,求它的三面正投影图。

【分析】 (1)形体分析。该组合体类似于一座建筑物,它以左、中、右3个长方体作为墙身,中间的屋顶为三棱柱,左、右屋顶为斜四棱锥体,前方雨篷由1/4圆柱体的若干基本形体叠加而成。

(2)选择摆放位置及正立投影方向。组合体的摆放位置如图2-49(a)所示,其中,长箭头为正立投影方向,该方向不仅显示了中间房屋的雨篷位置及其屋顶的三角形特征,同时也反映了左、右房屋的高低情况及其屋顶的特征(也为三角形)。

(3)作投影图。作图步骤如下:

1)按形体分析和叠加顺序画图。先画三组墙身的长方体投影,从$H$面开始画,再画$V$面、$W$面投影,如图2-48(b)所示。

2)叠加屋顶的三面投影,从反映实形较多的$V$面投影开始,然后画$H$面和$W$面投影,如图2-48(c)所示。

3)画雨篷形体的三面投影,可先从$W$面投影开始,因为此投影上反映1/4圆柱的圆弧特征,如图2-48(d)所示。

4)检查图稿有无错误和遗漏。如校核无误,可加深加粗图线,完成作图。

(三)相贯型组合体

由若干个几何体相贯组成的立体称为相贯型组合体。组合体的表面交线称为相贯线,

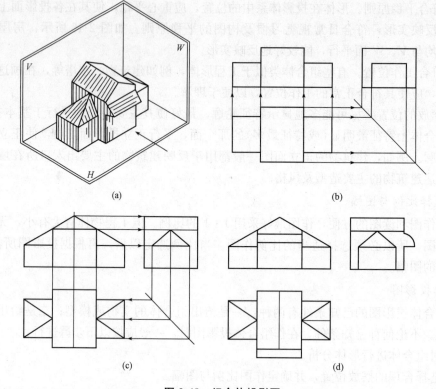

图 2-48 组合体投影图
(a)摆放位置；(b)画墙身；(c)画屋顶；(d)画雨篷并完成全图

其投影关键是求相贯线。相贯型组合体有平面立体与曲面立体相贯和两曲面立体相贯两种。两曲面立体的相贯线一般情况下为封闭的空间曲线，特殊情况下也可能是平面曲线或直线段的组合。求相贯线可以利用积聚性法和辅助平面法。

1. 利用积聚性法求相贯线

当两个基本体相交，其中有一个基本体的投影有积聚性时，可采用表面取线、取点的方法，求出相贯线上的点。

【例 2-12】求天窗与屋面相贯线的 V 面投影。

【解】 如图 2-49 所示，求作相贯线的 V 面投影，正是利用投影有积聚性的特性。作图方法如下：

(1)天窗与屋面相交，天窗垂直于 H 面，屋面垂直于 W 面，相贯线的 H 面投影 abcdefa 积聚在天窗的 H 面投影上，相贯线的 W 面投影 $a''(b'')(c'')(d'')e''f''a''$ 积聚在屋面的 W 面投影上。相贯线前后对称，可利用屋面 W 面投影的积聚性与天窗 H 面投影的积聚性，直接求出相贯线的 V 面投影。

(2)自投影点 $a''b''$ 作水平线，自投影点 a、e 点与 b、d 点向 V 面投影面引垂线，得相交点 $c'$、$(e')$ 与 $b'$、$(d')$，再求天窗与屋脊线的 V 面投影交点 $c'f'$。

(3)连接相贯线的 V 面投影 $a'b'c'(d')(e')f'a'$ 即为所求。

如果没有给出 W 面投影(图 2-50)，可利用表面取线、取点的方法，求出相贯线上的点。在 H 面投影上过 b 点作一直线与屋脊线、檐口线相交于1、2两点，画出1、2直线在

$V$ 面上的投影 $1'2'$，按照点的投影规律求出点 $b'$。因相贯线的 $V$ 面投影点 $a'$ 与点 $b'$ 等高，又因该相贯线前后对称，在后的相贯线为不可见，于是可得到 $V$ 面投影点 $(a')$、$(e')$ 与点 $(d')$。$V$ 面投影点 $c'$、$f'$ 的求作方法同(2)所述；连接相贯线的 $V$ 投影 $a'b'c'(d')(e')f'a'$ 即为所求。

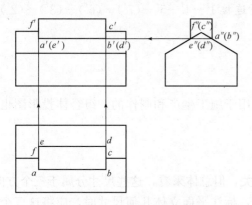

图 2-49　利用积聚性法求相贯线

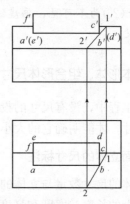

图 2-50　利用表面取线、取点法求相贯线

## 2. 利用辅助平面法求相贯线

用辅助平面同时与两基本形体相截，两截交线的交点是共有点，也就是相贯线上的点。在选择辅助平面时，应使截交线的投影简单易画，为直线或圆。一般情况下，多采用投影面的平行面作为辅助平面。

**【例 2-13】**　已知圆锥与圆柱相交的 $V$ 面、$H$ 面投影，求作相贯线。

**【解】**　如图 2-51(a)所示，两相交立体的轴线互相平行，圆柱在 $H$ 面的投影有积聚性，相贯线也积聚在圆柱的 $H$ 面投影上，为已知，只需求出 $V$ 面投影相贯线。作图步骤如下：

(1)求特殊位置。根据投影分析，可直接求得最低点 Ⅰ$(1, 1')$、Ⅱ$(2, 2')$。通过锥顶 $S$ 作圆柱水平投影圆的相切圆，可定出辅助水平面 $R_{v3}$ 的高度位置，求得最高点 Ⅶ$(7, 7')$，如图 2-51(b)所示。

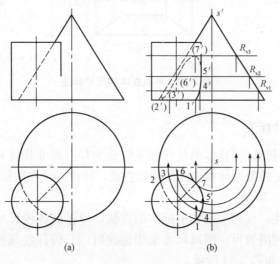

图 2-51　利用辅助平面法求相贯线

(2)求一般点。分别用辅助水平面$R_{v1}$、$R_{v2}$,求出一般点投影3、(3′)、4、4′、5、5′、6、(6′)。

(3)连点并判别可见性。最左、最右点是Ⅱ、Ⅴ,最前、最后点是Ⅰ、Ⅵ,相贯线的$V$面投影的虚实分界点是5′。相贯线的$V$面投影前段1′—4′—5′为可见,画实线;后段5′—(7′)—(6′)—(3′)—(2′)为不可见,画虚线;依次光滑连接1′—4′—5′—(7′)—(6′)—(3′)—(2′)—1′,即为所求。

### 五、基本形体、组合形体尺寸标注

在实际工程中,没有尺寸的投影图是不能用于施工生产和制作的。组合体投影图也只有标注了尺寸,才能明确它的大小。

(一)平面立体的尺寸标注

平面立体的尺寸数量与立体的具体形状有关,但总体来看,这些尺寸分属于三个方向,即平面立体上的长度、宽度和高度方向。因此,标注平面立体几何尺寸时,应将这三个方向的尺寸标注齐全,且每个尺寸只需在某一个视图上标注一次。一般都是把尺寸标注在反映形体端面实形的视图上。

图 2-52 所示分别为长方体、四棱台和正六棱柱的尺寸标注法。其中,正六棱柱俯视图中所标的外接圆直径,既是长度尺寸也是宽度尺寸,故图 2-53(c)中的宽度尺寸 22 应省略不标。

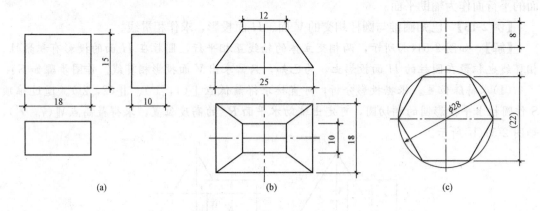

图 2-52 平面立体的尺寸标注

(二)曲面体的尺寸标注

由回转体的形成可知,回转体的尺寸标注应分为径向尺寸标注和轴向尺寸标注。在标注尺寸时,应先标注反映回转体端面图形圆的直径,标注时须在前面加上符号"$\phi$",然后再标注其长度,如图 2-53 所示。

回转体的尺寸标注,也可采用集中标注的方法,即将其各种尺寸集中标注在某一视图上,以减少组合体的视图数目。圆球尺寸集中标注时,只需标注其径向尺寸即可,但须在直径符号前加注"$\phi$",如图 2-54 所示。

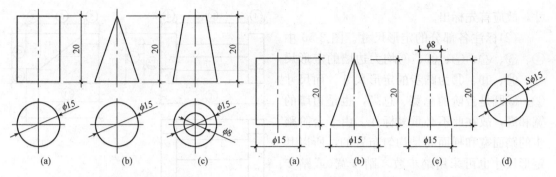

图 2-53　回转体的尺寸标注
(a)圆柱；(b)圆锥；(c)圆台

图 2-54　回转体尺寸集中标注
(a)圆柱；(b)圆锥；(c)圆台；(d)圆球

**1. 组合体尺寸的组成**

组合体尺寸是由定形尺寸、定位尺寸和总体尺寸三部分组成的。标注时，必须保证组合体尺寸齐全。所谓"尺寸齐全"，是指上述三种尺寸缺一不可。

(1)定形尺寸。定形尺寸即用来确定组合体中各基本形体自身大小的尺寸，通常，其通过长、宽、高三项尺寸来反映。图 2-55 所示即为台阶各部分的定形尺寸。

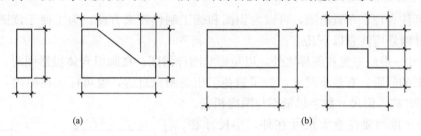

图 2-55　台阶的定形尺寸

(2)定位尺寸。定位尺寸即用来确定组合体中各基本形体之间相互位置的尺寸。标注定位尺寸前，必须先确定定位基准。所谓"定位基准"，就是某一方向定位尺寸的起止位置。对于由平面体组成的组合体，通常选择形体上某一明显位置的平面或形体的中心线作为基准位置。通常选择平面体的左(或右)侧面作为长度方向的基准；选择前(或后)侧面作为宽度方向的基准；选择上(或下)底面作为高度方向的基准。对于土建类形体，一般选择下底面作为高度方向的基准；若形体有对称性，可选择其对称中心线作为某方向的基准。对于有回转轴的曲面体的定位尺寸，通常选择其回转轴(即中心线)作为定位基准，不能以转向轮廓线作为定位基准。

(3)总体尺寸。总体尺寸即确定组合体总长、总宽、总高的外包尺寸。

**2. 组合体尺寸标注**

组合体尺寸标注前，需先进行形体分析，确定要反映到投影图上的基本形体及其尺寸标注要求。除此之外，还必须掌握合理的标注方法。下面以台阶为例说明组合体尺寸标注的方法和步骤。

(1)标注总体尺寸。如图 2-56 所示，首先标注图中①、②和③三个尺寸，即先标出台阶的总长、总宽和总高。在建筑设计中，它们是确定台阶形状的最基本，也是最重要的尺寸,故应首先标出。

(2)标注各部分的定形尺寸。图2-56中④、⑤、⑥、⑦、⑧、⑨均为边墙的定形尺寸,⑩、⑪、⑫为踏步的定形尺寸。而尺寸②、③既是台阶的总宽、总高,也是边墙的宽和高,故在此不必重复标注。由于台阶踏步的踏面宽和梯面高是均匀布置的,所以其定形尺寸也可采用踏步数×踏步宽(或踏步数×梯面高)的形式,即图中尺寸可标成3×280=840,也可标为3×150=450。

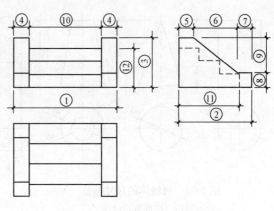

图2-56 组合体尺寸标注(一)

(3)标注各部分间的定位尺寸。图2-56中台阶各部分间的定位尺寸均与定形尺寸重复,如图中尺寸⑩既是边墙的长,也是踏步的定位尺寸。

(4)检查、调整。由于组合体形体通常比较复杂,且上述三种尺寸间多有重复,故此项工作尤为重要。通过检查,补其遗漏,除其重复。

### 3. 尺寸标注应注意的事项

尺寸标注合理、布置清晰,可以为识图和施工制作带来方便。为了便于读图,标注组合体的尺寸时还应注意以下几点:

(1)尺寸一般应布置在图样之外,以免影响图样清晰。在画组合体投影图时,应适当拉大两投影图的间距。有些小尺寸,为了避免引出的距离过远,也可标注在图内,如图2-57中的"$R4$"和"3",但尺寸数字尽量不与图线相交。

(2)尺寸排列要注意大尺寸在外,小尺寸在内;在不出现尺寸重复的前提下,应尽量使尺寸构成封闭的尺寸链,如图2-57中$V$面上竖向的两道尺寸,以符合建筑工程图上尺寸的标注习惯。

(3)反映某一形体的尺寸,最好集中标注在反映这一形体特征的投影图上。如图2-57中半圆孔及长方孔的定形尺寸,除孔深尺寸外,均集中标注在$V$面投影图上。

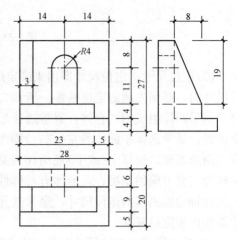

(4)两投影图相关的尺寸,应尽量标注在两图之间,以便对照识读。

(5)为使尺寸清晰、明显,尽量不在虚线图形上标注尺寸。如图2-57中的圆孔半径$R4$,标注在了反映圆孔实形的$V$面投影上,而不标注在$H$面的虚线上。

图2-57 组合体尺寸标注(二)

(6)斜线的尺寸,采用标注其竖直投影高和水平投影长的方法,如图2-57中$W$面上的"8"和"19",而不采用直接标注斜长的方法。

## 本章小结

本章主要介绍了投影的基本概念以及各种形体的投影的相关知识。

任何建筑物都是由基本形体组成的。基本形体按其表面的几何性质，可分为平面体和曲面体两类。投影分中心投影和平行投影两大类，平行投影又可分为斜投影和正投影两种。形体的三面投影体系由水平投影面、正立投影面和侧立投影面三部分组成，形体在三面投影体系中的投影规律是"长对正、高平齐、宽相等"。直线在投影中可以分为一般位置直线、投影面平行线、投影面垂直线三种。建筑形体投影图的尺寸标注是投影图的一个重要组成部分，其尺寸包括定形尺寸、定位尺寸、总体尺寸，必须熟练掌握基本形体的尺寸标注方法。

## 思考与练习

一、单选题

1. 下列标高标注正确的是(　　)。

   A. 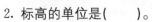　　B. 　　C. 　　D.

参考答案

2. 标高的单位是(　　)。

   A. cm　　　　B. m　　　　C. mm　　　　D. km

3. 下列不属于平面投影特性的是(　　)。

   A. 平衡性　　B. 定比性　　C. 度量性　　D. 类似性

二、简答题

1. 投影如何分类？各种投影有哪些特性？
2. 点的投影规律有哪些？
3. 如何标注组合体尺寸？

三、作图题

1. 根据下列物体的轴测投影图作物体的三视图，并标注尺寸(图 2-58)。

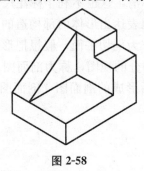

**图 2-58**

2. 已知组合体正面、左侧面投影两个投影，绘制其水平投影图(图 2-59)。

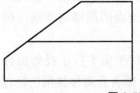 

**图 2-59**

# 第三章 剖面图与断面图

**学习目标**

(1) 了解剖面图和断面图的形成、标注、种类；
(2) 掌握绘制剖面图和断面图的方法和过程；
(3) 熟悉断面图与剖面图的区别，识读剖面图和断面图。

**技能目标**

能够根据所学知识绘制剖面图和断面图。

## 第一节 剖面图

### 一、剖面图的形成

一个形体用三面投影或六面投影画出的投影图，只能表明形体的外部形状，但对于内部构造复杂的形体，仅用外形投影是无法表达清楚的。如一栋楼房，其内部有各个房间、门窗、楼梯及地下基础等，如果仅用视图表示，则会出现较多的虚线，甚至虚实线相互重叠或交叉，致使图面含糊、表达不清，这也不利于标注尺寸和读图。图3-1(a)所示为圆锥形薄壳基础的视图，为了能清晰地表达出形体内部构造的形状，在工程制图中常采用剖面图来解决这一问题。用一个平面作为剖切平面，假想把形体切开，移去观看者与剖切平面之间的形体后所得到的形体剩下部分的视图，称为剖面图，简称"剖面"。图3-1(b)所示为假想切去前半个圆锥形薄壳基础后形成的剖面图，剖面图仍是立体的投影，图3-2所示为台阶剖面图的形成情况。

### 二、剖面图的标注

#### (一) 剖切平面位置的确定

剖面图的图形是由剖切平面的位置和投射方向决定的。因此，作形体的剖面图时，应首先确定剖切平面的位置，使剖切后得到的剖面图能够清晰地反映形体的实形，以便于理解其内部的构造组成。

在选择剖切平面位置时，除应注意使剖切平面平行于投影面外，还需使其经过形体有代表性的位置，如孔、洞、槽位置(孔、洞、槽若有对称性则应经过其中心线)等。

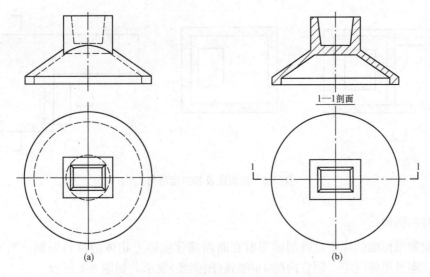

**图 3-1 圆锥形薄壳基础的视图和剖面图**
(a)视图；(b)剖面图

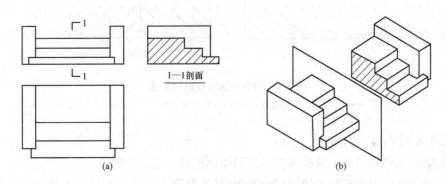

**图 3-2 台阶剖面图的形成**
(a)剖面图；(b)剖切情况

### (二)剖切符号及画法

由于剖面图本身不能反映剖切平面的位置，因此，必须在其他投影图上标出剖切平面的位置及剖切形式。根据《房屋建筑制图统一标准》(GB/T 50001—2017)的规定，剖切符号由剖切位置线及剖视方向线组成。其中，剖切位置线表示剖切平面的剖切位置，用粗实线绘制，长度为 6～10 mm，并且不能与图中的其他线相交；剖视方向线表示剖切后的投射方向，用粗实线垂直地画在剖切位置线的两端，长度为 4～6 mm，其指向即投射方向。为了便于读图，还要对剖切符号进行编号，并在相对应的剖面图上用该编号作图名。

剖切符号的编号宜采用阿拉伯数字，一般按从左到右、从上到下的顺序编排，数字应水平书写在剖切符号的端部，剖切位置线需要转折时，在转折处也要加上相同的编号。剖面图的名称要用与该图相对应的剖切符号的编号，并注写在剖面图的下方，如图 3-3 所示。

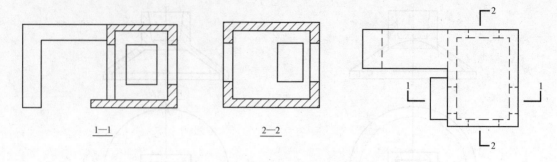

图3-3 剖面图及其剖切符号

(三)材料图例

按国家制图标准的规定,画剖面图时在断面部分应画上物体的材料图例,当不注明材料种类时,则可用等间距、同方向的45°细线(图例线)表示,如图3-4所示。

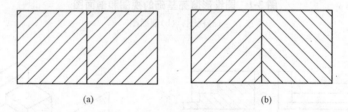

图3-4 相同图例相接时的画法
(a)错开;(b)倾斜的方向相反

画材料图例时,应注意以下几点:
(1)图例线应间隔匀称,疏密适度,做到图例正确、表示清楚。
(2)不同品种的同类材料在使用同一图例时(如混凝土、砖、石材、木材、金属等),应在图上附加必要的说明。
(3)两个相同的图例相接时,图例线宜错开或使倾斜方向相反,如图3-4所示。
(4)对于图中狭窄的断面,当画出材料图例有困难时,则可予以涂黑表示;两个相邻的涂黑图例间应留有空隙,其宽度不得小于0.5 mm,如图3-5所示。
(5)面积过大的建筑材料图例,可在断面轮廓线内,沿轮廓线局部表示,如图3-6所示。当一张图纸内的图样只用一种建筑材料,或图形小而无法画出图例时,可不画材料图例,但应加文字说明。

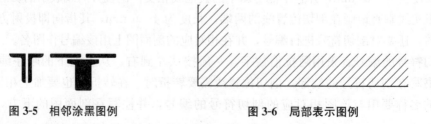

图3-5 相邻涂黑图例　　　　图3-6 局部表示图例

### 三、画剖面图应注意的问题

(1) 由于剖面图是假想被剖开的，所以在画剖面图时，才假想形体被切去一部分，在画其他视图时，应按完整的形体画出。

(2) 为了把形体的内部形状准确、清楚地表达出来，在作剖面图时，一般都使剖切平面平行于基本投影面，并尽量通过形体上的孔、洞、槽的中心线。

(3) 由于形体是假想被剖开的，故所形成的断面上的轮廓线应用粗实线画出，并在剖切断面上画出建筑材料图例，见表3-1；非断面部分的轮廓线一般仍用粗实线画出。

表3-1 建筑材料图例

| 序号 | 名称 | 图例 | 说明 |
|---|---|---|---|
| 1 | 自然土壤 | 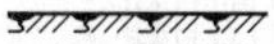 | 包括各种自然土壤 |
| 2 | 夯实土壤 | 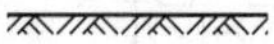 | |
| 3 | 砂、灰土 | 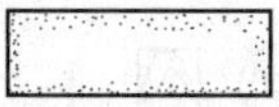 | 靠近轮廓线点较密 |
| 4 | 砂砾石、碎砖三合土 | 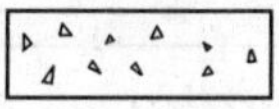 | |
| 5 | 石材 | 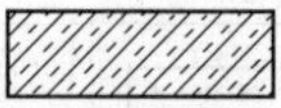 | 包括岩层、砌体、铺地、贴面等材料 |
| 6 | 毛石 |  | |
| 7 | 实心砖、多孔砖 | 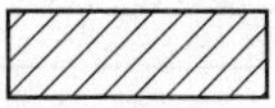 | 包括普通砖、多孔砖、混凝土砖等砌体 |
| 8 | 耐火砖 |  | 包括耐酸砖等砌体 |
| 9 | 空心砖 | 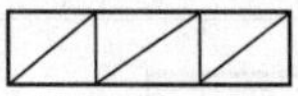 | 包括空心砖、普通或轻集料混凝土小型空心砌块等砌体 |
| 10 | 加气混凝土 | 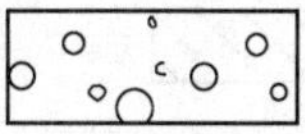 | 包括加气混凝土砌块砌体、加气混凝土墙板及加气混凝土材料制品等 |
| 11 | 饰面砖 | 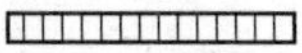 | 包括铺地砖、玻璃马赛克、陶瓷锦砖、人造大理石等 |
| 12 | 焦渣、矿渣 | 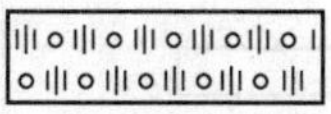 | 包括与水泥、石灰等混合而成的材料 |

续表

| 序号 | 名称 | 图例 | 说明 |
|---|---|---|---|
| 13 | 混凝土 |  | 1. 包括各种强度等级、集料、添加剂的混凝土。<br>2. 在剖面图上绘制表达钢筋时，则不需绘制图例线。<br>3. 断面图形较小，不易绘制表达图例线时，可填黑或深灰(灰度宜70%) |
| 14 | 钢筋混凝土 |  | |
| 15 | 多孔材料 | 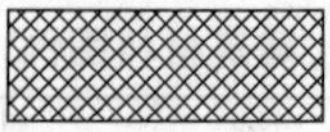 | 包括水泥珍珠岩、沥青珍珠岩、泡沫混凝土、软木、蛭石制品等 |
| 16 | 纤维材料 | 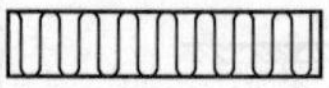 | 包括矿棉、岩棉、玻璃棉、木丝板、纤维板等 |
| 17 | 泡沫塑料材料 | 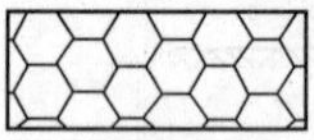 | 包括聚苯乙烯、聚乙烯、聚氨酯等多聚合物类材料 |
| 18 | 木材 | 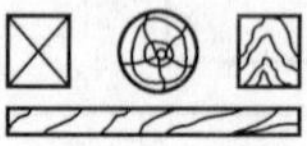 | 1. 上图为横断面，左上图为垫木、木砖或木龙骨。<br>2. 下图为纵断面 |
| 19 | 胶合板 | 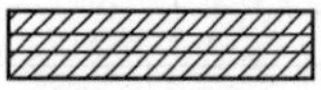 | 应注明胶合板层数 |
| 20 | 石膏板 | 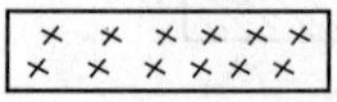 | 包括圆孔或方孔石膏板、防水石膏板、硅钙板、防水石膏板等 |
| 21 | 金属 | 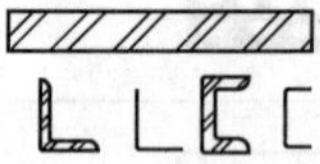 | 1. 包括各种金属。<br>2. 图形较小时，可填黑或深灰(灰度宜70%) |
| 22 | 网状材料 |  | 1. 包括金属、塑料网状材料。<br>2. 应注明具体材料名称 |
| 23 | 液体 | 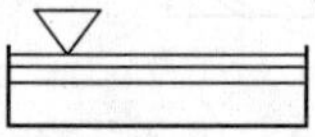 | 应注明具体液体名称 |
| 24 | 玻璃 | 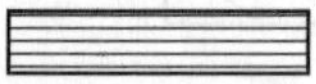 | 包括平板玻璃、磨砂玻璃、夹丝玻璃、钢化玻璃、中空玻璃、平层玻璃、镀膜玻璃等 |
| 25 | 橡胶 |  | |
| 26 | 塑料 | 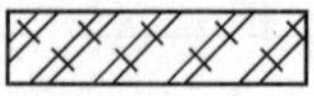 | 包括各种软、硬塑料和有机玻璃 |
| 27 | 防水卷材 | | 构造层次多或绘制比例大时，采用上面的图例 |
| 28 | 粉刷 | | 本图例采用较稀的点 |

(4)剖面图着重表达的是形体的内部形状，因此，当表达形体外部轮廓的图线在剖面图上是虚线时，可省略不画。在必须画出虚线才能表达清楚时，仍需画出虚线。

### 四、剖面图的种类及其画法

绘制剖面图时，被剖切物体的内部构造及外部形状决定了剖切平面的数量、剖切位置和剖切方式。可选择单一剖切面、几个平行的剖切面、几个相交的剖切面和分层剖切的形式剖切物体。

1. 单一剖切面

根据不同的剖切方式，单一剖切面的剖面图又有全剖面图、半剖面图、局部剖面图等形式。

(1)全剖面图。对于不对称的建筑形体，或虽然对称但外形较简单，或在另一投影中已将其外形表达清楚，可以假想使一剖切平面将形体全剖切开，这样得到的剖面图叫作全剖面图，如图3-7所示。全剖面图一般应进行标注，但当剖切平面通过形体的对称线，且又平行于某一基本投影面时，可不标注。

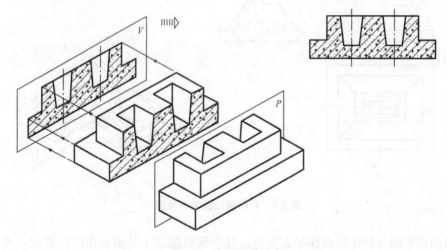

图3-7 全剖面图示意

如图3-8所示，水槽形体虽然对称，但比较简单，分别用正平面、侧平面剖切形体得到1—1剖面图、2—2剖面图，剖切平面经过了溢水孔和池底排水孔的中心线，剖切位置如图3-8(b)所示。

(2)半剖面图。当形体的内、外部形状均较复杂，且在某个方向上的视图为对称图形时，可以在该方向的视图上一半画未剖切的外部形状，另一半画剖切开后的内部形状，此时得到的剖面图称为半剖面图。图3-9所示为一个杯形基础的半剖面图。在正面投影和侧面投影中，都采用了半剖面图的画法，以表示基础的外部形状和内部构造。画半剖面图时，应注意以下几点：

1)半剖面图中剖面图的位置。当图形左右对称时，剖面图应画在竖直单点长画线的右方，如图3-10中位于正立面图和左侧立面图位置的半剖面图；当图形上、下对称时，剖面图应画在水平单点长画线的下方，如图3-10中位于平面图位置的半剖面图和图3-11中瓦筒的半剖面图。

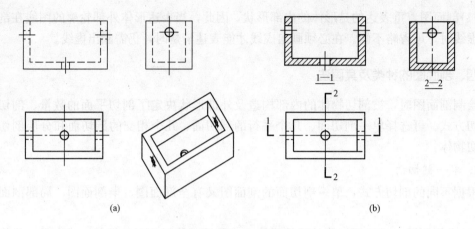

图 3-8 水槽的全剖面图
(a)外观投影图；(b)全剖面图

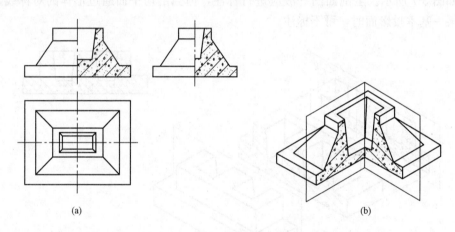

图 3-9 杯形基础的半剖面图

2)当剖切平面与物体的对称平面重合，且半剖面图位于基本视图的位置时，可以不标注剖面剖切符号。如图 3-10 中的正立面图和左侧立面图位置的半剖面图，均不标注剖面剖切符号。当剖切平面不通过物体的对称平面时，则应标注剖面切线和视向线。当半剖面图处于基本视图位置时，也可不必标注视向线，但有时为明显起见，仍可标注出完整的剖面剖切符号。如图 3-10 中处于平面图位置的 1—1 剖面，就标注了剖切线和视向线。

3)剖面图中虽然一般不画虚线，但圆柱、圆孔等的轴线仍应画出，如图 3-10 中的正立面图的左方，画有圆孔的水平轴线。对于外形简单的物体，虽然内、外形状均是对称的，有时仍可画成全剖面图。

(3)局部剖面图。当形体某一局部的内部形状需要表达，但又没有必要作全剖或不适合作半剖时，可以保留原视图的大部分，用剖切平面将形体的局部剖切开，这样得到的剖面图称为局部剖面图。如图 3-12 所示的杯形基础，其正立剖面图为全剖面图，在断面上详细表达了钢筋的配置，所以在画俯视图时，保留了该基础的大部分外形，仅将其一角画成剖面图，以反映内部的配筋情况。画局部剖面图时应注意以下几点：

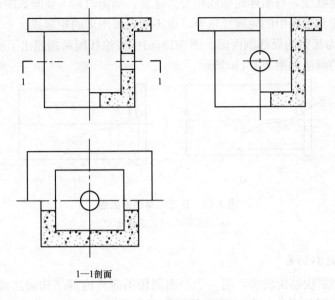

1—1剖面

**图 3-10 水盆的半剖面图**

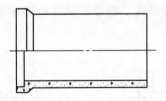

**图 3-11 瓦筒的半剖面图**

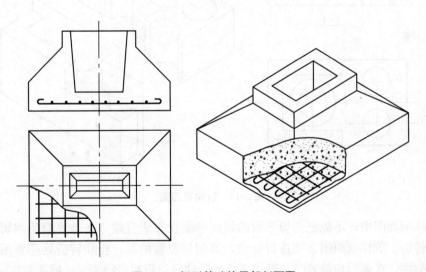

**图 3-12 杯形基础的局部剖面图**

1)局部剖面图与视图之间要用波浪线隔开,且一般不需标注剖切符号和编号。图名沿用原投影图的名称。

2)波浪线应是细线,与图样轮廓线相交。注意:画图时,不要画成图线的延长线。
3)波浪线不能与视图中的轮廓线重合,也不能超出图形的轮廓线。

图 3-13 所示为瓦筒的局部剖面图。图 3-13(a)中波浪线因两端超出了瓦筒的外形,所以是错误的,正确的画法如图 3-13(b)所示。

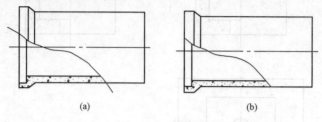

图 3-13 瓦筒的局部剖面图
(a)错误画法;(b)正确画法

### 2. 几个平行的剖切面

当建筑物内部层次结构较多,用一个平面剖切不能将内部结构表达清楚时,可用两个或三个互相平行的剖切平面切割,画出其剖面图,这种剖面图习惯上也称为阶梯剖面图。当形体上有较多的孔、槽等内部结构,且用一个剖切平面不能够都剖到时,则可假想用几个互相平行的剖切平面,分别通过孔、槽等的轴线将形体剖开,这样所得的剖面图称为阶梯剖面图,如图 3-14 所示。

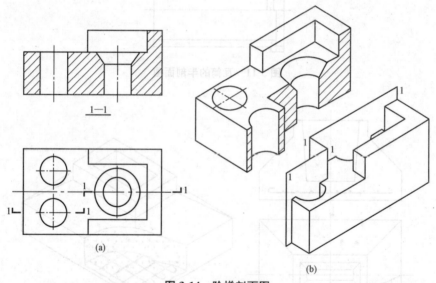

图 3-14 阶梯剖面图

在阶梯剖面图中,不能把剖切平面的转折平面投影成直线,并且要避免剖切面在图形轮廓线上转折。阶梯剖面图必须进行标注,其剖切位置的起、止和转折处都要用相同的阿拉伯数字标注。在画剖切符号时,剖切平面的阶梯转折用粗折线表示,线段长度一般为 4~6 mm,折线的凸角外侧可注写剖切编号,以免与图线相混。

### 3. 几个相交的剖切面

当形体有不规则的转折或有孔洞槽,而采用以上剖切方法都不能解决时,可以用两个相交的剖切平面将形体剖切开，得到的剖面图经旋转展开，平行于某个基本投影面后再进行的正投影，称为展开剖面图。

图 3-15 所示为一个楼梯的展开剖面图。由于楼梯的两个梯段间在水平投影图上成一定夹角，如果用一个或两个平行的剖切平面无法将楼梯表示清楚，可以用两个相交的剖切平面进行剖切，然后移去剖切平面和观察者之间的部分，将剩余楼梯的右面部分旋转至与正立投影面平行后，即可得到其展开剖面图。

在绘制展开剖面图时，剖切符号的画法如图 3-15(a)所示，转折处用粗实线表示，每段长度为 4～6 mm。剖面图绘制完成后，可在图名后面加上"展开"二字，并加上圆括号。楼梯的直观图如图 3-15(b)所示。

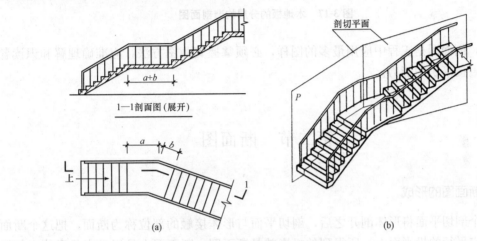

图 3-15 楼梯的展开剖面图
(a)两投影和展开剖切符号；(b)直观图

### 4. 分层剖切

对一些具有分层构造的工程形体，可按实际情况用分层剖开的方法得到其剖面图，称为分层剖面图。

图 3-16 所示为分层局部剖面图，其反映地面各层所用的材料和构造的做法，多用来表达房屋的楼面、地面、墙面和屋面等处的构造。分层局部剖面图应按层次以波浪线将各层分开，波浪线也不应与任何图线重合。

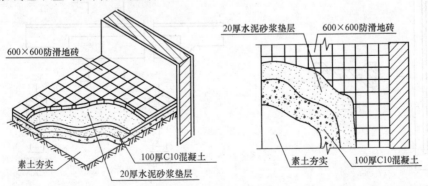

图 3-16 分层局部剖面图

图 3-17 所示为木地板的分层构造剖面图，其将剖切的地面，一层一层地剥离开来，在剖切的范围中画出材料图例，有时还需标注文字说明。

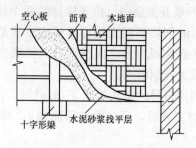

图 3-17 木地板的分层构造剖面图

总之，剖面图是工程中应用最多的图样，必须掌握其画图方法，应准确理解和识读各种剖面图，提高识图能力。

## 第二节 断面图

### 一、断面图的形成

用一个剖切平面将形体剖开之后，剖切平面与形体接触的部位称为断面，把这个断面投射到与它平行的投影面上，所得到的投影就是断面图。断面图也是用来表示形体内部形状的，它能很好地表示出断面的实形。

图 3-18 所示为带牛腿工字形柱子的 1—1、2—2 断面图，从图中可以看出该柱子的上柱与下柱的形状不同。

### 二、断面图与剖面图的区别

断面图与剖面图相同，都是用来表示形体的内部形状，但两者也有区别(图 3-19)。

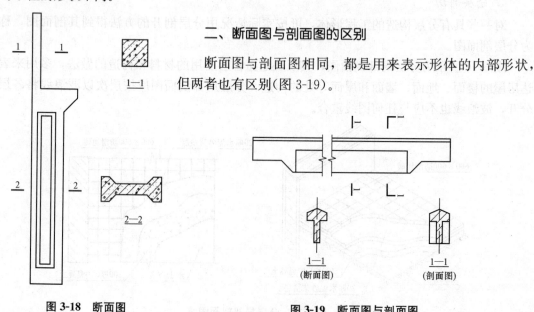

图 3-18 断面图　　　　图 3-19 断面图与剖面图

(1)断面图只画出形体被剖开后断面的投影,是面的投影;而剖面图要画出形体被剖开后整个余下部分的投影,是体的投影。

(2)剖切符号的标注不同。断面图的剖切符号只画出剖切位置线,不画出投射方向线,而是用编号的注写位置来表示剖切后的投射方向。编号注写在剖切位置线下侧,表示向下投射;编号注写在左侧,表示向左投射。

(3)剖面图中的剖切平面可转折,断面图中的剖切平面不可转折。

### 三、断面图的种类

断面图主要用于表达物体的断面形状,绘制时根据断面图的位置不同,可分为移出断面图、重合断面图和中断断面图三种形式。图 3-20 所示为一角钢构件断面图的三种表示形式。

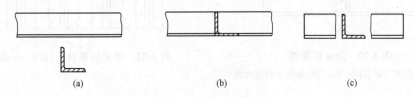

图 3-20 断面图的三种形式
(a)移出断面图;(b)重合断面图;(c)中断断面图

### (一)移出断面图

画在视图外的断面称为移出断面。移出断面的轮廓线用粗实线绘制,轮廓线内画图例符号,如图 3-21 所示,梁的断面图中画出了钢筋混凝土的材料图例。断面图应画在形体投影图的附近,以便于识读;此外,断面图也可以适当地放大比例,以利于标注尺寸和清晰地显示其内部构造。

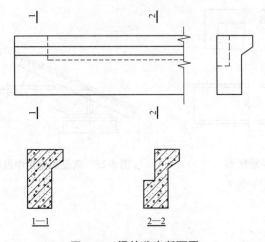

图 3-21 梁的移出断面图

### (二)重合断面图

画在视图内的断面称为重合断面。重合断面的图线与视图的图线应有所区别,当重合断面的图线为粗实线时，视图的图线应为细实线；反之则用粗实线。图 3-22 所示为一槽钢和背靠背双角钢的重合断面图，断面图轮廓及材料图例画成细实线。重合断面图不画剖切位置线，也不编号，图名沿用原图名。重合断面图通常在整个构件的形状一致时使用，断面图形的比例与原投影图形比例应一致。其轮廓可能是闭合的（图 3-22），也可能是不闭合的（图 3-23）。当不闭合时，应于断面轮廓线的内侧加画图例符号。

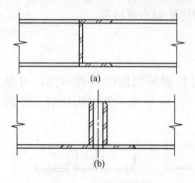

图 3-22 重合断面图
(a)槽钢的重合断面图；(b)双角钢的重合断面图

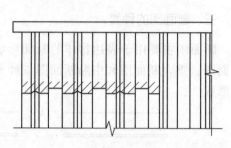

图 3-23 墙面的重合断面图——装饰图案

### (三) 中断断面图

如形体较长且断面没有变化，可以将断面图画在视图中间断开处，称为中断断面。如图 3-24(a)所示，在 T 形梁的断开处，画出梁的断面，以表示梁的断面形状，这样的断面图不需标注，也不需要画剖切符号。

中断断面的轮廓线用粗实线，断开位置线可为波浪线、折断线等，但必须为细线，图名沿用原投影图的名称。钢屋架的大样图常采用中断断面的形式表达其各杆件的形状，如图 3-25 所示。

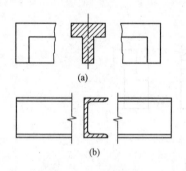

图 3-24 中断断面
(a)T 形梁；(b)槽钢

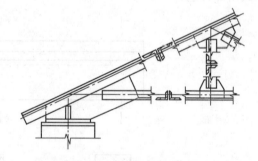

图 3-25 钢屋架采用中断断面图表示杆件

### 本章小结

本章主要介绍了剖面图与断面图的一些知识。剖面图是假想用一个剖切面将形体切开，移去剖切面与观察者之间的部分，作出剩下部分形体的投影。断面图是假想用一剖切面剖切形体，只画出剖切面切到部分的图形，用来表示形体某一部位的断面形状。读者应当掌握剖面图与断面图的关系：其相同点是都是用剖切面剖切得到的投影图；不同点是剖切后一个是作剩下形体的投影,另一个是只作切到部分的投影。所以,剖面图中包含着断面,断面在剖面之内。

### 思考与练习

**一、填空题**

1. 剖面图的图形是由剖切平面的_____和_____决定的。
2. 按国家制图标准的规定,画剖面图时在断面部分应画上物体的_____,当不注明材料种类时,则可用等间距、同方向的_____细线(图例线)表示。
3. 为了把形体的内部形状准确、清楚地表达出来,在作剖面图时,一般都使剖切平面_____于基本投影面,并尽量通过形体上的孔、洞、槽的_____。

参考答案

**二、简答题**

1. 剖面图与断面图有什么区别?
2. 剖面图的种类有哪些?
3. 断面图的种类有哪些?

# 第四章 房屋建筑概述

◉ **学习目标**

(1)掌握房屋建筑的组成及其作用;
(2)了解民用建筑等级的划分。

◉ **技能目标**

能够对建筑的相关知识进行叙述,对建筑有基本的认识,为识图作铺垫。

## 第一节 建筑的构成

### 一、房屋建筑的组成

房屋建筑是供人们居住、生活和从事各类公共活动的建筑,通常是由基础、墙体和柱、楼板层、楼梯、屋顶、地坪、门窗七个主要构造部分组成的,如图 4-1 所示。这些组成部分构成了房屋的主体,它们在建筑的不同部位,发挥着不同的作用。

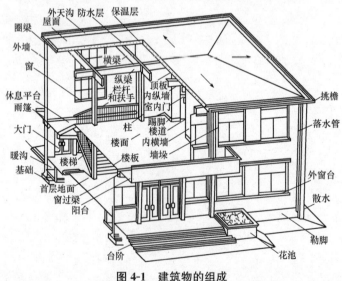

图 4-1 建筑物的组成

房屋建筑是由若干个大小不等的室内空间组合而成的,而空间的形成又需要各种各样的实体来组合,这些实体称为建筑构配件。除上述七个主要组成部分外,还有其他构配件和设施，如阳台、雨篷、台阶、散水、通风道等，以保证建筑充分发挥其功能。

## 二、建筑构造的组成及其要求

### (一)基础

基础是建筑物最下面埋在土层中的部分，它承受建筑物的全部荷载，并把荷载传给下面的土层——地基。基础是建筑物的重要组成部分，是建筑物得以立足的根基，由于它长期埋置于地下，受土壤中潮湿、酸类、碱类等有害物质的侵蚀，故其安全性要求较高。因此，基础应具有足够的刚度、强度和耐久性，要求能耐水、耐腐蚀、耐冰冻，不应早于地面以上部分先破坏。

### (二)墙体和柱

1. 墙体

墙体是建筑物的重要组成部分。对于墙承重结构的建筑来说，墙承受屋顶和楼板层传给它的荷载，并把这些荷载连同自重传给基础。同时，外墙也是建筑物的围护构件，具有围护功能，能减小风、雨、雪、温差变化等对室内的影响；内墙是建筑物的分隔构件，能把建筑物的内部空间分隔成若干相互独立的空间，避免使用时互相干扰。因此，墙体应具有足够的强度，刚度，稳定性，良好的热工性能及防火、隔声、防水、耐久性能。

2. 柱

柱是建筑物的竖向承重构件，除不具备围护和分隔的作用外，其他要求与墙体相差不多。随着骨架结构建筑的日渐普及，柱已经成为房屋中常见的构件。当建筑物采用柱作为垂直承重构件时，墙填充在柱间，仅起围护和分隔作用。

### (三)楼板层

楼板层也称为楼层，它是建筑物的水平承重构件，将其上所有的荷载连同自重传给墙或柱；同时，楼层把建筑空间在垂直方向上划分为若干层，并对墙或柱起水平支撑作用。楼地层指底层地面，承受其上荷载并传给地基。楼地层应坚固、稳定，应具有足够的强度和刚度，并应具备足够的防火、防水和隔声性能。此外，楼地层还应具有防潮、防水等功能。

### (四)楼梯

楼梯是楼房建筑中联系上下各层的垂直交通设施，供人们上下楼层和紧急疏散使用。楼梯应坚固、安全，具有足够的疏散能力。

楼梯虽然不是建造房屋的目的所在，但由于它关系到建筑使用的安全性，因此，在宽度、坡度、数量、位置、布局形式、防火性能等诸方面均有严格的要求。目前，许多建筑的竖向交通主要靠电梯、自动扶梯等设备解决，但楼梯作为安全通道仍然是建筑不可缺少的组成部分。

### (五)屋顶

屋顶是建筑顶部的承重和围护构件。屋顶一般由屋面、保温(隔热)层和承重结构三部分组成。其中，承重结构的使用要求与楼板层相似；而屋面和保温(隔热)层则应具有足够的强度、刚度和抵御自然界不良因素的能力，同时，还应能防水、排水与保温(隔热)。

屋顶又被称为建筑的"第五立面",对建筑的形体和立面形象具有较大的影响,屋顶的形式将直接影响建筑物的整体形象。

(六)地坪

地坪是指建筑底层房间与下部土层相接触的部分,它承担着底层房间的地面荷载。由于首层房间地坪下面往往是夯实的土壤,所以,对地坪的强度要求比楼板层低,但其面层要具有良好的耐磨、防潮性能,有些地坪还要具有防水、保温的能力。

(七)门窗

门的主要作用是供人们进出和搬运家具、设备,紧急疏散,有时兼起采光和通风作用。由于门是人及家具、设备进出建筑及房间的通道,因此,其应具有足够的宽度和高度,其数量和位置也应符合有关规范的要求。

窗的作用主要是采光、通风和供人眺望,同时它也是围护结构的一部分,在建筑的立面形象中也占有相当重要的地位。由于制作窗的材料往往比较脆弱和单薄,造价较高,同时,窗又是围护结构的薄弱环节,因此,在寒冷和严寒地区应合理控制窗的面积。

## 三、建筑构造的基本要求和影响因素

### (一)建筑构造的基本要求

确定建筑构造做法时,应根据实际情况综合分析,满足以下基本要求。

1. 确保结构安全的要求

建筑物的主要承重构件,如梁、板、柱、墙、屋架等,需要通过结构计算来保证结构安全;而一些建筑配件尺寸,如扶手的高度、栏杆的间距等,需要通过构造要求来保证安全;构配件之间的连接,如门窗与墙体的连接,则需要采取必要的技术措施来保证安全。结构安全关系到人们的生命与财产安全,所以,在确定构造方案时,要把结构安全放在首位。

2. 满足建筑功能的要求

建筑物应给人们创造舒适的使用环境。其用途、所处的地理环境不同,对建筑构造的要求就不同,如影剧院和音乐厅要求具有良好的音响效果,展览馆则对光线效果要求较高;寒冷地区的建筑应解决好冬季的保温问题,炎热地区的建筑则应有良好的通风、隔热能力。在确定构造方案时,一定要综合考虑各方面因素,以满足不同的功能要求。

3. 注重综合效益

在进行建筑构造设计时,要考虑其在社会发展中的作用,尽量就地取材,降低造价,注重环境保护,提高其社会、经济和环境的综合效益。

4. 满足美观要求

建筑的美观主要是通过对其内部空间和外部造型的艺术处理来体现的。一座完美的建筑除取决于对空间的塑造和立面处理外,还受到一些细部构造,如栏杆、台阶、勒脚、门窗、挑檐等的处理影响,对建筑物进行构造设计时,应充分运用构图原理和美学法则,创造出具有较高品位的建筑。

### (二)建筑构造的影响因素

建筑物建成后受到各种自然因素和人为因素的作用,在确定建筑构造时,必须充分考虑各种因素的影响，采取措施以提高建筑物的抵御能力，保证建筑物的使用质量和耐久年限。影响建筑构造的因素主要有以下三个方面。

1. 荷载的作用

作用在房屋上的力统称为荷载，包括建筑自重、人、风雪及地震荷载等。荷载的大小和作用方式均影响着建筑构件的选材、截面形状与尺寸，这些都是建筑构造的内容。所以，在确定建筑构造时，必须考虑荷载的作用。

2. 人为因素的作用

人们所从事的生产、工作、学习与生活活动，也将对房屋产生影响。如机械振动、化学腐蚀、噪声、爆炸和火灾等，这些都是人为因素的影响。为了防止这些影响造成危害，房屋的相应部位要采取防振、耐腐蚀、隔声、防爆、防火等构造措施。

3. 自然界的作用

房屋在自然界中要受到日晒、雨淋、冰冻、地下水的侵蚀等影响，为保证正常使用，在建筑构造设计中，必须在相关部位采取防水、防潮、保温隔热、防震及防冻等措施。

## 第二节　建筑的分类

### 一、按照建筑物的使用性质分类

(1)民用建筑。民用建筑是指提供人们居住、生活、工作和从事文化、商业、医疗及交通等公共活动的房屋。

(2)工业建筑。工业建筑是指供人们从事各类生产的房屋，包括生产用房屋及辅助用房屋。

(3)农业建筑。农业建筑是指供人们从事农牧业方面的种植、养殖、畜牧、储存等活动的房屋。

### 二、按照建筑结构形式分类

(1)墙承重体系。由墙体承受建筑的全部荷载，墙体担负着承重、围护和分隔的多重任务。这种承重体系适用于内部空间较小、建筑高度较小的建筑。

(2)骨架承重。由钢筋混凝土或型钢组成的梁柱体系承受建筑的全部荷载，墙体只起到围护和分隔的作用。这种承重体系适用于跨度大、荷载大的高层建筑。

(3)内骨架承重。建筑内部由梁柱体系承重，四周由外墙承重。这种承重体系适用于局部设有较大空间的建筑。

(4)空间结构承重。由钢筋混凝土或钢组成空间结构承受建筑的全部荷载，如网架结构、悬索结构、壳体结构等。这种承重体系适用于大空间建筑。

### 三、按照建筑物的施工方法分类

(1)现浇现砌式。现浇现砌式是指主要构件均在施工现场砌筑(如砖墙等)或浇筑(如钢筋混凝土构件等)。

(2)预制装配式。预制装配式是指主要构件在加工厂预制,然后在施工现场进行装配。

(3)部分现浇现砌、部分装配式。部分现浇现砌、部分装配式是指一部分构件在现场浇筑或砌筑(大多为竖向构件),另一部分构件为预制吊装(大多为水平构件)。

### 四、按照承重结构的材料分类

(1)砖混结构。用砖墙(柱)、钢筋混凝土楼板及屋面板作为主要承重构件的建筑,属于墙承重结构体系。居住建筑和一般公共建筑采用砌混结构较多。

(2)钢筋混凝土结构。用钢筋混凝土材料作为主要承重构件的建筑,属于骨架承重结构体系。大型公共建筑、大跨度建筑、高层建筑采用钢筋混凝土结构较多。

## 第三节 建筑的等级

民用建筑的等级是根据建筑物的使用年限、防火性能、规模和重要性来划分的。

### 一、按建筑物的使用年限分级

根据建筑物主体结构的使用年限,大致可分为以下四级:

一级:耐久年限为100年以上,适用于重要建筑和高层建筑。

二级:耐久年限为50~100年,适用于一般性建筑。

三级:耐久年限为25~50年,适用于次要建筑。

四级:耐久年限在15年以下,适用于临时性建筑。

### 二、按建筑物的防火性能分级

#### (一)材料的燃烧性能

燃烧性能是指建筑构件在明火或高温作用下是否燃烧,以及燃烧的难易程度。建筑构件按燃烧性能分为非燃烧体、难燃烧体和燃烧体。

(1)非燃烧体:指用非燃烧材料制成的构件,如砖、石、钢筋混凝土、金属等,这类材料在空气中受到火烧或高温作用时不起火、不微燃、不碳化。

(2)难燃烧体:指用难燃烧材料制成的构件,如沥青混凝土、板条抹灰、水泥刨花板、经防火处理的木材等,这类材料在空气中受到火烧或高温作用时难燃烧、难碳化,离开火源后,燃烧或微燃立即停止。

(3)燃烧体:指用燃烧材料制成的构件,如木材、胶合板等,这类材料在空气中受到火烧或高温作用时,立即起火或燃烧,且离开火源后继续燃烧或微燃。

#### (二)材料的耐火极限

耐火极限是指对任一建筑构件按时间-温度标准曲线进行耐火试验,从受到火的作用时起,到失去支持能力或完整性破坏或失去隔火作用时止的这段时间,用小时表示。

(1)失去支持能力是指构件自身解体或垮塌。梁、楼板等受弯承重构件,挠曲速率发生突变,是失去支持能力的象征。

(2)完整性破坏是指楼板、隔墙等具有分隔作用的构件,在试验中出现穿透裂缝或较大的孔隙。

(3)失去隔火作用是指具有分隔作用的构件在试验中背火面测温点测得平均温度达到140 ℃(不包括背火面的起始温度);或背火面测温点中任意一点的温度达到180 ℃,或在不考虑起始温度的情况下,背火面任一测点的温度达到220 ℃。

当建筑构件出现上述现象之一时,就认为其达到了耐火极限。为了提高建筑对火灾的抵抗能力,控制火灾的发生和蔓延,在建筑构造上采取措施就显得非常重要。

### (三)建筑物的耐火等级

建筑物的耐火等级是根据建筑物主要构件的燃烧性能和耐火极限确定的,共分为四级。不同耐火等级建筑物主要构件的燃烧性能和耐火极限不应低于表4-1的规定。

表4-1 建筑物构件的燃烧性能和耐火极限(普通建筑)　　　　　　　　　　h

| 构件名称 | | 耐火等级 | | | |
|---|---|---|---|---|---|
| | | 一级 | 二级 | 三级 | 四级 |
| 墙 | 防火墙 | 不燃性 3.00 | 不燃性 3.00 | 不燃性 3.00 | 不燃性 3.00 |
| | 承重墙 | 不燃性 3.00 | 不燃性 2.50 | 不燃性 2.00 | 难燃性 0.50 |
| | 非承重外墙 | 不燃性 1.00 | 不燃性 1.50 | 不燃性 0.50 | 可燃性 |
| | 楼梯间和前室的墙、电梯井的墙、住宅建筑单元之间的墙和分户墙 | 不燃性 2.00 | 不燃性 2.00 | 不燃性 1.50 | 难燃性 0.50 |
| | 疏散走道两侧的隔墙 | 不燃性 1.00 | 不燃性 1.00 | 不燃性 0.50 | 难燃性 0.25 |
| | 房间隔墙 | 不燃性 0.75 | 不燃性 0.50 | 难燃性 0.50 | 难燃性 0.25 |
| 柱 | | 不燃性 3.00 | 不燃性 2.50 | 不燃性 2.00 | 难燃性 0.50 |
| 梁 | | 不燃性 2.00 | 不燃性 1.50 | 不燃性 1.00 | 难燃性 0.50 |
| 楼板 | | 不燃性 1.50 | 不燃性 1.00 | 不燃性 0.50 | 可燃性 |
| 屋顶承重构件 | | 不燃性 1.50 | 不燃性 1.00 | 可燃性 0.50 | 可燃性 |
| 疏散楼梯 | | 不燃性 1.50 | 不燃性 1.00 | 可燃性 0.50 | 可燃性 |
| 吊顶(包括吊顶搁栅) | | 不燃性 0.25 | 难燃性 0.25 | 难燃性 0.15 | 可燃性 |

注:1. 除《建筑设计防火规范》(GB 50016—2014)另有规定外,以木柱承重且墙体采用不燃材料的建筑,其耐火等级应按四级确定。

2. 住宅建筑构件的耐火极限和燃烧性能可按现行国家标准《住宅建筑规范》(GB 50368—2005)的规定执行。

在建筑中相同材料的构件根据其作用和位置的不同,其要求的耐火极限也不相同。建筑耐火等级高的建筑其构件的燃烧性能就差,耐火极限的时间就长。

### 三、按建筑物的重要性和规模分级

建筑物按照其重要性、规模、使用要求的不同,可分为特级、一级、二级、三级、四级、五级共六个级别,其具体划分见表4-2。

表4-2 民用建筑的等级

| 工程等级 | 工程主要特征 | 工程范围举例 |
| --- | --- | --- |
| 特级 | 1. 列为国家重点项目或以国际性活动为主的特、高级大型公共建筑。<br>2. 有全国性历史意义或技术要求特别复杂的中小型公共建筑。<br>3. 30层以上的建筑。<br>4. 高大空间有声、光等特殊要求的建筑物 | 国宾馆,国家大会堂,国际会议中心,国际体育中心,国际贸易中心,国际大型空港,国际综合俱乐部,重要历史纪念建筑,国家级图书馆、博物馆、美术馆、剧院、音乐厅,三级以上人防 |
| 一级 | 1. 高级大型公共建筑。<br>2. 有地区性历史意义或技术要求复杂的中小型公共建筑。<br>3. 16层以上、29层以下或超过50m高的公共建筑 | 高级宾馆,旅游宾馆,高级招待所,别墅,省级展览馆、博物馆、图书馆,科学实验研究楼(包括高等院校),高级会堂,高级俱乐部,不少于300床位的医院、疗养院,医疗技术楼,大型门诊楼,大中型体育馆,室内游泳馆,室内滑冰馆,大城市火车站,航运站,候机楼,摄影棚,邮电通信楼,综合商业大楼,高级餐厅,四级人防、五级平战结合人防 |
| 二级 | 1. 中高级、大中型公共建筑。<br>2. 技术要求较高的中小型建筑。<br>3. 16层以上、29层以下的住宅 | 大专院校教学楼,档案楼,礼堂,电影院,部、省级机关办公楼,300床位以下的医院、疗养院,地市级图书馆、文化馆,少年宫,俱乐部,排演厅,报告厅,大中城市汽车客运站,中等城市火车站,邮电局,多层综合商场,风味餐厅,高级小住宅等 |
| 三级 | 1. 中级、中型公共建筑。<br>2. 7层以上(包括7层)、15层以下有电梯住宅或框架结构的建筑 | 重点中学、中等专科学校教学楼、试验楼、电教楼,社会旅馆,饭馆,招待所,浴室,邮电所,门诊部,百货大楼,托儿所,幼儿园,综合服务楼,一、二层商场,多层食堂,小型车站等 |
| 四级 | 1. 一般中小型公共建筑。<br>2. 7层以下无电梯的住宅、宿舍及砖混结构建筑 | 一般办公楼,中、小学教学楼,单层食堂,单层汽车库,消防车库,蔬菜门市部,粮站,杂货店,阅览室,理发室,水冲式公共厕所等 |
| 五级 | 一、二层单功能,一般小跨度结构建筑 | |

有些同类建筑根据其规模和设施的不同档次进行分级。如剧场分为特、甲、乙、丙四个等级;涉外旅馆分为一星~五星共五个等级,社会旅馆分为一级~六级共六个等级。

建筑的级别是根据其重要性和对社会生活的影响程度来划分的。通常重要建筑的耐久年限长、耐火等级高。这样就导致建筑构件和设备的标准高，施工难度大，造价也高，因此，应当根据建筑的实际情况，合理地确定建筑的耐久年限和防火等级。

## 本章小结

一般房屋建筑由基础、墙体和柱、楼板层、楼梯、屋顶、地坪、门窗等构成房屋的主体，它们在建筑的不同部位发挥着不同的作用。在确定建筑构造做法时，应根据实际情况综合分析，满足结构安全、建筑功能、综合效益和美观的基本要求，并充分考虑荷载、人为因素、自然界的作用影响，采取措施以提高建筑物的抵御能力，保证建筑物的使用质量和耐久年限。

## 思考与练习

一、填空题

1. 建筑构件按燃烧性能分为_____、_____和_____。
2. 建筑等级按照使用年限分为四级，一级适用于_____；二级适用于_____；三级适用于_____；四级适用于_____。

二、简答题

1. 建筑构造的基本要求是什么？影响建筑构造的因素是什么？
2. 建筑构造的组成有哪些？

参考答案

# 第五章　基础与地下室构造

> **学习目标**
> (1) 了解地基与基础的分类、地基处理的方法及与基础的关系；
> (2) 掌握基础埋置深度的概念及影响因素；
> (3) 掌握地下室的组成、防潮与防水措施。

> **技能目标**
> (1) 能够分辨地基与基础的关系，并对地基进行相关处理；
> (2) 能够通过所学知识对基础进行分类；
> (3) 能够采取相应措施处理地下室防潮防水。

## 第一节　地基与基础概述

### 一、地基

**1. 地基的分类**

在建筑中，将建筑上部结构所承受的各种荷载传到地基上的结构构件称为基础。支承基础的土体或岩体称为地基。地基可分为天然地基和人工地基两大类。

(1) 天然地基。如果天然土层具有足够的承载力，不需要经过人工改良和加固，就可直接承受建筑物的全部荷载并满足变形要求，称为天然地基。岩石、碎石土、砂土、粉土、黏性土等，一般均可作为天然地基。

(2) 人工地基。当土层的承载能力较低或虽然土层较好，但因上部荷载较大，土层不能满足承受建筑物荷载的要求时，必须对土层进行地基处理，以提高其承载能力，改善其变形性质或渗透性质，这种经过人工方法进行处理的地基称为人工地基。

**2. 人工地基处理的方法**

人工地基常用的处理方法有换填垫层法、预压法、强夯法、强夯置换法、深层挤密法、化学加固法等。

(1) 换填垫层法是指挖去地表浅层软弱土层或不均匀土层，回填坚硬、粒径较粗的材料，并夯压密实，形成垫层的地基处理方法。

(2) 预压法是指对地基进行堆载或真空预压，使地基土固结的地基处理方法。

(3) 强夯法是指反复将夯锤提到高处使其自由落下，给地基以冲击和振动能量，将地基土夯实的地基处理方法。

(4)强夯置换法是指将重锤提高到高处使其自由落下形成夯坑，并不断夯击坑内回填的砂石、钢渣等硬粒料，使其形成密实的墩体的地基处理方法。

(5)深层挤密法主要是靠桩管打入或振入地基后对软弱土产生横向挤密作用，从而使土的压缩性减小，抗剪强度提高。其方法通常有灰土挤密桩法、土挤密桩法、砂石桩法、振冲法、石灰桩法、夯实水泥土桩法等。

(6)化学加固法是指将化学溶液或胶粘剂灌入土中，使土胶结以提高地基强度、减少沉降量或防渗的地基处理方法。其方法有高压喷射注浆法、深层搅拌法、水泥土搅拌法等。

## 二、基础

基础的种类较多，在选择基础时，需综合考虑上部结构形式、荷载大小、地基状况等因素。

### (一)按基础所用材料及受力特点分类

#### 1. 刚性基础

由刚性材料制作的基础称为刚性基础。一般称抗压强度高而抗拉、抗剪强度较低的材料为刚性材料。常用的砖、石、混凝土等均属于刚性材料。为满足地基容许承载力的要求，基底宽 $B$ 一般大于上部墙宽。当基础的 $B$ 很宽时，挑出长度 $b$ 很长，而基础又没有足够的高度 $H$，又因基础采用刚性材料，基础就会因弯曲或剪切而被破坏。为了保证基础不被拉力、剪力破坏，基础必须具有相应的高度。通常，按刚性材料的受力特点，基础的挑出长度与高度应在材料的控制范围内，这个控制范围的夹角称为刚性角，用 $\alpha$ 表示，如图 5-1 所示。

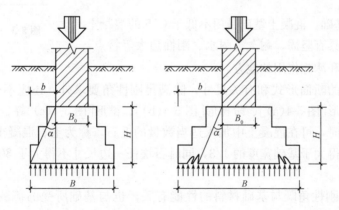

**图 5-1 刚性基础**

(1)砖基础。目前，砖基础的主要材料为烧结普通砖，在建筑物水平防潮层以下部分，其砖的强度等级不得低于 MU10。砖基础逐步放阶的形式称为大放脚。为了满足刚性角的要求，砖基础台阶的宽高比应小于 1∶1.5。常采用每隔二皮厚收进 1/4 砖长的形式，简称"二皮一收"。当基础底宽较大时，也可采用"二皮一收"与"一皮一收"相间的砌筑方法，简称"二一间隔收",如图 5-2 所示。

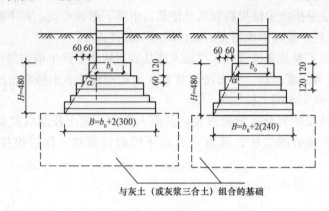

图 5-2 砖基础

砖基础的大放脚下需设垫层,其厚度应根据上部结构荷载和地基承载力大小等确定,一般不小于 100 mm。

(2)石基础。石基础有毛石基础和料石基础两种。毛石基础是由中部厚度不小于 150 mm 的未经加工的块石和砂浆砌筑而成的。毛石基础的强度高,抗冻、耐水性能好,所以适用于地下水水位较高、冰冻线较深的产石区的建筑。料石基础则是由经过加工后具有一定规格的石材和砂浆砌筑而成的。石基础的断面形式有矩形和阶梯形,当基础底面宽度小于 700 mm 时,多采用矩形截面。根据刚性角要求,石基础的允许宽高比为 1∶1.25 和 1∶1.50,其细部尺寸如图 5-3 所示。

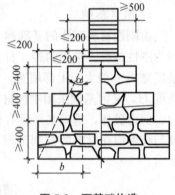

图 5-3 石基础构造

(3)混凝土基础。混凝土基础是用不低于 C15 的混凝土浇捣而成的,其具有坚固、耐久、耐水、刚性角大等特点,常用于有地下水和冰冻作用的地方。

混凝土基础的断面形式和有关尺寸,除满足刚性角要求外,还应不受材料规格限制,其基本形式有矩形[图 5-4(a)]、阶梯形[图 5-4(b)]、锥形[图 5-4(c)]等。为了节约混凝土,在基础体积过大时,可在混凝土中加入适当数量的毛石,称为毛石混凝土基础。其中,所用毛石的尺寸不得大于基础宽度的 1/3,同时石块任一边尺寸不得大于 300 mm,毛石总体积不得大于 30%。

刚性基础的刚性角既与基础材料的性能有关,也与基础所受的荷载有关,而与地基的情况无关。刚性基础常用于荷载不太大的建筑,一般用于 2～3 层混合结构的房屋建筑。

2. 非刚性基础

钢筋混凝土基础称为非刚性基础,也称为柔性基础。这种基础不受刚性角的限制,基础底部不但能承受很大的压应力,而且还能承受很大的弯矩,能抵抗弯矩变形。为了节约材料,钢筋混凝土基础通常制成锥形,但最薄处不应小于 200 mm,如制成阶梯形,

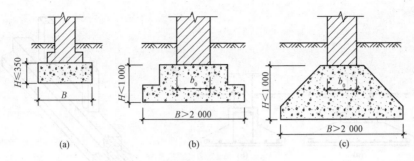

图 5-4 混凝土基础
(a)矩形；(b)阶梯形；(c)锥形

每步高 300～500 mm。为了保证钢筋混凝土基础施工时，钢筋不致陷入泥土中，常须在基础与地基之间设置混凝土垫层，如图 5-5 所示。这种基础适用于荷载较大的多、高层建筑。

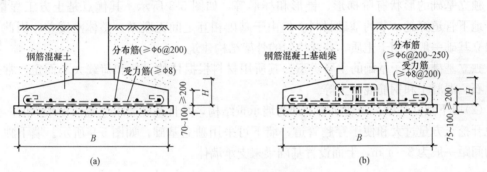

图 5-5 钢筋混凝土基础
(a)板式基础；(b)梁板式基础

### (二)按基础的构造形式分类

基础的构造形式随建筑物上部结构形式、荷载大小及地基土质情况而定。一般情况下，上部结构形式直接影响基础的形式，但当上部荷载增大，且地基承载能力有变化时，基础的形式也随之变化。常见的基础有以下几种。

1. 条形基础

条形基础是指基础长度远大于其宽度的一种基础形式。按上部结构形式可分为墙下条形基础和柱下条形基础。

(1)墙下条形基础。条形基础是承重墙基础的主要形式，当上部结构荷载较大而土质较差时，可采用混凝土或钢筋混凝土建造，墙下钢筋混凝土条形基础一般做成无肋式，如图 5-6(a)所示；如地基在水平方向上压缩性不均匀，为了增加基础的整体性，减少不均匀沉降，也可做成有肋式的条形基础，如图 5-6(b)所示。

(2)柱下条形基础。当建筑采用柱承重结构，在荷载较大且地基较软弱时，为了提高建筑物的整体性，防止出现不均匀沉降，可将柱下基础沿一个方向连续设置成条形基础，如图 5-7 所示。

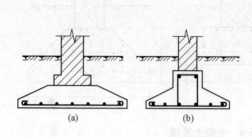 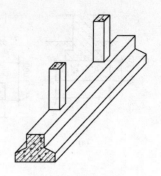

图 5-6　墙下钢筋混凝土条形基础　　　　图 5-7　柱下条形基础
(a)无肋式；(b)有肋式

2. 独立基础

(1)柱下独立基础。当建筑物上部采用柱承重且柱距较大时，宜将柱下扩大形成独立基础。独立基础的形状有阶梯形、锥形和杯形等，如图 5-8 所示。其优点是土方工程量少，便于地下管道穿越，节约基础材料。但由于基础相互之间无联系，整体刚度差，因此，柱下独立基础一般适用于土质、荷载均匀的骨架结构建筑。

独立基础是柱子基础的主要类型。其所用材料根据柱的材料和荷载大小而定，常采用砖、石、混凝土和钢筋混凝土等。

(2)墙下独立基础。当建筑物上部为墙承重结构，并且基础要求埋置深度较大时，为了避免开挖土方量过大和便于穿越管道，墙下可采用独立基础，如图 5-9 所示。墙下独立基础的间距一般为 3～4 m，上面设置基础梁来支承墙体。

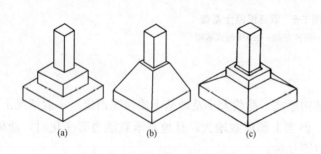 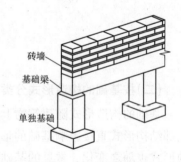

图 5-8　独立基础　　　　　　　　　　图 5-9　墙下独立基础
(a)阶梯形；(b)锥形；(c)杯形

3. 井格基础

当地基条件较差或上部荷载较大时，此时在承重的结构柱下使用独立柱基础已不能满足其承受荷载和整体要求，可将同一排柱子的基础连在一起。为了提高建筑物的整体刚度，避免不均匀沉降，常将柱下独立基础沿纵向和横向连接起来，形成井格基础，如图 5-10 所示。

4. 筏形基础

当建筑物上部荷载较大，而建造地点的地基承载能力又比较差，以致墙下条形基础或

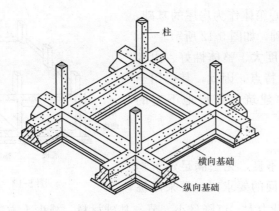

图 5-10 井格基础

柱下条形基础已不能适应地基变形的需要时，可将墙或柱下基础面扩大为整片的钢筋混凝土板状基础形式，形成筏形基础，如图 5-11 所示。

筏形基础可分为梁板式和平板式两种类型。梁板式筏形基础由钢筋混凝土筏板和肋梁组成，在构造上如同倒置的肋形楼盖，如图 5-11(a)所示；平板式筏形基础一般由等厚的钢筋混凝土平板构成，在构造上如同倒置的无梁楼盖，如图 5-11(b)所示。为了满足抗冲切要求，常在柱下做柱托。柱托可设在板上，也可设在板下。当设有地下室时，柱托应设在板底。

基础的构造形式

筏形基础的整体性好，能调节基础各部分的不均匀沉降，常用于建筑荷载较大的高层建筑。

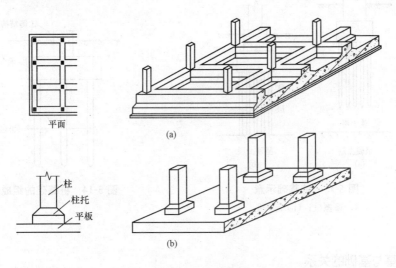

图 5-11 筏形基础
(a)梁板式；(b)平板式

5．箱形基础

当筏形基础埋置深度较大时，为了避免回填土增加基础上的承受荷载，有效地调整基底压力和避免地基的不均匀沉降，可将筏形基础扩大，形成由钢筋混凝土的底板、顶板和若干纵横墙组成的空心箱体作为房屋的基础，这种基础叫作箱形基础，如图 5-12 所示。

箱形基础具有刚度大、整体性好、内部空间可用作地下室的特点。因此，其适用于高层公共建筑、住宅建筑及需设地下室的建筑。

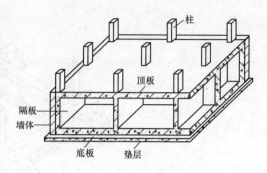

图 5-12　箱形基础

6. 桩基础

当地基浅层土质不良，无法满足建筑物对地基变形和强度方面的要求时，常采用桩基础。桩基础具有承载力大、沉降量小、节省基础材料、减少土方工程量、改善施工条件和缩短工期等优点。

桩基础的类型很多，按桩的形状和竖向受力情况可分为摩擦桩和端承桩。摩擦桩的桩顶竖向荷载主要由桩侧壁摩擦阻力承受，如图 5-13(a)所示；端承桩的桩顶竖向荷载主要由桩端阻力承受，如图 5-13(b)所示。按桩的材料可分为混凝土桩、钢筋混凝土桩和钢桩；按桩的制作方法有预制桩和灌注桩两类。目前，较常用的是钢筋混凝土预制桩和灌注桩。

桩基础是由承台和群桩组成的，如图 5-14 所示。桩身尺寸是按设计确定的，并根据设计布置的点位将桩置入土中，在桩的顶部设置钢筋混凝土承台，以支承上部结构，使建筑物荷载均匀地传递给桩基。

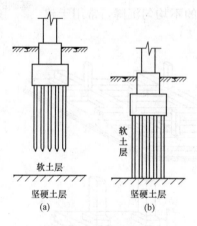

图 5-13　桩基础示意
(a)摩擦桩；(b)端承桩

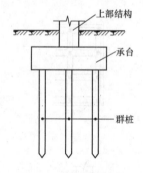

图 5-14　桩基础的组成

### 三、地基与基础的关系

地基与基础之间相互影响、相互制约。

1. 对地基的要求

(1)地基应具有一定的承载力和较小的压缩性。

(2)地基的承载力应分布均匀。在一定的承载条件下，地基应有一定的深度范围。

(3)要尽量采用天然地基，以降低成本。

2. 对基础的要求

(1)基础要有足够的强度,能够起到传递荷载的作用。

(2)基础的材料应具有耐久性,以保证建筑持久使用。因为基础处于建筑物最下部并且埋在地下,对其维修或加固是很困难的。

(3)在选材上尽量就地取材,以降低造价。

3. 地基、基础与荷载的关系

基础是建筑物地面以下的承重结构,是建筑物的墙或柱子在地下的扩大部分,其作用是承受建筑物上部结构传下来的荷载,并把它们连同自重一起传给地基。基础可分为条形基础、筏形基础、联合基础、拱形基础等几种形式,如图 5-15 所示。地基是指基础底面以下、荷载作用影响范围内的部分岩石或土体。

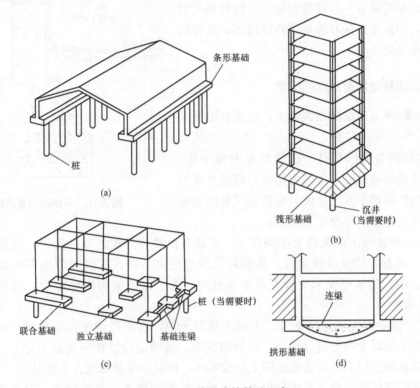

图 5-15　几种形式的基础示意

地基承受上部荷载而产生的应力和应变随着土层深度的增加而减小,在达到一定的深度后就可以忽略不计。直接承受基础荷载的土层叫作持力层。每平方米地基所能承受的最大压力称为地基承载力特征值。为了保证建筑物的稳定和安全,必须控制建筑物基础底面的平均压应力不超过地基承载力特征值。建筑的全部荷载是通过基础传递给地基的,因此,当荷载一定时,可通过加大基础底面积来减少单位面积地基上所承受的压力。

地基对保证建筑物的坚固耐久具有非常重要的作用。基础传给地基的荷载如果超过地基的承载能力,地基就会出现较大的沉降变形和失稳,甚至会出现土层的滑移,直接影响到建筑物的安全和正常使用。在建筑设计中,当建筑物总荷载确定时,可通过增加基础底面积或提高地基的承载力来保证建筑物的稳定和安全。

## 第二节 基础埋置深度及影响因素

### 一、基础埋置深度的确定原则

基础的埋置深度是指室外设计地面至基础底面的深度,如图 5-16 所示。基础按基础埋置深度可分为浅基础和深基础。若浅层土质不良,需加大基础埋深,此时需采取一些特殊的施工手段和相应的基础形式,如桩基、深井和地下连续墙等,这样的基础称为深基础。

### 二、影响基础埋置深度的因素

影响基础埋置深度的因素很多,主要有以下几个方面:

(1) 建筑物自身的特性。建筑物设有地下室、地下管道或设备基础时,常需将基础局部或整体加深。为了保护基础不露出地面,构造要求基础顶面距离室外设计地面不得小于 100 mm。

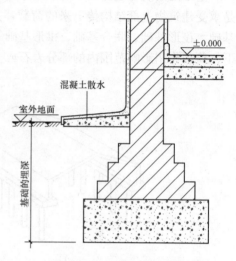

图 5-16 基础的埋置深度

(2) 作用在地基上的荷载大小和性质。荷载有恒载和活载之分。其中,恒载引起的沉降量最大,因此,当恒载较大时,基础埋置深度应大一些。荷载按作用方向又有竖直方向和水平方向。当基础要承受较大水平荷载时,为了保证结构的稳定性,也常将埋置深度加大。

(3) 工程地质和水文地质条件。不同的建筑场地,其土质情况也不相同,就是同一地点,当深度不同时土质也会有变化。一般情况下,基础应设置在坚实的土层上,而不要设置在淤泥等软弱土层上。当表面软弱土层较厚时,可采用深基础或人工地基。

一般基础宜埋置在地下水水位以上,以减少特殊的防水、排水措施,以及受化学污染的水对基础的侵蚀,这样有利于施工。当必须埋在地下水水位以下时,宜将基础埋置在最低地下水水位以下不小于 200 mm 处,如图 5-17 所示。

(4) 地基土冻胀和融陷的影响。对于冻结深度浅于 500 mm 的南方地区或当地基土为非冻胀土时,可不考虑土的冻结深度对基础埋深的影响。对于季节冰冻地区,如地基为冻胀土时,应使基础底面低于当地冻结深度。在寒冷地区,土层会因气温变化而产生冻融现象。土层冰冻的深度称为冰冻线,当基础埋置深度在土层冰冻线以上时,如果基础底面以下的土层冻胀,会对基础产生向上的顶力,严重的会使基础上抬起拱;如果基础底面以下的土层解冻,顶力消失,使基础下沉。这样的过程会使建筑产生裂缝和破坏,因此,在寒冷地区基础埋置深度应在冰冻线以下 200 mm 处,如图 5-18 所示。采暖建筑的内墙基础埋置深度可以根据建筑的具体情况进行适当的调整。

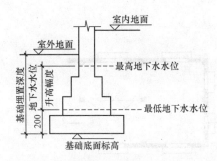
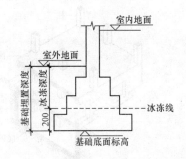

图 5-17　基础埋置深度和地下水水位的关系　　　图 5-18　基础埋置深度和冰冻线的关系

(5)相临建筑物的基础埋置深度。当存在相邻建筑物时，一般新建建筑物基础的埋置深度不应大于原有建筑基础，以保证原有建筑的安全；当新建建筑物基础的埋置深度必须大于原有建筑基础的埋深时，为了不破坏原基础下的地基土，应与原基础保持一定的净距 $L$，$L$ 的数值应根据原有建筑荷载大小、基础形式和土质情况确定，一般取等于或大于两基础埋置深度差的 2 倍，如图 5-19 所示。当上述要求不能满足时，应采取分段施工、设临时加固支撑、打板桩、地下连续墙等施工措施，或加固原有建筑物的地基。

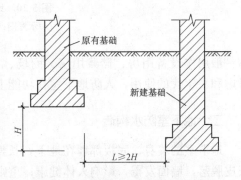

图 5-19　基础埋深与相邻基础的关系

## 第三节　地下室构造

地下室是指建筑物底层下面的房间。当建筑物较高，基础的埋置深度很大时，可利用这个深度设置地下室，这样，既可在有限的占地面积中争取更多的使用空间，提高建设用地的利用率，又不需要增加太多的投资。

### 一、地下室的组成及分类

1. 地下室的组成

地下室属箱形基础的范围，一般由墙身、底板、顶板、门窗、楼梯等部分组成，如图 5-20 所示。高层建筑的基础很深，利用这个深度建造一层或多层地下室，既可提高建设用地的利用率，又不需要增加太多投资，其适用于设备用房、库房以及战备防空等。

2. 地下室的分类

(1)按埋入地下深度分类。地下室按埋入地下深度的不同，可分为全地下室和半地下室。当地下室地面低于室外地坪的高度超过该地下室净高的 1/2 时为全地下室；当地下室地面低于室外地坪的高度超过该地下室净高的 1/3，但不超过 1/2 时为半地下室。

(2)按使用功能分类。地下室按使用功能，可分为普通地下室和人防地下室。普通地下

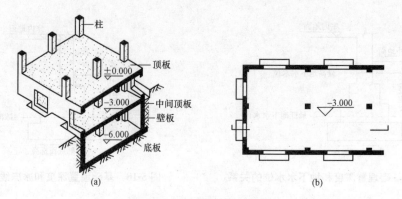

**图 5-20 地下室的构造组成**
(a)示意图;(b)1层地下室平面

室一般用作设备用房、储藏用房、商场、餐厅、车库等;人防地下室主要用于战备防空,考虑和平年代的使用,人防地下室在功能上应能够满足平战结合的使用要求。

## 二、地下室防水构造

地下室的墙身、底板都埋在地下,长期受到地潮或地下水的侵蚀,轻则引起室内墙面灰皮脱落,墙面发霉,影响人体健康;重则进水,不能使用。因此,为保证地下室不潮湿、不透水,必须对其外墙、底板采取相应的防水措施。

1. 地下工程防水等级标准

根据《地下工程防水技术规范》(GB 50108—2008)的规定,按围护结构允许渗漏水量,将地下防水工程等级划分为四级,见表5-1。

**表 5-1 地下防水工程等级**

| 防水等级 | 标准 | 设防要求 | 工程名称 |
| --- | --- | --- | --- |
| 一级 | 不允许渗水,围护结构无湿渍 | 多道设防,其中必有一道结构自防水,并根据需要可设附加防水层或其他防水措施 | 医院、影剧院、商场、娱乐场、餐厅、旅馆、冷库、粮库、金库、档案库、计算机房、控制室、配电间、通信工程、防水要求较高的生产车间、指挥工程、武器弹药库、指挥人员掩蔽部、地下铁道车站、城市人行地道、铁路旅客通道 |
| 二级 | 不允许漏水,围护结构有少量偶见的湿渍 | 两道或多道设防,其中必有一道结构自防水,并根据需要可设附加防水层 | 车库、燃料库、空调机房、发电机房、一般生产车间、水泵房、工作人员掩蔽部、城市公路隧道、地铁运行区间隧道 |
| 三级 | 有少量漏水点,不得有线流和漏泥砂,每昼夜漏水量小于 0.5 L/m² | 一道或两道设防,其中必有一道结构自防水,并根据需要可采用其他防水措施 | 电缆隧道、水下隧道、一般公路隧道 |
| 四级 | 有漏水点,不得有线流和漏泥砂,每昼夜漏水量小于 2 L/m² | 一道设防,可采用结构自防水或其他防水措施 | 取水隧道、污水排放隧道、人防疏散干道、涵洞 |

2. 地下室的防水构造的主要类别

（1）材料防水。材料防水是在外墙和底板表面敷设防水材料，借助材料的高效防水特性阻止水的渗入，常用卷材、涂料和防水砂浆等。

1）卷材防水。卷材防水能适应结构的微量变形和抵抗地下水的一般化学侵蚀，是一种传统防水做法。防水卷材一般是用高聚物改性沥青卷材和高分子卷材，并采用与卷材相适应的胶结材料胶合而成的防水层。高分子卷材具有质量轻、使用范围广、抗拉强度高、延伸率大、对基层伸缩或开裂的适应性强等特点，而且是冷作业，施工操作简便，但目前价格偏高，且不宜用于地下水含矿物油或有机溶液的地方。高聚物改性沥青卷材具有一定的抗拉强度和延伸性，价格较低，但应采用热熔法施工。

按防水材料铺贴位置的不同，卷材防水可分为外包防水和内包防水两类。其是将防水材料贴在地下室外墙的外表面（即迎水面）。防水卷材应铺设在结构主体底板垫层至墙体顶端的基面上，在外围形成封闭的防水层。

具体做法是先在外墙外侧抹厚度为 20 mm 的 1∶3 水泥砂浆找平层，涂刷基层处理剂，再在其上粘贴卷材，然后再在卷材外砌厚度为 120 mm 的保护墙，最后在保护墙外 0.5 m 范围内回填 2∶8 灰土或炉渣等隔水层，如图 5-21 所示。

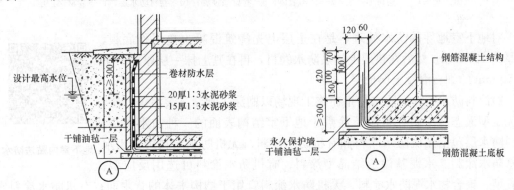

图 5-21 地下室卷材外防水做法

铺贴卷材应先铺平面，后铺立面，交接处应交叉搭接。从底面折向立面的卷材与永久性保护墙的接触部位，应采用空铺法施工，如图 5-22 所示。与临时性保护墙或围护机构模板接触的部位，应临时贴附在该墙上或模板上，卷材铺好后，其顶端应临时固定；阴阳角处应做成圆弧或 45°（135°）折角，其尺寸视卷材品质确定。在转角、阴阳角等特殊部位，应增贴 1～2 层相同的卷材，宽度不宜小于

地下室外贴法防水

500 mm；临时保护墙应用石灰砂浆砌筑，内表面应用石灰砂浆做找平层，并刷石灰浆。如用模板代替临时保护墙，应在其上涂刷隔离剂。

内包防水是将防水卷材铺贴在地下室外墙内表面（即背水面）的内防水做法。这种做法的防水效果较差，但施工简便，便于修补，因此，常用于修缮工程或施工条件受限的工程。具体做法是在外墙内侧抹 1∶3 水泥砂浆找平层，然后铺贴卷材，最后再根据卷材特性采用软保护或铺抹厚度为 20 mm 的 1∶3 水泥砂浆。铺贴卷材时应先铺立面，再铺平面。铺贴立面时应先铺转角，然后铺大面。

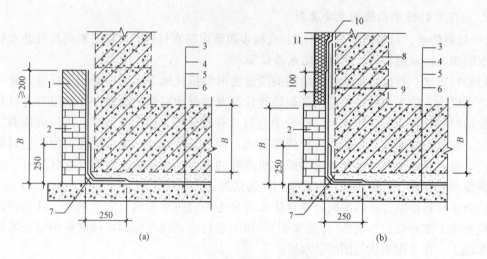

图 5-22 卷材防水层甩槎、接槎构造
(a)甩槎；(b)接槎

1—临时保护墙；2—永久保护墙；3—细石混凝土保护层；4—卷材防水层；5—水泥砂浆找平层；
6—混凝土垫层；7—卷材加强层；8—结构墙体；9—卷材加强层；10—卷材防水层；11—卷材保护层

对地下室地坪的防水处理，是在土层上先浇筑混凝土垫层作底板，板厚约 100 mm。然后在垫层上铺贴防水卷材，再在其上抹一层厚度不小于 50 mm 的细石混凝土保护层。

2)涂料防水。涂料防水是指在施工现场以刷涂、刮涂、滚涂等方法，将无定型液态冷涂料在常温下涂敷于地下室结构表面的一种防水做法。涂料防水层包括无机防水涂料和有机防水涂料。无机防水涂料可选用水泥基防水涂料、水泥基渗透结晶型涂料；有机防水涂料可选用反应型、水乳型、聚合物水泥防水涂料。无机防水涂料宜用于结构主体的背水面；有机防水涂料宜用于结构主体的迎水面。

地下室内贴法防水

防水涂料可采用外防外涂和外防内涂两种做法，如图 5-23 所示。

水泥基防水涂料的厚度宜为 1.5~2.0 mm；水泥基渗透结晶型防水涂料的厚度不应小于 0.8 mm；有机防水涂料根据材料的性能，厚度宜为 1.2~2.0 mm，并应在阴阳角及底板增加一层胎体增强材料，同时增涂 2~4 遍防水涂料。

有机防水涂料施工完毕后应及时做好保护层，底板、顶板应采用厚度为 20 mm 的 1:2.5 的水泥砂浆层和厚度为 40~50 mm 的细石混凝土保护，顶板防水层与保护层之间宜设置隔离层；外墙背水面应采用厚度为 20 mm 的 1:2.5 的水泥砂浆层保护，迎水面宜选用软保护或厚度为 20 mm 的 1:2.5 的水泥砂浆层保护。

(2)混凝土构件自防水。当地下室的墙体和地坪均为钢筋混凝土结构时，可通过增加混凝土的密实度或在混凝土中添加防水剂、加气剂等方法，来提高混凝土的抗渗性能，这种防水做法称为混凝土构件自防水。其具体构造如图 5-24 所示。

当地下室采用构件自防水时，外墙板的厚度不得小于 200 mm，底板的厚度不得小于 150 mm，以保证刚度和抗渗效果。为防止地下水对钢筋混凝土结构的侵蚀，在墙的外侧应先用水泥砂浆找平，然后刷热沥青隔离。

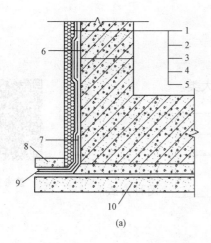 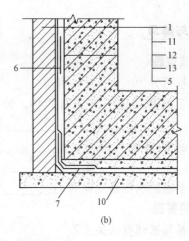

**图 5-23 涂料防水的做法**

(a)防水涂料外防外涂构造；(b)防水涂料外防内涂构造

1—保护墙；2—砂浆保护层；3—涂料防水层；4—砂浆找平层；5—结构墙体；6—涂料防水层加强层；
7—涂料防水加强层；8—涂料防水层搭接部位保护层；9—涂料防水层搭接部位；
10—混凝土垫层；11—涂料保护层；12—涂料防水层；13—找平层

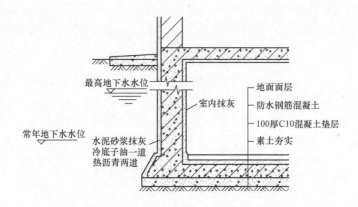

**图 5-24 地下室混凝土构件自防水构造**

## 本章小结

本章主要介绍了基础与地基以及地下室的相关知识。基础是建筑物的重要组成部分，它承受建筑物的全部荷载并将其传给地基；地基是承受建筑物荷载的土壤层，地基可分为天然地基和人工地基两类。人工地基常用的处理方法有换填垫层法、预压法、强夯法、强夯置换法、深层挤密法、化学加固法。基础按照埋置深度的不同分为深基础和浅基础两种。影响基础埋置深度的因素主要有建筑物的用途、基础的构造、作用在地基上的荷载大小和性质、工程地质和水文地质条件、地基土冻胀和融陷、相邻建筑基础埋深等。地下室由墙体、底板、顶板、门窗、楼梯、采光井等部分组成。地下室防水有卷材防水和混凝土构件自防水两种。

# 思考与练习

## 一、填空题

1. 地基可分为_____和_____两大类。
2. 人工地基处理的方法有六种,分别是_____、_____、_____、_____、_____和_____。
3. 常见的基础构造有_____、_____、_____、_____、_____和_____。
4. 地下室防水构造主要有_____和_____两种方式。

参考答案

## 二、简答题

1. 地基与基础有何关系?
2. 什么是基础埋置深度?影响基础埋置深度的因素有哪些?
3. 地下工程的防水等级划分为几级?各有哪些设防要求?

# 第六章  墙体构造

> **学习目标**

(1)掌握墙体的类型以及设计要求；
(2)了解常用砌墙材料的种类；
(3)掌握砌筑墙体主要细部构造的做法和工作机理；
(4)了解隔墙的种类、适用条件和构造；
(5)掌握隔断的种类、特点及应用。

> **技能目标**

(1)能够根据墙体的种类对墙体的使用条件和构造进行分析；
(2)能够根据隔断的特点和种类选择应用的方法。

## 第一节  墙体概述

### 一、墙体的类型

按照不同的划分方法，墙体有不同的类型。

1. 按构成墙体的材料和制品分类

较常见的墙体有砖墙、石墙、砌块墙、板材墙、混凝土墙、玻璃幕墙等。

2. 按墙体的受力情况分类

按照墙体的受力情况，墙体可以分为承重墙和非承重墙两类。凡是承担建筑上部构件传来荷载的墙称为承重墙；不承担建筑上部构件传来荷载的墙称为非承重墙。

非承重墙包括自承重墙、框架填充墙、幕墙和隔墙。其中，自承重墙不承受外来荷载，其下部墙体只负责上部墙体的自重；框架填充墙是指在框架结构中，填充在框架中间的墙体；幕墙是指悬挂在建筑物结构外部的轻质外墙，如玻璃幕墙、铝塑板墙等；隔墙是指仅起分隔空间作用，自身重量由楼板或梁承担的墙体，其重量是由梁或楼板分层承担的。

3. 按墙体的位置和走向分类

按墙体在建筑中的位置，墙体可以分为外墙、内墙两类。沿建筑四周边缘布置的墙体称为外墙；被外墙所包围的墙体称为内墙。

按墙体的走向，墙体可以分为纵墙和横墙。纵墙是指沿建筑物长轴方向布置的墙体；

横墙是指沿建筑物短轴方向布置的墙体。其中,沿着建筑物横向布置的首尾两端的横墙俗称山墙;在同一道墙上门窗洞口之间的墙体称为窗间墙;门窗洞口上下的墙体称为窗上墙或窗下墙,如图6-1所示。

4. 按墙体的施工方式和构造分类

按墙体的施工方式和构造,墙体可分为叠砌式、板筑式和装配式三种。其中,叠砌式是一种传统的砌墙方式,如实砌砖墙、空斗墙、砌块墙等;板筑式的砌墙材料往往是散状或塑性材料,依靠事先在墙体部位设置模板,然后在模板内夯实与浇筑材料而形成墙体,如夯土墙、滑模或大模板钢筋混凝土墙;装配式墙是在构件生产厂家事先制作墙体构件,在施工现场进行拼装,如大板墙、各种幕墙。

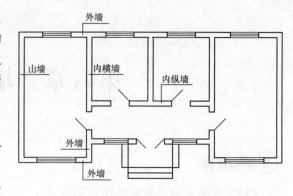

图6-1 墙体的各部分名称

## 二、墙体的设计要求

因墙体的作用不同,在选择墙体材料和确定构造方案时,应根据墙体的性质和位置,分别满足结构、热工、隔声、防火、工业化等要求。

### (一)具有足够的强度和稳定性

强度是指墙体承受荷载的能力。强度与墙体所用材料、墙体尺寸、构造方式和施工方法有关。如钢筋混凝土墙体比同截面的砖墙强度高;强度等级高的砖和砂浆所砌筑的墙体比强度等级低的砖和砂浆所砌筑的墙体强度高;相同材料和相同强度等级的墙体相比,截面积大的墙体强度要高。作为承重的墙体必须具有足够的强度,以保证结构的安全。

稳定性与墙体的高度、长度和厚度有关。高度和长度是对建筑物的层高、开间或进深尺寸而言的。高而薄的墙体比矮而厚的墙体稳定性差;长而薄的墙体比短而厚的墙体稳定性差;两端有固定的墙体比两端无固定的墙体稳定性好。

在设计墙体时,须经计算来满足强度和稳定性的要求。承重墙的最小厚度为180 mm,增强墙体稳定性的措施有增加墙体厚度,提高材料强度等级,增设墙垛、壁柱、圈梁等。

### (二)满足保温、隔热等热工方面的要求

《民用建筑热工设计规范》(GB 50176—2016)将我国划为五个建筑热工分区,分别为:
(1)严寒地区必须充分考虑冬季保温要求,一般可不考虑夏季防热。
(2)寒冷地区应满足冬季保温要求,部分地区兼顾夏季防热。
(3)夏热冬冷地区必须满足夏季防热要求,适当兼顾冬季保温。
(4)夏热冬暖地区必须充分满足夏季防热要求,一般可不考虑冬季保温。
(5)温和地区的部分地区应考虑冬季保温,一般可不考虑夏季防热。热工要求主要考虑墙体的保温与隔热。

采暖建筑的外墙应有足够的保温能力,为了减少热损失,应采取以下措施。

1. 提高外墙的保温能力

为了提高墙体的保温能力,必须提高墙体的热阻。热阻是指构件阻止热量传递的能力。

热阻越大，墙体的保温性能越好，反之越差。因此，为了满足墙体保温的要求，必须提高其构件的热阻，通常有以下三种做法：

（1）增加外墙厚度。热阻是与厚度成正比的，外墙厚度增加其热阻将增大，使传热过程延缓，提高保温效果。但这种做法势必会增加结构的自重，耗用墙体材料较多，使有效使用面积缩小，很不经济。

（2）选用孔隙率高、密度轻、导热系数小的材料做外墙，如加气混凝土等。但是这些材料强度不高，不能承受较大的荷载，一般适用于框架结构的外墙，也被称为自保温体系。

（3）采用多种材料形成组合墙系统，如外墙外保温系统（图6-2）、外墙内保温系统[图6-3(a)]、外墙夹心保温系统[图6-3(b)]等。

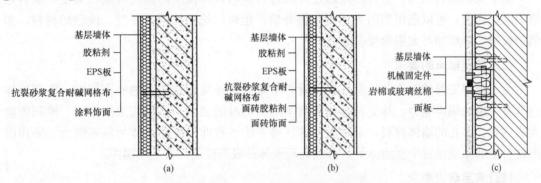

**图6-2　膨胀聚苯板外保温系统基本构造**
(a)薄抹灰涂料面层；(b)面砖面层；(c)装饰面板面层

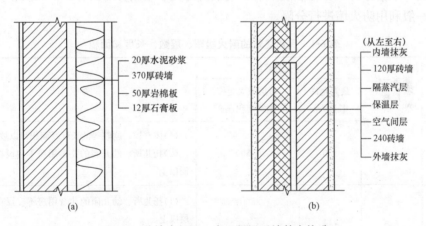

**图6-3　外墙内保温、夹心保温系统基本构造**
(a)内保温系统；(b)夹心保温系统

### 2. 防止外墙中出现凝结水

为了减少建筑的热损失，冬季通常是门窗紧闭，生活用水及人的呼吸使室内湿度增高，形成高温、高湿的室内环境。当室内的热空气传至外墙时，墙体的温度较低，蒸汽在墙内形成凝结水，水的导热系数较大，因此，这就使外墙的保温能力明显降低。为防止外墙中产生凝结水，应在靠室内高温一侧设置隔蒸汽层，以阻止水蒸气进入墙体。隔蒸汽层常使用卷材、防水涂料或薄膜等材料，如图6-3(b)所示。

3. 防止外墙出现空气渗透

由于墙体材料存在微小的孔洞,或者由于安装不严密或材料收缩等,会产生一些贯通性缝隙。冬季室外风的压力使冷空气从迎风墙面渗透到室内,而室内热空气从内墙渗透到室外,所以,风压及热压会使外墙出现空气渗透。为了防止外墙出现空气渗透,可采取以下措施:

(1)选择密实度高的墙体材料。
(2)墙体内外加抹灰层。
(3)加强构件间的密缝处理等。

夏季太阳辐射强烈,室外热量通过外墙传入室内,可使室内温度升高。为使外墙有足够的隔热能力,可以选用热阻大的材料做外墙,也可以选用光滑、平整、浅色的材料,如铝箔板等,以增加对太阳的反射能力。

### (三)满足隔声的要求

为了获得安静的工作和休息环境,就必须防止室外及邻室传来的噪声影响,因而墙体应具有一定的隔声能力,并应符合国家有关隔声标准的要求。墙体应采用密实、堆积密度大或空心、多孔的墙体材料,采用内外抹灰等方法也有助于提高墙体的隔声能力。采用吸声材料做墙面或设置中空墙体等,都能提高墙体的吸声性能,有利于隔声。

### (四)满足防火要求

建筑墙体所采用的材料及厚度,应满足有关防火规范的要求。当建筑的单层建筑面积或长度达到一定指标时(表6-1、表6-2),应设置防火墙或划分防火分区,以防止火灾蔓延。防火分区一般利用防火墙进行分隔。

表6-1 民用建筑的耐火极限、层数、长度和面积

| 耐火等级 | 最多允许层数 | 防火分区间 | | 备注 |
|---|---|---|---|---|
| | | 最大允许长度/m | 每层最大允许建筑面积/m² | |
| 一、二级 | | 150 | 2 500 | (1)体育馆、剧院等的长度及面积可以放宽。<br>(2)托儿所、幼儿园的儿童用房不应设在四层及四层以上 |
| 三级 | 5层 | 100 | 1 200 | (1)托儿所、幼儿园的儿童用房不应设在三层及三层以上。<br>(2)电影院、剧院、礼堂、食堂不应超过二层。<br>(3)医院、疗养院不应超过三层 |
| 四级 | 2层 | 60 | 600 | 学校、食堂、菜市场、托儿所、幼儿园、医院等不应超过一层 |

注:1. 重要的公共建筑应采用一、二级耐火等级的建筑。商店、食堂、菜市场如采用一、二级耐火等级的建筑有困难,可采用三级耐火等级的建筑。
2. 建筑物的长度是指建筑物各分段中线长度的总和。遇有不规则的平面而有各种不同量法时,应用较大值。

表 6-2  最高建筑每个防火分区允许的最大建筑面积

| 建筑类别 | 每个防火分区的建筑面积/m² |
|---|---|
| 一类建筑 | 1 000 |
| 二类建筑 | 1 500 |
| 地下室 | 500 |

注：1. 设有自动灭火系统的防火分区，其允许的最大建筑面积可按本表增加 1.00 倍。当局部设置自动灭火系统时，增加面积可按局部面积的 1.00 倍计算。
    2. 一类建筑的电信楼，其防火分区允许的最大建筑面积可按本表增加 50%。

### (五) 减轻自重

墙体所用的材料，在满足以上各项要求时，应力求采用轻质材料，这样不仅能够减轻墙体自重，还能节省运输费用，降低建筑造价。

### (六) 适应建筑工业化的要求

在大量民用建筑中，墙体工程量占着相当大的比重。建筑工业化的关键是墙体改革。墙体要逐步减少以烧结普通砖为主的墙体材料，采用新型墙砖或预制装配式墙体材料和构造方案，为机械化施工创造条件，适应现代化建设、可持续发展及环境保护的需要。

除此之外，还应当根据实际情况，考虑墙体的防潮、防水、防射线、防腐蚀及经济等更多方面的要求。

## 三、墙体的结构布置

墙体的结构布置有横墙承重、纵墙承重、纵横墙混合承重和部分框架承重等几种方案，如图 6-4 所示。

1. 横墙承重

横墙承重是指将楼板及屋面板等水平承重构件均搁置在横墙上，纵墙只起纵向稳定和拉结以及承受自重的作用，如图 6-4(a)所示。其优点是：横墙间距小，建筑的整体性好，横向刚度大，有利于抵抗水平荷载和地震作用；其缺点是：房间的尺寸不灵活，墙的结构面积较大。因此，横墙承重方案适用于房间开间尺寸不大的宿舍、旅馆、住宅、办公室等建筑。

2. 纵墙承重

纵墙承重是指楼板及屋面板等水平承重构件均搁置在纵墙上，横墙只起分隔空间和连接纵墙的作用，如图 6-4(b)所示。其优点是：横墙只起分隔作用，房屋开间划分灵活，可满足较大空间的要求；其缺点是：整体刚度差，抗震性能差。因此，纵墙承重方案适用于非地震区、房间开间较大的建筑物，如餐厅、商店、教学楼等。

3. 纵横墙混合承重

纵横墙混合承重是指房间的纵向和横向的墙共同承受楼板和屋面板等水平承重构件传来的荷载。如图 6-4(c)所示。其特点是：房屋的纵墙和横墙均可起承重作用，建筑平面布

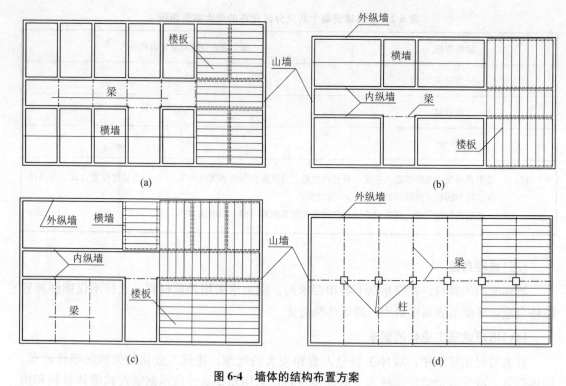

**图 6-4　墙体的结构布置方案**
（a）横墙承重；（b）纵墙承重；（c）纵横墙混合承重；（d）部分框架承重

局较灵活，建筑物的整体刚度、抗震性能较好。因此，该方案目前被采用较多，多用于房间开间、进深尺寸较大且房间类型较多的建筑，如教学楼、住宅、综合商店等。

4．部分框架承重

部分框架承重即墙、柱混合承重，是指房屋的外墙和内柱共同承受楼板、屋面板等水平承重构件传来的荷载。此时，内柱和梁组成内部框架结构，梁的另一端搁置在外墙上，如图 6-4(d)所示。该方案具有内部空间大、较完整等特点，常用于内柱不影响使用的大房间，如商场、展室、车库等。

## 第二节　砌体墙的构造

### 一、砌墙的材料

砌墙的材料主要是砖、砌块和砂浆。砌体墙是指用砌筑砂浆将砖或砌块按一定技术要求砌筑而成的砌体。

#### （一）砖

1．砖的种类

砌墙用砖的类型很多，按照砖的外观形状可以分为普通实心砖（标准砖）、多孔砖和空心砖三种。

(1)普通实心砖是指没有孔洞或孔洞率小于15%的砖。普通实心砖中最常见的是烧结普通砖,另外,还有炉渣砖、烧结粉煤灰砖等。

(2)多孔砖是指孔洞率不小于15%,孔的直径小、数量多的砖,可以用于承重部位。

(3)空心砖是指孔洞率不小于15%,孔的尺寸大、数量少的砖,只能用于非承重部位。

2. 砖的尺寸

标准砖的规格为53 mm×115 mm×240 mm,如图6-5(a)所示。在加入灰缝尺寸之后,砖的长、宽、厚之比为4∶2∶1,如图6-5(b)所示,即一个砖长等于两个砖宽加灰缝(240 mm=2×115 mm+10 mm)或等于四个砖厚加三个灰缝(240 mm=4×53 mm+3×9.5 mm)。在工程实际应用中,砌体的组合模数为一个砖宽加一个灰缝,即115 mm+10 mm=125 mm。

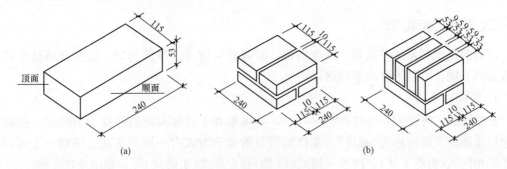

图6-5 标准砖的尺寸关系
(a)标准砖的尺寸;(b)标准砖的组合尺寸关系

多孔砖与空心砖的规格一般与普通实心砖在长、宽方向相同,但增加了厚度尺寸,并使其符合模数的要求,如240 mm×115 mm×95 mm。长、宽、高均符合现有模数协调的多孔砖和空心砖并不多见,而常见于新型材料的墙体砌块。

3. 砖的强度等级

烧结多孔砖和烧结实心砖统称为烧结普通砖,其强度等级是根据其抗压强度和抗折强度确定的,共分为MU7.5、MU10、MU15、MU20、MU25、MU30六个等级。其中,建筑中砌墙常用的是MU7.5和MU10。

(二)砌块

砌块按单块重量和规格可分为小型砌块、中型砌块和大型砌块。目前,采用中、小型砌块的居多。小型砌块的质量一般不超过20 kg,主块外形尺寸为190 mm×190 mm×390 mm,辅块外形尺寸为90 mm×190 mm×190 mm和190 mm×190 mm×190 mm,适合人工搬运和砌筑。中型砌块的质量为20~350 kg。目前,各地的规格很不统一,常见的有180 mm×845 mm×630 mm、180 mm×845 mm×1280 mm、240 mm×380 mm×280 mm、240 mm×380 mm×580 mm、240 mm×380 mm×880 mm等,需要用轻便机具搬运和砌筑,大型砌块的质量一般在350 kg以上,是向板材过渡的一种形式,需要用大型设备搬运和施工。

(三)砂浆

砂浆是砌块的胶结材料。砖块需经砂浆砌筑成墙体,使它传力均匀,砂浆还起着嵌缝作用，能提高防寒、隔热和隔声的能力。

砌筑墙体常用的砂浆有水泥砂浆、石灰砂浆和混合砂浆。水泥砂浆由水泥、砂加水拌和而成，属于水硬性材料，强度高，但可塑性和保水性较差，适合砌筑潮湿环境下的砌体，如地下室、砖基础等。石灰砂浆由石灰膏、砂加水拌和而成，由于石灰膏为塑性掺合料，所以石灰砂浆的可塑性很好，但它的强度较低且属于气硬性材料，遇水强度即降低，所以适宜砌筑次要的民用建筑地面以上的砌体。混合砂浆由水泥、石灰膏、砂加水拌和而成，既有较高的强度，又有良好的可塑性和保水性，故其在民用建筑地面以上砌体中被广泛采用。

砂浆的强度也是以强度等级划分的，分为 M15、M10、M7.5、M5、M2.5、M1、M0.4 共七级。常用的砌筑砂浆是 M1~M5 几个级别，M5 以上属于高强度砂浆。

### 二、砖墙的砌筑方式

砖墙的砌筑必须横平竖直、错缝搭接，砖缝砂浆饱满、厚薄均匀。烧结普通砖依其砌筑方式的不同，可以组合成多种墙体。

1. 实砌砖墙

在砌筑中，每排列一层砖称为"一皮"，并将垂直于墙面砌筑的砖称为"顶砖"；把砖的长边沿墙面砌筑的砖称为"顺砖"。实体墙常见的砌筑方式有一顺一丁式、三顺一丁式、每皮丁顺相间式（梅花丁式）、两平一侧式（18 墙）和全顺式（走砖式）等，如图 6-6 所示。

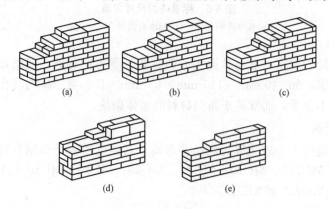

**图 6-6 砖墙砌筑方式**
(a)一顺一丁式；(b)三顺一丁式；(c)每皮丁顺相间式；(d)两平一侧式；(e)全顺式

2. 空体墙

空体墙一般可分为空斗墙和空心墙两种。空斗墙是指用烧结普通砖平砌与侧砌相结合形成的空体墙。墙厚为一砖，砌筑方式常用一眠一斗、一眠二斗或一眠三斗以及无眠空斗墙，如图 6-7 所示。眠砖是指垂直于墙面的平砌砖，斗砖是指平行于墙面的侧砌砖，立砖是指垂直于墙面的侧砌砖。

空斗墙具有省料、自重轻、隔热性好等特点，但强度低，可用于非地震区三层以下民用建筑的承重墙，但在构造上需对一些部位进行加固，即门窗洞口侧边、墙转角处、内外墙交接处、勒脚及与承重砖柱相接处等部位。

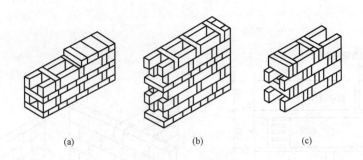

**图 6-7 空斗墙砌法**
(a)一眠一斗空斗墙；(b)一眠三斗空斗墙；(c)无眠空斗墙

空心墙是指用各种空心砖砌成的墙体。空心砖的种类、规格很多，有承重和非承重两种。承重的多为竖孔，用黏土烧制而成；非承重的多为水平孔，用炉渣等材料制成。

3. 组合墙

组合墙是指两种材料或两种以上材料组合而成的复合墙体。为满足墙体的结构强度和保温效果，在北方寒冷地区，常用砖与保温材料组合砌成的墙体。

组合墙的组合方式一般有三种：一是砖墙的一侧附加保温材料；二是砖墙中间填充保温材料；三是在砖墙中间设置空气间层或带有铝箔的空气间层，如图6-8所示。

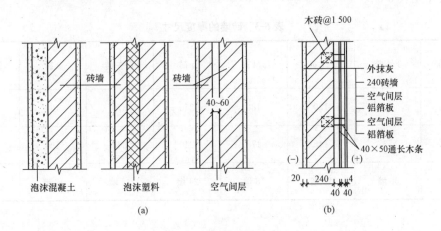

**图 6-8 墙体的保温构造**
(a)保温围护结构构造；(b)铝箔保温处理

4. 砌块的组砌方式

砌块墙在砌筑前，必须进行砌块排列设计，尽量提高砌块的使用率和避免镶砖或少镶砖。砌块的排列应使上、下皮错缝，搭接长度一般为砌块长度的1/4，并且不应小于150 mm。当无法满足搭接长度要求时，应在灰缝内设 Φ4 钢筋网片连接，如图6-9所示。

砌块墙的灰缝宽度一般为10～15 mm，用M5砂浆砌筑。当垂直灰缝大于30 mm时，则需用C10细石混凝土灌实。由于砌块尺寸大，一般不存在内外皮间的搭接问题，在纵横交接处和外墙转角处均应咬接，如图6-10所示。

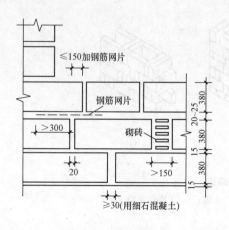
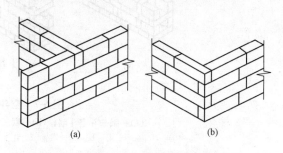

图 6-9　砌块的排列　　　　　　　　　图 6-10　砌块的咬接
　　　　　　　　　　　　　　　　(a)纵横墙交接；(b)外墙转角交接

### 三、砖墙的尺寸

用普通实心砖砌筑的墙称为实心砖墙。由于烧结普通砖的尺寸是 240 mm×115 mm×53 mm，所以，实心砖墙的尺寸应为砖宽加灰缝(115 mm+10 mm=125 mm)的倍数。砖墙的厚度尺寸见表 6-3。

表 6-3　砖墙的厚度尺寸　　　　　　　　　　　　　　　　　　mm

| 墙厚名称 | 1/4 砖 | 1/2 砖 | 3/4 砖 | 1 砖 | $1\frac{1}{2}$ 砖 | 2 砖 | $2\frac{1}{2}$ 砖 |
|---|---|---|---|---|---|---|---|
| 标志尺寸 | 60 | 120 | 180 | 240 | 370 | 490 | 620 |
| 构造尺寸 | 53 | 115 | 178 | 240 | 365 | 490 | 615 |
| 习惯称呼 | 60 墙 | 12 墙 | 18 墙 | 24 墙 | 37 墙 | 49 墙 | 62 墙 |

### 四、砖墙的细部构造

为满足不同的需要，砖墙上设有一些特殊的细部构造，一般有勒脚、窗台、门窗过梁、圈梁等，如图 6-11 所示。

#### (一)勒脚

墙脚一般是指基础以上，室内地面以下的这段墙体。外墙的墙脚又称为勒脚。墙脚所处的位置容易受到外界的碰撞和雨、雪的侵蚀，遭到破坏，以致影响建筑物的耐久性和美观。同时，其还容易受到地表水和地下水的毛细作用所形成的地潮的侵蚀，致使墙身受潮，饰面层发霉脱落，影响室内卫生和人体健康，如图 6-12 所示。墙脚在冬季也易形成冻融破坏。因此，在构造上必须采取必要的防护措施。

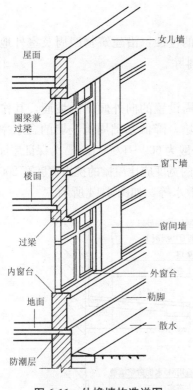
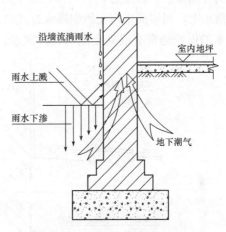

图 6-11 外檐墙构造详图　　　　图 6-12 地下潮气对墙身的影响

勒脚是外墙接近室外地面的部分。勒脚位于建筑墙体的下部，承担的上部荷载多，而且容易受到雨、雪的侵蚀和人为因素的破坏，因此，需要对这部分墙体加以特殊的保护。勒脚的高度一般应在 500 mm 以上，有时为了满足建筑立面形象的要求，可以把勒脚顶部提高至首层窗台处。目前，勒脚常用饰面的办法，即采用密实度大的材料来处理勒脚。勒脚应坚固、防水和美观。常见的做法有以下几种：

(1)在勒脚部位抹厚度为 20～30 mm 的 1∶2 或 1∶2.5 的水泥砂浆，或做水刷石、斩假石等，如图 6-13(a)所示。

(2)在勒脚部位加厚 60～120 mm，再用水泥砂浆或水刷石等罩面。

(3)当墙体材料防水性能较差时，勒脚部分的墙体应当换用防水性能好的材料。常用的防水性能好的材料有大理石板、花岗石板、水磨石板、面砖等，如图 6-13(b)所示。

(4)用天然石材砌筑勒脚，如图 6-13(c)所示。

图 6-13 勒脚的构造做法

(a)抹灰；(b)贴面；(c)石材砌筑

## (二)散水和明沟

为了防止室外地面水、墙面水及屋檐水对墙基的侵蚀，沿建筑物四周及室外地坪相接处宜设置散水或明沟，将建筑物附近的地面水及时排除。

### 1. 散水

散水也称为散水坡、护坡，是沿建筑物外墙四周设置的向外倾斜的坡面，其作用是把屋面下落的雨水排到远处，进而保护建筑四周的土壤，降低基础周围土壤的含水率。散水表面应向外侧倾斜，坡度为3%～5%。散水的宽度一般为600～1 000 mm。为保证屋面雨水能够落在散水上，当屋面采用无组织排水方式时，散水的宽度应比屋檐的挑出宽度宽200 mm左右。散水的做法通常有混凝土散水、砖散水、块石散水等，如图6-14所示。

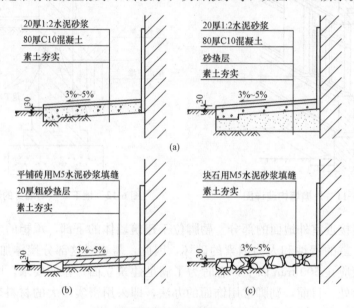

图 6-14 散水的构造
(a)混凝土散水；(b)砖散水；(c)块石散水

在降水量较少的地区或对临时建筑也可采用砖、块石做散水的面层。散水一般采用混凝土或碎砖混凝土做垫层。土壤冻深在600 mm以上的地区，宜在散水垫层下面设置砂垫层，以免散水被土壤冻胀而遭破坏。砂垫层的厚度与土壤的冻胀程度有关，通常砂垫层的厚度为300 mm左右。

散水垫层为刚性材料时，每隔6～15 m应设置伸缩缝，伸缩缝及散水和建筑外墙交界处应用沥青填充。

### 2. 明沟

在年降水量较大的地区，常在散水的外缘或直接在建筑物外墙根部设置的排水沟称为明沟。明沟通常用混凝土浇筑成宽为180 mm、深为150 mm的沟槽，也可用砖、石砌筑，如图6-15所示。沟底应有不小于1%的纵向排水坡度。

### 3. 水平防潮层的常见做法

(1)油毡防潮。多采用沥青油毡。油毡防潮层有干铺和粘贴两种做法。干铺法是在防潮

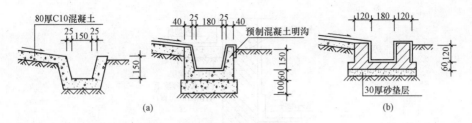

**图 6-15 明沟的构造**
(a)混凝土明沟；(b)砖砌明沟

层部位抹厚度为 20 mm 的 1∶3 的水泥砂浆找平层，然后在找平层上干铺一层油毡；粘贴法是在找平层上做"一毡二油"(先浇热沥青，再铺油毡，最后再浇热沥青)防潮层。为了确保防潮效果，油毡的宽度应比墙宽 20 mm，油毡搭接应不小于 100 mm。这种做法的防潮效果好，但破坏了墙身的整体性，不应在地震区采用，其构造如图 6-16(a)所示。

(2)防水砂浆防潮。在防潮层部位抹厚度为 25 mm 的 1∶2 的防水砂浆，其构造如图 6-16(b)所示。防水砂浆是在水泥砂浆中掺入了水泥质量的 5% 的防水剂，防水剂与水泥混合凝结，能填充微小孔隙和堵塞、封闭毛细孔，从而阻断毛细水。这种做法省工、省料且能保证墙身的整体性，但易因砂浆开裂而降低防潮效果。

(3)防水砂浆砌砖防潮。在防潮层部位用防水砂浆砌筑 3~5 皮砖，其构造如图 6-16(c)所示。

(4)细石混凝土防潮。在防潮层部位浇筑厚度为 60 mm 与墙等宽的细石混凝土带，内配 3φ6 或 3φ8 钢筋。这种防潮层的抗裂性好且能与砌体结合成一体，特别适用于刚度要求较高的建筑。

当建筑物设有基础圈梁且其截面高度在室内地坪以下 60 mm 附近时，可用基础圈梁代替防潮层，如图 6-16(d)所示。

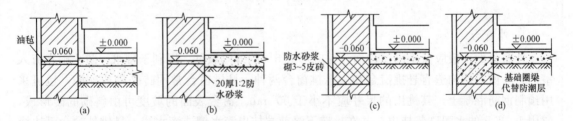

**图 6-16 水平防潮层的构造**
(a)油毡防潮；(b)防水砂浆防潮；(c)防水砂浆砌砖防潮；(d)细石混凝土防潮

**4.垂直防潮层**

当室内地面出现高差或室内地面低于室外地面时，除要在相应位置设置水平防潮层外，还要对两道水平防潮层之间靠近土壤的垂直墙体作防潮处理，即垂直防潮层。具体做法为：在墙体靠回填土一侧用厚度为 20 mm 的 1∶2 的水泥砂浆抹灰，涂冷底子油一道，再刷两遍热沥青防潮，如图 6-17 所示。也可以抹厚度为 25 mm 的防水砂浆。在另一侧的墙面，最好用水泥砂浆抹灰。

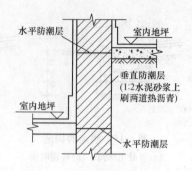

图 6-17 垂直防潮层的构造

### (三)窗台

窗台是窗洞下部的构造,其用来排除窗外侧流下的雨水和内侧的冷凝水,并起一定的装饰作用。位于窗外的部分称为外窗台,位于室内的部分称为内窗台。当墙很薄,窗框沿墙内缘安装时,可不设内窗台。窗台的构造如图 6-18 所示。

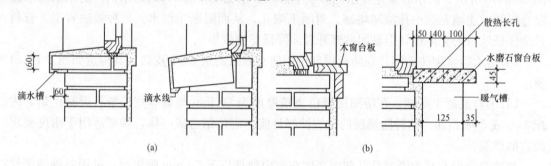

图 6-18 窗台的构造

(a)外窗台;(b)内窗台

1. 外窗台

外窗台面一般应低于内窗台面,并应形成 5% 的外倾坡度,以利于排水,防止雨水流入室内。外窗台的构造有悬挑窗台和不悬挑窗台两种。悬挑窗台常用砖平砌或侧砌,也可采用预制钢筋混凝土,其挑出的尺寸应不小于 60 mm。窗台表面的坡度可由斜砌的砖形成,或用 1:2.5 的水泥砂浆抹出,并在挑砖下缘前端抹出滴水槽或滴水线。悬挑外窗台下边缘的滴水应做成半圆形凹槽,以免排水时雨水沿窗台底面流至下部墙体。如果外墙饰面为瓷砖、陶瓷锦砖等易于冲洗的材料,可不做悬挑窗台,窗下墙的脏污可借窗上墙流下的雨水冲洗干净。

2. 内窗台

内窗台可直接抹 1:2 的水泥砂浆形成面层。我国北方地区墙体厚度较大时,常在内窗台下留置暖气槽,这时内窗台可采用预制水磨石或木窗台板。装修标准较高的房间也可以采用天然石材。窗台板一般靠窗间墙来支承,两端伸入墙内 60 mm,沿内墙面挑出约 40 mm。当窗下不设暖气槽时,也可以在窗洞下设置支架以固定窗台板。

### (四)墙身加固

由于墙身承受集中荷载、开设门窗洞口及地震等因素,墙体的稳定性受到影响,须对墙身采取加固措施。

#### 1. 增加壁柱和门垛

当建筑物墙上出现集中荷载,而墙厚又不足以承担其荷载时,或墙体的长度、高度超过一定的限度并影响墙体稳定性时,常在墙身适当的位置增设凸出墙面的壁柱,以提高墙体的刚度。凸出尺寸一般为 120 mm×370 mm、240 mm×370 mm、240 mm×490 mm 等,如图 6-19(a)所示。

当墙上开设的门洞处于两墙转角处或"丁"字墙交接处时,为保证墙体的承载能力和稳定性,以及便于门框的安装,应设门垛。门垛的尺寸不应小于 120 mm,如图 6-21(b)所示。

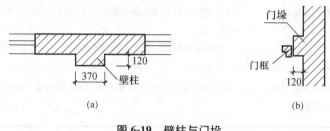

图 6-19 壁柱与门垛
(a)壁柱;(b)门垛

#### 2. 设置圈梁

圈梁又称为腰箍,是沿建筑物外墙、内纵墙和部分内横墙设置的连续闭合的梁。圈梁配合楼板共同作用,可提高建筑物的空间刚度及整体性,增强墙体的稳定性,减少由地基不均匀沉降所引起的墙身开裂,提高建筑物的抗震能力。

圈梁有钢筋砖圈梁和钢筋混凝土圈梁两种。钢筋砖圈梁多用于非地震区,结合钢筋砖过梁沿外墙和部分内墙一周连通砌筑而成。钢筋砖圈梁的高度一般为 4~6 皮砖,其宽度与墙的厚度相同,用不低于 M5 级的砂浆砌筑;钢筋混凝土圈梁的高度应为砖厚的整数倍,并不小于 120 mm,常见尺寸为 180 mm、240 mm。圈梁的宽度与墙的厚度相同,在寒冷地区可略小于墙的厚度,但不宜小于墙厚的 2/3。

圈梁的位置和数量与抗震设防等级和墙体的布置有关。一般情况下,檐口和基础处必须设置圈梁,其余楼层的设置可根据结构要求隔层设置或层层设置,见表 6-4。

表 6-4 圈梁的设置规定

| 序号 | 结构类型 | 设置规定 |
| --- | --- | --- |
| 1 | 空旷的单层房屋,如车间、仓库、食堂等<br>当墙厚≤240 mm 时 | (1)砖砌体房屋,当檐口标高为 5~8 m 时,设圈梁一道;大于 8 m 时适当增设。<br>(2)砌块及石砌体房屋,当檐口标高为 4~5 m 时,设圈梁一道;当檐口标高大于 5 m 时适当增设。<br>(3)有电动桥式吊车、有较大振动设备的单工业厂房,除在檐口或窗顶标高处设置钢筋混凝土圈梁外,尚宜在吊车梁标高处或其他适当位置处增设圈梁 |

续表

| 序号 | 结构类型 | 设置规定 |
|---|---|---|
| 2 | 多层砖砌体民用房屋，如宿舍、办公楼、住宅等<br>当墙厚≤240 mm时 | (1)当层数为3～4层时，应在檐口标高处设置圈梁一道。<br>(2)超过4层时，可适当增设圈梁 |
| 3 | 多层砖砌体工业房屋，如多层厂房、科研实验楼等 | (1)圈梁可隔层设置。<br>(2)有较大振动设备时，宜每层设置钢筋混凝土圈梁一道 |
| 4 | 多层砌块和料石砌体房屋 | (1)在外墙及内纵墙上，屋盖处应设置圈梁一道，楼盖处宜隔层设置。<br>(2)在横墙上，圈梁设置方法同上，间距不宜大于15 m。<br>(3)有较大振动设备或承重墙厚度$h$≤180 mm的多层房屋，宜每层设置圈梁一道。<br>(4)屋盖处圈梁宜现浇，预制圈梁安装时应坐浆，并应保证接头可靠 |

注：建筑在软弱地基或不均匀地基上的砌体房屋，或有抗震设防要求的房屋，除按本表规定设置圈梁外，尚应符合地基基础和抗震设计的要求。

当遇到洞口不能封闭时，应在洞口上部或下部设置不小于圈梁截面的附加圈梁，其搭接长度不小于1 m，且应大于两梁高差的两倍，如图6-20所示。但对有抗震要求的建筑物，圈梁不宜被洞口截断。

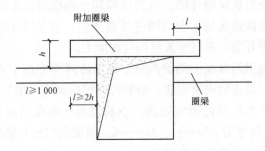

图6-20 附加圈梁

3．加设构造柱

由于砖砌体是脆性材料，抗震能力差，因此，在6度及以上的地震设防区，对多层砖混结构建筑的总高度、横墙间距、圈梁的设置、墙体的局部尺寸等，都提出了一定的限制和要求，应符合《建筑抗震设计规范(2016年版)》(GB 50011—2010)的规定。为增强建筑物的整体刚度和稳定性，还要求提高砌体砌筑砂浆的强度等级以及增设钢筋混凝土构造柱。

钢筋混凝土构造柱是从构造角度考虑设置的。结合建筑物的防震等级，一般在建筑物的四角、内外墙交接处、楼梯间、电梯井的四个角以及某些较长墙体的中部等位置设置构造柱。构造柱必须与圈梁及墙体紧密相连。圈梁在水平方向将楼板和墙体箍住，而构造柱则从竖向加强层间墙体的连接，与圈梁一起构成空间骨架，从而加强建筑物的整体刚度，改善墙体的应变能力,使建筑物做到裂而不倒。

构造柱与圈梁应有可靠的连接。构造柱的最小截面尺寸为 180 mm×240 mm。构造柱与墙连接处宜砌成马牙槎,并应沿墙高每隔 500 mm 设 2Φ6 拉结钢筋,每边伸入墙内不宜小于 1 m,随着墙体的上升而逐段现浇钢筋混凝土柱身,使墙柱形成整体,如图 6-21 所示。

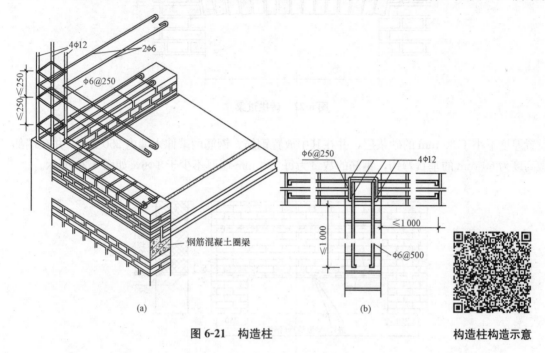

图 6-21　构造柱

构造柱构造示意

### (五)门窗过梁

门窗过梁简称"过梁",是指设置在门窗洞口上部的横梁,主要用来承受洞口上部墙体传来的荷载,并把这些荷载传递给洞口两侧的墙体。过梁的种类较多,目前,常用的有砖拱过梁、钢筋砖过梁和钢筋混凝土过梁三种。其中,以钢筋混凝土过梁最为常见。

1. 砖拱过梁

砖拱过梁有平拱和弧拱两种,其中以砖砌平拱过梁应用居多。砖拱过梁应事先设置胎模,由砖侧砌而成,拱中央的砖垂直放置,称为拱心。两侧砖对称拱心分别向两侧倾斜,灰缝呈上宽(不大于 15 mm)下窄(不小于 5 mm)的楔形,靠材料之间产生的挤压摩擦力来支撑上部墙体。

为了使砖拱能更好地工作,平拱的中心应比拱的两端略高,为跨度的 1/50～1/100,如图 6-22 所示。砖砌平拱过梁的适用跨度多小于 1.2 m,但不适用于过梁上部有集中荷载或建筑有振动荷载的情况。

2. 钢筋砖过梁

钢筋砖过梁是由平砖砌筑,并在砌体中加设适量钢筋而形成的过梁。由于钢筋砖过梁的跨度可达 2 m 左右,而且施工比较简单,因此,目前应用比较广泛。

钢筋砖过梁的高度应经计算确定,一般不少于 5 皮砖,且不少于洞口跨度的 1/5。过梁范围内用不低于 MU7.5 的砖和不低于 M2.5 的砂浆砌筑,砌法与砖墙相同,在第一皮砖下

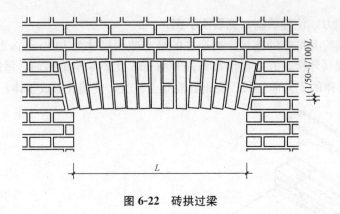

图 6-22 砖拱过梁

设置厚度不小于 30 mm 的砂浆层,并在其中放置钢筋。钢筋两端伸入墙内 250 mm,并在端部做高度为 60 mm 的垂直弯钩,钢筋的数量为每 120 mm 墙厚不少于 1Φ6,如图 6-23 所示。

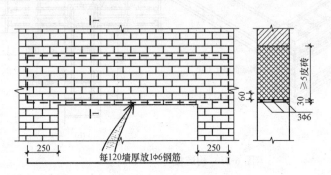

图 6-23 钢筋砖过梁

钢筋砖过梁适用于跨度不超过 1.5 m、上部无集中荷载的洞口。当墙身为清水墙时,采用钢筋砖过梁,可使建筑立面获得统一的效果。

3. 钢筋混凝土过梁

当门窗洞口跨度超过 2 m 或上部有集中荷载时,需采用钢筋混凝土过梁。钢筋混凝土过梁有现浇和预制两种。钢筋混凝土过梁因其适应性较强,故目前已被大量采用。

钢筋混凝土过梁的截面尺寸及配筋应经计算确定,并应是砖厚的整倍数。过梁两端伸入墙体的长度应在 240 mm 以上。为便于过梁两端墙体的砌筑,钢筋混凝土过梁的高度应与砖的块数尺寸相协调,如 120 mm、180 mm、240 mm。钢筋混凝土过梁的宽度通常与墙厚相同。当墙面不抹灰时(俗称"清水墙"),过梁的宽度应比墙厚小 20 mm。

钢筋混凝土过梁的截面形状有矩形和 L 形。矩形多用于内墙和外混水墙;L 形多用于外清水墙和有保温要求的墙体,此时应注意 L 形口朝向室外,如图 6-24 所示。

(六)防火墙

防火墙是建筑物中在平面划分防火分区的墙体。它具有在火灾时隔阻火势蔓延的作用,因此,在构造上要满足防火墙的工作条件。

(1)防火墙的耐火极限应不小于 4.0 h。防火墙应当截断燃烧体或难燃烧体的屋顶结构,而且应高出非燃烧体屋面不小于 400 mm,高出燃烧体或难燃烧体屋面不小于 500 mm。当

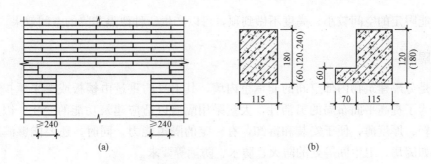

图 6-24 钢筋混凝土过梁
(a)过梁立面；(b)过梁的断面形状和尺寸

建筑物的屋盖材料为耐火极限不小于 0.5 h 的非燃烧体时，防火墙（包括纵向防火墙）可砌至屋面基层的底部，不必高出屋面。

(2)防火墙中不应开设门窗洞口，如必须开设，应采用甲级防火门窗并能自动关闭。在防火墙内设置通风道时，其壁厚不应小于 120 mm。

(3)为了确保防火墙隔火的作用，防火墙不宜设在建筑的转角处。如受条件限制必须设在转角处时，内转角两侧上的门窗洞口之间最近的水平距离不应小于 4 m。紧靠防火墙两侧的门窗洞口之间最近的水平距离不应小于 2 m。如果采用耐火极限不小于 0.9 h 的非燃烧体固定窗扇的采光窗（包括转角墙上的窗洞），可不受距离的限制。

### (七)复合墙体

在保证墙体承重能力的情况下，为改善墙体的热工性能，砖混结构建筑中常采用复合外墙体。复合外墙主要有中填保温材料外墙、外保温外墙和内保温外墙三种。其构造如图 6-25 所示。目前，在工程中应用较多的复合墙体保温材料有岩棉、聚苯板、泡沫混凝土或加气混凝土等。

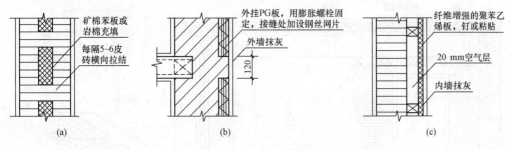

图 6-25 复合墙体
(a)中填保温材料外墙；(b)外保温外墙；(c)内保温外墙

## 第三节 隔墙与隔断的构造

隔墙与隔断是用来分隔建筑空间，并起一定装饰作用的非承重构件。隔墙较固定，能在较大程度上限定空间，也能在一定程度上满足隔声、遮挡视线等要求；而隔断的拆装比较灵活，能限定的空间较小，高度不做到顶，可以产生一种似隔非隔的空间效果。

## 一、隔墙

隔墙是分隔建筑物内部空间的非承重内墙，其本身的重量由楼板或梁来承担。在现代建筑中，为了提高平面布局的灵活性，大量采用隔墙以适应建筑功能的变化。因此，要求隔墙自重轻、厚度薄，便于安装和拆卸，有一定的隔声能力。同时，还要能够满足特殊使用部位，如厨房、卫生间等处的防火、防水、防潮等要求。

### (一)砌筑隔墙

砌筑隔墙也称为块材隔墙，是采用普通实心砖、空心砖、加气混凝土砌块等块状材料砌筑的隔墙，具有取材方便、造价较低、隔声效果好的特点。砌筑隔墙有砖砌隔墙和砌块隔墙两种。

#### 1. 砖砌隔墙

砖砌隔墙多采用普通实心砖砌筑，分为 1/2 砖厚和 1/4 砖厚两种，以 1/2 砖砌隔墙为主。

(1)1/2 砖砌隔墙。其又称为半砖隔墙，是用烧结普通砖采用全顺式砌筑而成，砌墙用砂浆强度应不低于 M5。由于隔墙的厚度较薄，为确保墙体的稳定，应控制墙体的长度和高度。当墙体的长度超过 5 m 或高度超过 3 m 时，应采取加固措施。

为使隔墙与两端的承重墙或柱固接，隔墙两端的承重墙须预留出马牙槎，并沿墙高每隔 500~800 mm 埋入 2φ6 拉结筋，伸入隔墙不小于 500 mm。在门窗洞口处，应预埋混凝土块，安装窗框时打孔旋入膨胀螺栓或预埋带有木楔的混凝土块，用圆钉固定门窗框，如图 6-26 所示。为使隔墙的上端与楼板之间结合紧密，隔墙顶部采用斜砌立砖或每隔 1 m 用木楔打紧。

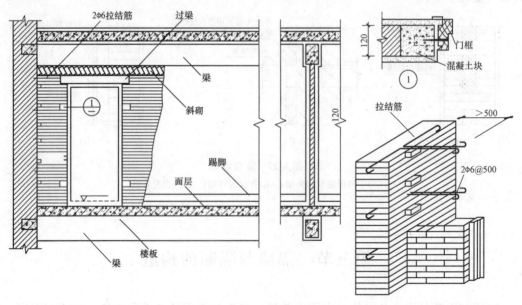

图 6-26　1/2 砖砌隔墙的构造

(2)1/4砖砌隔墙。1/4砖砌隔墙是用标准砖侧砌，标志尺寸是60 mm，砌筑砂浆的强度不应低于M5。其高度不应大于2.8 m，长度不应大于3.0 m。其多用于建筑内部的一些小房间的墙体，如厕所、卫生间的隔墙。1/4砖砌隔墙上最好不开设门窗洞口，而且应当用强度较高的砂浆抹面。

2. 砌块隔墙

采用轻质砌块来砌筑隔墙，可以把隔墙直接砌在楼板上，不必再设承墙梁。目前，应用较多的砌块有炉渣混凝土砌块、陶粒混凝土砌块、加气混凝土砌块。炉渣混凝土砌块和陶粒混凝土砌块的厚度通常为90 mm，加气混凝土砌块的厚度通常为100 mm。由于加气混凝土防水防潮的能力较差，因此，在潮湿环境中应慎重采用，或在表面作防潮处理。

另外，由于砌块的密度和强度较低，如需用在砌块隔墙上安装暖气散热片或电源开关、插座，应预先在墙体内部设置埋件。

(二)立筋隔墙

立筋隔墙一般采用木材、薄壁型钢做骨架，用灰板条抹灰、钢丝网抹灰、纸面石膏板、吸声板或其他装饰面板做罩面。它具有自重轻、占地小、表面装饰方便的特点。

1. 灰板条隔墙

灰板条隔墙是由木方加工而成的上槛、下槛、立筋(龙骨)、斜撑等构件组成骨架，然后在立筋上沿横向钉上灰板条，如图6-27(a)所示。由于它的防火性能差，耗费木材多，不适于在潮湿环境中工作，目前较少使用。

为保证墙体骨架的干燥，常在下槛下方事先砌3皮砖，厚度为120 mm，然后将上槛、下槛分别固定在顶棚和楼板(或砖垄上)上。然后，立筋再固定在上、下槛上，立筋一般采用50 mm×20 mm或50 mm×100 mm的木方，立筋的间距为500～1 000 mm，斜撑间距约为1 500 mm。

灰板条要钉在立筋上，板条长边之间应留出6～9 mm的缝隙，以便抹灰时灰浆能够挤入缝隙之中，使其能附着在灰板条上。灰板条应在立筋上接头，两根灰板条接头处应留出3～5 mm的空隙，以免抹灰后灰板条膨胀相顶而弯曲，灰板条的接头连续高度应不超过500 mm，以免在墙面出现通长裂缝，如图6-27(b)所示。为了使抹灰黏结牢固，灰板条表面不能够刨光，砂浆中应掺入麻刀或其他纤维材料。

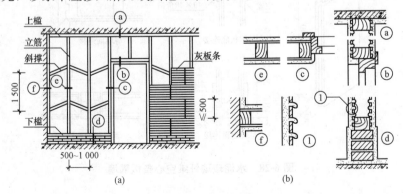

图6-27 灰板条隔墙
(a)组成示意；(b)细部构造

2. 石膏板隔墙

石膏板隔墙是目前使用较多的一种隔墙。石膏板又称为纸面石膏板，是一种新型建筑材料，它的自重轻、防火性能好，加工方便，且价格不高。石膏板的厚度有 9 mm、10 mm、12 mm、15 mm 等数种，用于隔墙时多选用 12 mm 厚的石膏板。有时为了提高隔墙的耐火极限，也可以采用双层石膏板。

石膏板隔墙的骨架可以采用薄壁型钢、木方和石膏板条。目前，采用薄壁型钢骨架的较多，又称为轻钢龙骨石膏板。轻钢龙骨一般由沿顶龙骨、沿地龙骨、竖向龙骨、横撑龙骨、加强龙骨和各种配套件组成。组装骨架的薄壁型钢是工厂生产的定型产品，并配有组装需要的各种连接构件。竖龙骨的间距≤600 mm，横龙骨的间距≤1 500 mm。当墙体高度在 4 m 以上时，还应适当加密。

石膏板用自攻螺钉与龙骨连接，钉的间距为 200～250 mm，钉帽应压入板内约 2 mm，以便刮腻子。刮腻子后，即可做饰面，如喷刷涂料、油漆、贴壁纸等。为了避免开裂，板的接缝处应加贴宽度为 50 mm 的玻璃纤维带或根据墙面观感要求，事先在板缝处预留凹缝。

(三)条板隔墙

条板隔墙是采用在构件生产厂家生产的轻质板材，如加气混凝土条板、石膏条板、碳化石灰板、水泥玻璃纤维空心条板、泰柏板以及各种复合板，在现场直接装配而成的隔墙。这种隔墙装配性好，施工速度快，防火性能好，但价格较高。

1. 水泥玻璃纤维空心条板隔墙

石膏条板和水泥玻璃纤维空心条板多为空心板，长度为 2 400～3 000 mm，略小于房间的净高，宽度一般为 600～1 000 mm，厚度为 60～100 mm。其主要用黏结砂浆和特制胶粘剂黏结安装。为使其结合紧密，板的侧面多做成企口。板之间采用立式拼接，当房间高度大于板长时，水平接缝应当错开至少 1/3 板长。在安装条板时，先用小木楔顶紧条板下部，然后用细石混凝土堵严，板缝用胶粘剂黏结并用胶泥刮缝，平整后再进行表面装修。水泥玻璃纤维空心条板隔墙的构造如图 6-28 所示。

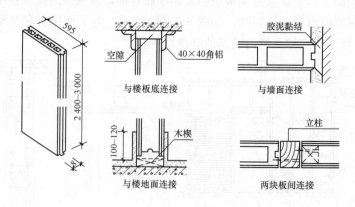

图 6-28 水泥玻璃纤维空心条板隔墙

2. 泰柏板隔墙

泰柏板(PG 板)是由点焊 14 号钢丝网笼和可发性聚苯乙烯泡沫塑料板组合而成的墙体材料,如图 6-29 所示。泰柏板可以根据实际尺寸进行加工,现场进行拼接组装。

泰柏板的自重轻,保温、隔热性能较好且具有相当的强度,不但可以用作隔墙,还可以用作建筑的非承重外墙、承重较小的内墙、屋顶和跨度较小的楼板。泰柏板一般由膨胀螺栓与地面、顶棚或其他承重构件相连,接缝和转角处应加设连接网。泰柏板隔墙的连接构造如图 6-30 所示。泰柏板虽然有较好的防火性能,但在高温下会散发出有毒气体,因此其不宜在建筑的疏散通道两侧使用。

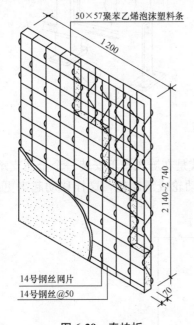

图 6-29 泰柏板

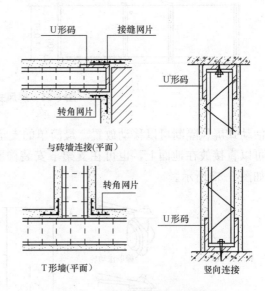

图 6-30 泰柏板隔墙的连接构造

## 二、隔断

隔断是分隔室内空间的装修构件。隔断的作用在于变化空间或遮挡视线,增加空间的层次和深度,使空间既分又合且互相连通。利用隔断能创造一种似隔非隔、似断非断、虚虚实实的景象,是当今居住和公共建筑在设计中常用的一种处理手法。

隔断的形式有屏风式、镂空式、玻璃式、移动式以及家具式等。

1. 屏风式隔断

屏风式隔断通常不到顶,使空间通透性强,常用于办公室、餐厅、展览馆以及门诊部的诊室等公共建筑中。厕所、淋浴间等也多采用这种形式。隔断的高度一般为 1 050 mm、1 350 mm、1 500 mm、1 800 mm 等,可根据不同的使用要求选用。

屏风式隔断有固定式和活动式两种构造形式。固定式构造又有预制板式和立筋骨架式之分。预制板式隔断借助预埋铁件与周围墙体、地面固定;立筋骨架式与隔墙相似,它可在骨架两侧铺钉面板,也可镶嵌玻璃。玻璃可以是磨砂玻璃、彩色玻璃、棱花玻璃等。骨架与地面的固定方式如图 6-31 所示。

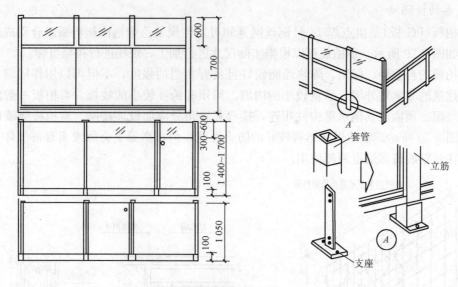

图 6-31 屏风式隔断

活动式屏风隔断可以移动放置。最简单的支承方式是在屏风扇下安装一个金属支承架。支架可以直接放在地面上,也可在支架下安装橡胶滚动轮或滑动轮,这样移动起来更加方便,如图 6-32 所示。

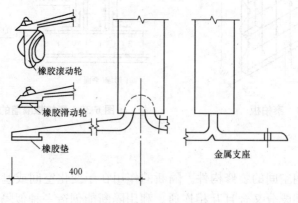

图 6-32 活动式支架

2. 镂空式隔断

镂空式隔断是公共建筑门厅、客厅等处分隔空间常用的一种形式,有竹制、木制的,也有混凝土预制构件的,形式多样,如图 6-33 所示。

隔断与地面、顶棚的固定也根据材料的不同而变化,可用钉、焊等方式连接。

3. 玻璃隔断

玻璃隔断有透空式玻璃隔断和玻璃砖隔断两种。透空式玻璃隔断是采用普通平板玻璃、磨砂玻璃、刻花玻璃、压花玻璃、彩色玻璃以及各种颜色的有机玻璃等嵌入木框或金属框的骨架中,具有透光性。其主要用于幼儿园、医院病房等处,如图 6-34(a)所示。

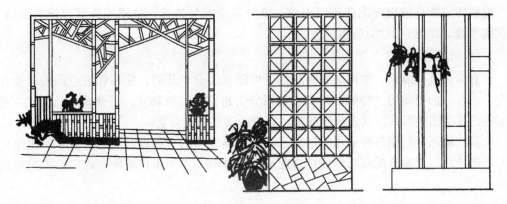

图 6-33 镂空式隔断

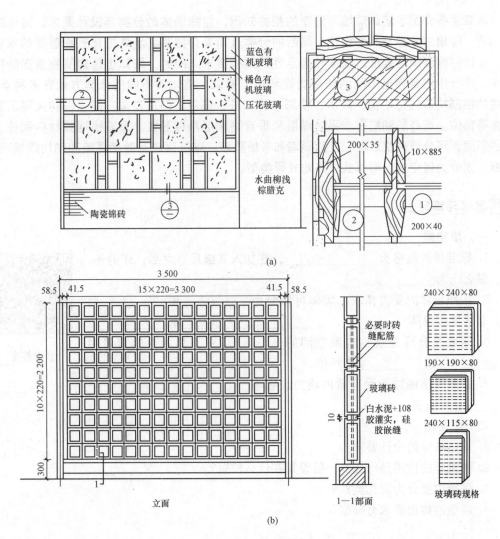

图 6-34 玻璃隔断

(a)透空玻璃隔断；(b)玻璃砖隔断

玻璃砖隔断是采用玻璃砖砌筑而成,既分隔空间又透光,常用于公共建筑的接待室、会议室等处,如图6-34(b)所示。

4. 其他隔断

还有多种其他隔断,如移动式隔断是可以随意闭合、开启,使相邻的空间随之变化成独立的或合一的空间的一种隔断形式。它可分为拼装式、滑动式、折叠式、悬吊式、卷帘式和起落式等多种形式。其多用于餐馆、宾馆活动室以及会堂。

家具式隔断是利用各种适用的室内家具来分隔空间的一种设计处理方式,它把空间分隔与功能使用以及家具配套巧妙地结合起来。这种形式多用于住宅的室内以及办公室的分隔等。

## 本章小结

本章主要介绍了墙体隔墙与隔断的相关知识,包括墙体的分类与设计要求、砖墙的细部构造、隔墙的分类与细部构造、隔断的分类及简单介绍等。墙体是建筑物重要的承重结构,设计中需要满足强度、刚度和稳定性的结构要求。同时,墙体也是建筑物重要的围护结构,设计中需要满足不同的使用功能和热工要求。墙体按不同的分类方式有多种类型。砖墙的细部构造包括明沟、散水、勒脚、防潮层、窗台、门窗过梁、圈梁、防火墙及复合墙体等部位。墙身防潮层有水平防潮层和垂直防潮层两种形式。隔墙根据其材料和施工方式的不同,可分成砌筑隔墙、立筋隔墙和条板隔墙。砌筑隔墙有砖砌隔墙和砌块隔墙两种。隔断可划分为镂空式、屏风式、移动式等类型。

## 思考与练习

一、填空题

1. 标准砖的规格为_____,在加入灰缝尺寸之后,砖的长、宽、厚之比为_____。

2. 按照墙体的受力情况,墙体可以分为_____和_____两类。非承重墙包括_____、_____、_____和_____。

3. 隔墙是分隔建筑物内部空间的_____,其本身的重量由_____或_____来承担。

4. 强度是指墙体承受荷载的能力。它与_____、_____、_____和_____有关。

**参考答案**

二、简答题

1. 简述墙体的设计要求。
2. 防潮层的作用是什么?一般设置在什么位置?
3. 隔墙主要分为哪几类?
4. 隔墙的构造要求有哪些?

# 第七章 楼地层构造

## 学习目标

(1)掌握楼板层的基本构造和分类；
(2)熟练掌握钢筋混凝土楼板的特点、分类、规格、适用条件和细部构造；
(3)了解楼板层的防潮及防水的一般构造；
(4)了解雨篷和阳台的构造知识及常见做法。

## 技能目标

(1)能够根据楼板层的特征对其进行分类；
(2)能够根据混凝土楼板的特点、规格等选择适合其使用条件的混凝土楼板；
(3)具有对楼板进行防潮和防水的能力；
(4)能够具体应用关于雨篷和阳台的构造及做法的知识。

## 第一节 楼板层的基本组成与分类

### 一、楼板层的组成

楼板层是用来分隔建筑空间的水平承重构件，它将建筑物按竖向分成许多个楼层。楼板层一般由面层、结构层和顶棚层等几个基本层次组成。当房间对楼板层有特殊要求时，可加设相应的附加层，如防水层、防潮层、隔声层、隔热层等，如图7-1所示。

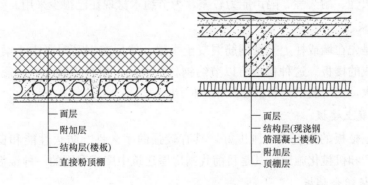

图7-1 楼板层的组成

1. 面层

面层又称为楼面，是楼板层上表面的构造层，也是室内空间下部的装修层。面层对结构层起着保护作用，使结构层免受损坏，同时也起装饰室内的作用。根据各房间的功能要求不同，面层有多种不同的做法。

2. 结构层

结构层通常称为楼板，位于面层和顶棚层之间，是楼板层的承重部分，包括板、梁等构件。结构层承受整个楼板层的全部荷载，并对楼板层的隔声、防火等起主要作用。

3. 顶棚层

顶棚层是楼板层下表面的构造层，也是室内空间上部的装修层，又称为天花、天棚。顶棚的主要功能是保护楼板、安装灯具、装饰室内空间以及满足室内的特殊使用要求。

4. 附加层

附加层通常设置在面层和结构层之间，有时也布置在结构层和顶棚之间，主要有管线敷设层、隔声层、防水层、保温或隔热层等。管线敷设层是用来敷设水平设备暗管线的构造层；隔声层是为隔绝撞击声而设的构造层；防水层是用来防止水渗透的构造层；保温或隔热层是改善热工性能的构造层。

## 二、楼板的类型及特点

楼板是楼板层的结构层，可将其承受的楼面传来的荷载连同其自重有效地传递给其他支撑构件，即墙或柱，再由墙或柱传递给基础。在砖混结构建筑中，楼板还对墙体起着水平支撑作用，以增加建筑物的整体刚度。因此，楼板要有足够的强度和刚度，并符合隔声、防火要求。

按所使用材料的不同，楼板可分为木楼板、砖拱楼板、钢筋混凝土楼板、压型钢板组合楼板等类型，如图7-2所示。

1. 木楼板

木楼板是我国的传统做法，它是在木搁栅之间设置剪刀撑，形成有足够整体性和稳定性的骨架，并在木搁栅上、下铺钉木板所形成的楼板。这种楼板具有自重轻、构造简单等优点，但其耐火性、耐久性、隔声能力较差，为节约木材现在已很少采用。

2. 砖拱楼板

砖拱楼板是先在墙或柱上架设钢筋混凝土小梁，然后在钢筋混凝土小梁之间用砖砌成拱形结构所形成的楼板。这种楼板可以节约钢材、水泥，但自重较大，抗震性能差，而且楼板层厚度较大，施工复杂，目前已经很少使用。

3. 钢筋混凝土楼板

钢筋混凝土楼板的强度高、刚度好，具有较强的耐久性、防火性能和良好的可塑性，便于工业化生产和机械化施工，其是目前我国房屋建筑中广泛采用的一种楼板形式。

4. 压型钢板组合楼板

压型钢板组合楼板是在钢筋混凝土墙板的基础上发展起来的，这种组合体系是利用凹凸相间的压型薄钢板作衬板与现浇混凝土浇筑在一起而形成的钢衬板组合楼板，这既提高

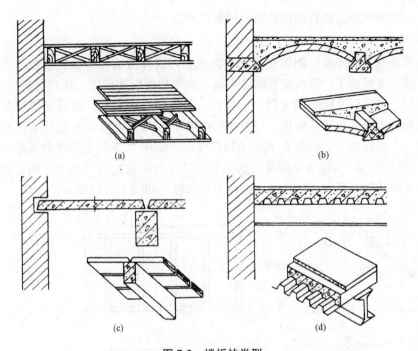

图 7-2 楼板的类型
(a)木楼板；(b)砖拱楼板；(c)钢筋混凝土楼板；(d)压型钢板组合楼板

了楼板的强度和刚度，又加快了施工进度。近年来，其主要用于大空间、高层民用建筑和大跨度工业厂房。

# 第二节 钢筋混凝土楼板构造

钢筋混凝土楼板按其施工方式的不同，可分为现浇式、预制装配式和装配整体式三种类型。

现浇式楼板是指现场支模、绑扎钢筋、整体浇筑混凝土等而成型的楼板结构。现浇式楼板具有整体性好、刚度大、利于抗震、梁板布置灵活等特点，但其模板耗材大，施工进度慢，施工受季节限制。其适用于地震区及平面形状不规则或防水要求较高的房间。

预制装配式楼板是指在构件预制厂或施工现场预先制作，然后在施工现场装配而成的楼板。这种楼板可省模板、改善劳动条件、提高生产效率、加快施工速度并有利于推广建筑工业化，但楼板的整体性差。其适用于非地震区、平面形状较规整的房间。

装配整体式楼板是指预制构件与现浇混凝土面层叠合而成的楼板。它既可节省模板、提高其整体性，又可加快施工速度，但其施工较复杂。目前，其多用于住宅、宾馆、学校、办公楼等大量性建筑。

## 一、现浇式钢筋混凝土楼板构造

现浇式钢筋混凝土楼板根据结构形式，可分为板式楼板、梁板式楼板、密肋式楼板、无梁楼板、压型钢板组合楼板和现浇空心楼板六种。

1. 板式楼板

将楼板现浇成一块平板,四周直接支承在墙上,这种楼板称为板式楼板。板式楼板的底面平整,便于支模施工,但当楼板跨度大时,需增加楼板的厚度,耗费材料较多,所以,板式楼板适用于平面尺寸较小的房间,如厨房、卫生间及走廊等。按其支撑情况和受力特点,板式楼板分为单向板和双向板。当板的长边尺寸 $l_2$ 与短边尺寸 $l_1$ 之比 $l_2/l_1$ 大于 2 时,在荷载作用下,楼板基本上只在 $l_1$ 方向上挠曲变形,而在 $l_2$ 方向上的挠曲很小,这表明荷载基本沿 $l_1$ 方向传递,这称为单向板,如图 7-3(a)所示;当 $l_2/l_1$ 不大于 2 时,楼板在两个方向都挠曲,即荷载沿两个方向传递,这称为双向板,如图 7-3(b)所示。

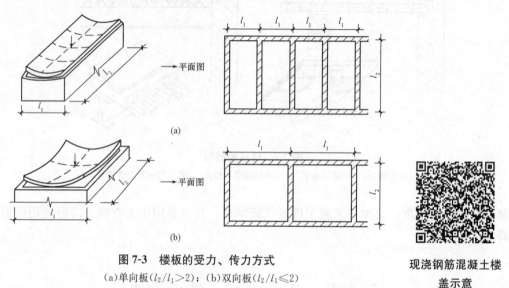

图 7-3 楼板的受力、传力方式
(a)单向板($l_2/l_1>2$);(b)双向板($l_2/l_1\leqslant 2$)

现浇钢筋混凝土楼盖示意

2. 梁板式楼板

当房间平面尺寸较大时,为了避免楼板的跨度过大,可在楼板下设梁来增加板的支点,从而减小板跨。这时,楼板上的荷载先由板传给梁,再由梁传给墙或柱。这种由板和梁组成的楼板,称为梁板式楼板。根据梁的布置情况,梁板式楼板可分为单梁式楼板和双梁式楼板两种。

(1)单梁式楼板。当房间有一个方向的平面尺寸相对较小时,可以只沿短向设梁,梁直接搁置在墙上,这种梁板式楼板属于单梁式楼板,如图 7-4 所示。单梁式楼板的结构较简单,仅适用于教学楼、办公楼等建筑。

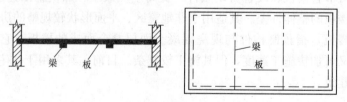

图 7-4 单梁式楼板

(2)双梁式楼板。当房间两个方向的平面尺寸都较大时,在纵、横两个方向都设置梁,有主梁和次梁之分。主梁和次梁的布置应整齐、有规律，并考虑建筑物的使用要求、房间的大小形状以及荷载的作用情况等，一般主梁沿房间短跨方向布置，次梁则垂直于主梁布置，如图7-5所示。

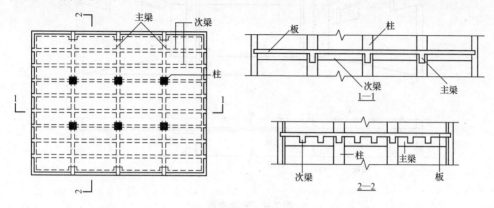

图 7-5 双梁式楼板

3. 密肋式楼板

密肋式楼板是由薄板和间距较小的肋梁组成的，可分为单向密肋楼板和双向密肋楼板两种。

密肋式楼板与一般肋梁楼盖相比，梁高较小，可降低层高、减轻自重，同时建筑效果好。其一般用于跨度较大且梁高受限制的情况。如建筑的柱网为方形或接近方形时，常采用双向密肋楼板形式，其柱距不宜大于 12 m，肋梁间距常采用 1.0～1.5 m。当为小柱网时，肋梁间距可相应减小。通常，双向密肋楼板肋高可取跨度的 1/30～1/20，肋宽为 150～200 mm。单向密肋楼板常用于平面长宽比大于 1.5 的楼盖，其跨度不宜大于 6.0 m，其肋高一般可取跨度的 1/28～1/20，肋宽为 80～120 mm，肋距为 500～700 mm，密肋式楼板的面板厚度均不应小于 50 mm。

4. 无梁楼板

对平面尺寸较大的房间或门厅，有时楼板层也可以不设梁，直接将板支承于柱上，这种楼板称为无梁楼板，如图7-6所示。无梁楼板可分为无柱帽和有柱帽两种类型。当荷载较大时，为避免楼板太厚应采用有柱帽无梁楼板，以增加板在柱上的支承面积；当楼面荷载较小时，可采用无柱帽楼板。无梁楼板的柱网应尽量按方形网格布置，跨度在 6 m 左右较为经济，成方形布置。由于板的跨度较大，故板厚不宜小于 150 mm，一般为 160～200 mm。

无梁楼板的板底平整，室内净空高度大，采光、通风条件好，便于采用工业化的施工方式，适用于楼面荷载较大的公共建筑（如商店、仓库、展览馆等）和多层工业厂房。

5. 压型钢板组合楼板

压型钢板组合楼板是利用凹凸相间的压型薄钢板做衬板与现浇混凝土浇筑在一起支承在钢梁上构成的整体型楼板，又称为钢衬板组合楼板。

压型钢板组合楼板主要由楼面层、组合板和钢梁三部分组成，如图7-7所示。组合板包括混凝土和钢衬板。此外，还可根据需要设置吊顶棚。压型钢板的跨度一般为 2～3 m，铺设在钢梁上，与钢梁之间用栓钉连接。上面浇筑的混凝土厚度为 100～150 mm。

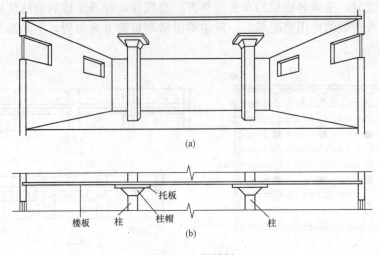

图 7-6 无梁楼板
(a)直观图；(b)投影图

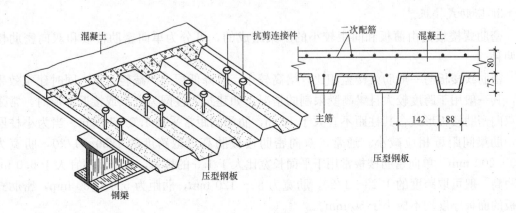

图 7-7 压型钢板组合楼板

压型钢板组合楼板中的压型钢板承受施工时的荷载，也是楼板的永久性模板。这种楼板简化了施工程序，加快了施工进度，并且具有较强的承载力、刚度和整体稳定性，但耗钢量较大，适用于多、高层的框架或框-剪结构建筑。

压型钢板组合楼板的构造形式较多，根据压型钢板形式的不同，有单层钢衬板组合楼板和双层钢衬板组合楼板之分。单层钢衬板组合楼板的构造比较简单，只设单层钢衬板；双层钢衬板组合楼板通常是由两层截面相同的压型钢板组合而成，也可由一层压型钢板和一层平钢板组成。双层压型钢板楼板的承载能力更好，两层钢板之间形成的空腔便于设备管线敷设。

6. 现浇空心楼板

现浇空心楼板是指在施工现场浇筑钢筋混凝土楼板时，在楼板上、下钢筋网片间的混凝土中预先埋置 GBF 管，然后再进行浇筑，形成中空的楼板，如图 7-8 所示。GBF 管是由水泥、固化剂和纤维等材料制成的复合高强度薄壁管，其标准长度为 1 000 mm，两端管口封闭。

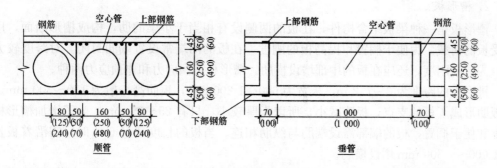

图 7-8　现浇空心楼板

现浇空心楼板的厚度有 2 250 mm、350 mm、600 mm 等多种规格，跨度可达 15 m 左右，其主要特点是缩短工期，改善楼板层的隔声、隔热效果，提高室内净空高度，降低建筑自重，大幅度降低建筑综合造价。

## 二、预制装配式钢筋混凝土楼板

预制装配式钢筋混凝土楼板是指在预制构件加工厂或施工现场外预先制作，然后再运到施工现场装配而成的钢筋混凝土楼板。这种楼板可节省模板，减少施工工序，缩短工期，提高施工工业化的水平，但由于其整体性能差，所以近年来在实际工程中的应用逐渐减少。

### (一)预制装配式钢筋混凝土楼板的类型

按楼板的构造形式，预制装配式钢筋混凝土楼板可分为实心平板、槽形板和空心板三种；按板的应力状况，又可分为预应力和非预应力两种。预应力构件与非预应力构件相比，可推迟裂缝的出现和限制裂缝的开展，并且节省钢材 30%～50%，节约混凝土 10%～30%，可以减轻自重、降低造价。

#### 1. 实心平板

预制实心平板的板面较平整，其跨度较小，一般不超过 2.4 m，板的厚度为 60～100 mm，宽度为 600～1 000 mm。由于板的厚度较小且隔声效果较差，故其一般不用作使用房间的楼板，两端常支承在墙或梁上，可用作楼梯平台、走道板、隔板、阳台栏板、管沟盖板等，如图 7-9 所示。

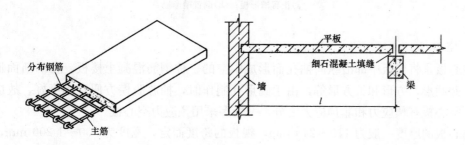

图 7-9　实心平板

2. 槽形板

槽形板是一种梁板结合构件，在板的两侧设有相当于小梁的肋，构成槽形断面，用以承受板的荷载。为便于搁置和提高板的刚度，在板的两端常设置端肋封闭。对跨度较大的板，为提高刚度，还应在板的中部增设横肋。槽形板有预应力和非预应力两种。

槽形板的跨度为3～7.2 m，板宽为600～1 200 mm，板肋高一般为150～300 mm。由于板肋形成了板的支点，板跨减小，所以板厚较小，只有25～35 mm。为了增加槽形板的刚度和便于搁置，板的端部需设端肋与纵肋相连。当板的长度超过6 m时，需沿着板长每隔1 000～1 500 mm增设横肋。

槽形板的搁置方式有两种。一种是正置，即肋向下搁置。这种搁置方式的板的受力合理，但板底不平，有碍观瞻，也不利于室内采光，因此，可直接用于观瞻要求不高的房间，如图7-10(a)所示；另一种是倒置，即肋向上搁置。这种搁置方式可使板底平整，但板受力不甚合理，材料用量稍多，需要对楼面进行特别的处理。为提高板的隔声性能，可在槽内填充隔声材料，如图7-10(b)所示。

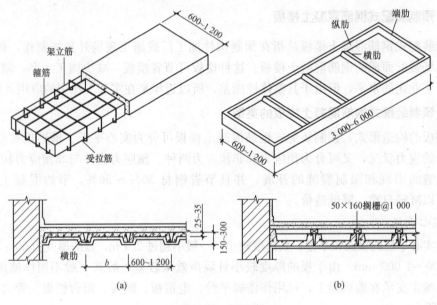

图 7-10 槽形板
(a)正置槽形板；(b)倒置槽形板

3. 空心板

空心板是将楼板中部沿纵向抽孔而形成中空的一种钢筋混凝土楼板。孔的断面形式有圆形、椭圆形、方形和长方形等，由于圆形孔制作时，抽芯脱模方便且刚度好，故应用最普遍。空心板有预应力和非预应力之分，一般多采用预应力空心板。

空心板的厚度一般为110～240 mm，视板的跨度而定，宽度为500～1 200 mm，跨度为2.4～7.2 m，较为经济的跨度为2.4～4.2 m，如图7-11所示。空心板侧缝的形式与生产预制板的侧模有关，一般有V形缝、U形缝和凹槽缝三种。空心板上、下表面平整，隔声效果较实心平板和槽形板好，是预制板中应用最广泛的一种类型，但空心板不能任意开洞，故不宜用于管道穿越较多的房间。

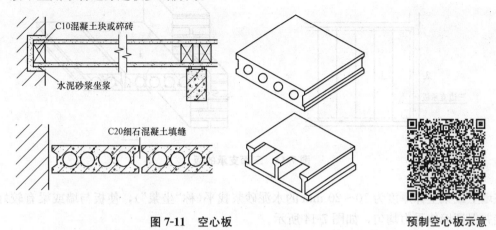

图 7-11 空心板　　　　　　预制空心板示意

## (二)预制装配式钢筋混凝土楼板结构

### 1. 结构布置

在进行板的结构布置时，首先应根据房间的使用要求和平面尺寸确定板的支承方式。板的支承方式有板式和梁板式两种，如图 7-12 所示。板式布置多用于房间的开间或进深尺寸不大的建筑，如住宅、宿舍等；梁板式布置多用于房间开间和进深尺寸较大的房间，如教学楼、商场等。

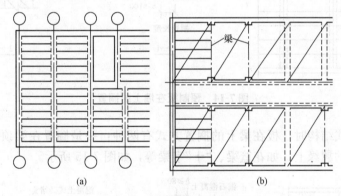

图 7-12 预制楼板结构布置
(a)板式结构布置；(b)梁板式结构布置

在确定板的布置时，一般要求板的类型、规格越少越好，以简化板的制作与安装。同时，空心板应避免出现三边支承。因空心板是按单向受力状态考虑的，三边支承的板为双向受力状态，在荷载的作用下易沿板边竖向开裂，如图 7-13 所示。

### 2. 板的搁置

预制板可直接搁置在墙上或梁上，为了满足结构要求，通常应满足板端的搁置长度。一般情况下，板搁置在梁上应不小于 80 mm，搁置在墙上不小于 100 mm。

空心板安装前应在板端孔内填塞 C15 混凝土或碎砖。其原因：一是避免板端被上部墙体压坏；二是避免端缝灌浆时，材料流入孔内而降低其隔声、隔热性能等。铺板前，通常

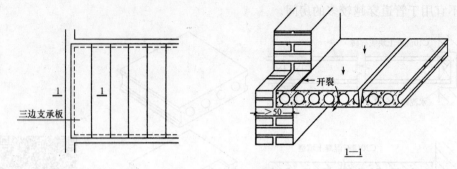

图 7-13 三面支承的板

先在墙上或梁上抹厚度为 10~20 mm 的水泥砂浆找平（称"坐浆"），使板与墙或梁有较好的连接并保证墙体受力均匀，如图 7-14 所示。

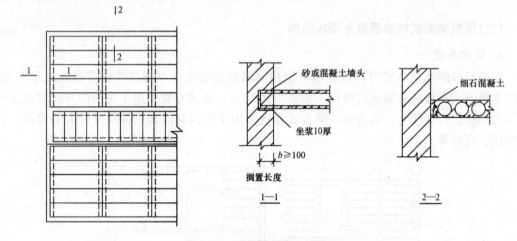

图 7-14 预制板在墙上的搁置

当选用梁板式结构时，板在梁上的搁置方式有两种：一是搁置在梁顶，如矩形梁；二是搁置在梁出挑的翼缘上，如花篮梁、"十"字梁等，如图 7-15 所示。

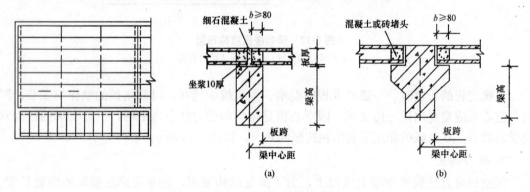

图 7-15 板在梁上的搁置
(a) 板搁置在矩形梁上；(b) 板搁置在花篮梁上

3. 板缝构造

板间接缝分为侧缝和端缝两类。

(1)侧缝。侧缝一般有 V 形缝、U 形缝和凹槽缝三种形式。V 形缝和 U 形缝,施工操作方便,多用于薄板间连接;凹槽缝最好,抵抗板间裂缝和错动的能力最强,但施工复杂,如图 7-16 所示。

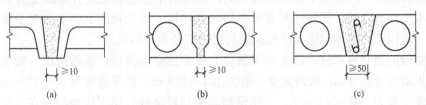

图 7-16 侧缝构造
(a)V 形缝;(b)U 形缝;(c)凹槽缝

为使板缝灌注密实,缝的上口不宜小于 30 mm,缝的下端宽度一般以 10 mm 为宜。填缝材料与缝宽有关。当缝宽>20 mm 时,一般宜采用细石混凝土(不低于 C15)灌注;当缝宽≤20 mm 时,宜采用水泥砂浆灌注;当板缝过宽(≥50 mm)时,则应在灌缝的混凝土中配置构造钢筋;当缝隙为 120～200 mm 且在靠墙处有管道穿过时,可用局部现浇钢筋混凝土板带的办法补缝;当缝隙大于 200 mm 时,需重新调整板的规格。

(2)端缝。一般只需将板缝内填实细石混凝土,使其相互连接。对于整体性、抗震性要求较高的房间,为了增强建筑物的整体性和抗震性,可将板端外露的钢筋交错搭接在一起,然后浇筑细石混凝土灌缝。

4. 楼板与隔墙

当楼板上设置轻质隔墙时,由于其自重轻,隔墙可搁置于楼板的任一位置。若为自重较大的隔墙(如砖隔墙、砌块隔墙等),一般应在其下部设置隔墙梁。如允许隔墙设置在楼板上,则应避免将隔墙搁置在一块板上。

当隔墙与板跨平行时,通常将隔墙设置在两块板的接缝处。采用槽形板的楼板,隔墙可直接搁置在板的纵肋上,如图 7-17(a)所示。若采用空心板,须在隔墙下的板缝处设现浇钢筋混凝土板带或梁来支承隔墙,如图 7-17(b)、(c)所示。当隔墙与板跨垂直时,应选择合适的预制板型号并在板面加配构造钢筋,如图 7-17(d)所示。

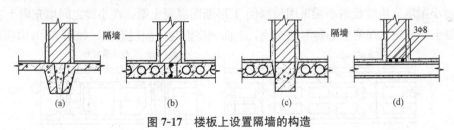

图 7-17 楼板上设置隔墙的构造

## 三、装配整体式钢筋混凝土楼板

装配整体式钢筋混凝土楼板是先将楼板中的部分构件预制,现场安装后,再浇筑混凝土面层而形成的整体楼板。这种楼板的整体性较好，施工速度也快，按结构和构造方法的不同，可分为叠合楼板和密肋填充块楼板。

**(一)叠合楼板**

叠合楼板是由预制板和现浇钢筋混凝土层叠合而成的装配整体式楼板。它是以预制钢筋混凝土薄板为永久模板来承受施工荷载的。现浇的钢筋混凝土叠合层强度为C20级，内部可敷设水平设备管线。这种楼板具有良好的整体性，而且板的上、下表面平整，便于饰面层装修，适用于对整体刚度要求较高的高层建筑和大开间建筑。

叠合楼板的预制板部分，通常采用预应力或非预应力薄板，板的跨度一般为4～6 m，预应力薄板最大可达9 m，板的宽度一般为1.1～1.8 m，板厚通常为50～70 mm。叠合楼板的总厚度一般为150～250 mm。为使预制薄板与现浇叠合层牢固地结合在一起，可对预制薄板的板面作适当处理，如板面刻槽、板面露出结合钢筋等，如图7-18(a)、(b)所示。

叠合楼板的预制板部分，也可采用钢筋混凝土空心板，现浇叠合层的厚度较薄，一般为30～50 mm，如图7-18(c)所示。

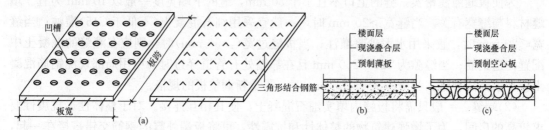

**图7-18 叠合楼板**

(a)预制薄板的板面处理；(b)预制薄板叠合楼板；(c)预制空心板叠合楼板

**(二)密肋填充块楼板**

密肋填充块楼板是采用间距较小的密肋小梁作承重构件，小梁之间用轻质砌块填充并在上面整浇面层而形成的楼板。密肋小梁有现浇和预制两种。

现浇密肋填充块楼板是以陶土空心砖、矿渣混凝土空心块等作为肋间填充块来现浇密肋和面板而成。填充块与肋和面板相接触的部位带有凹槽，用来与现浇的肋、板咬接，加强楼板的整体性。肋的间距一般为300～600 mm，面板的厚度一般为40～50 mm，如图7-19(a)所示。

预制小梁填充块楼板的小梁采用预制倒T形断面混凝土梁，在小梁之间填充陶土空心砖、矿渣混凝土空心块、煤渣空心砖等填充块，上面现浇混凝土面层而成，如图7-19(b)所示。

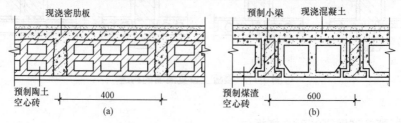

**图7-19 密肋填充块楼板**

(a)现浇密肋填充块楼板；(b)预制小梁填充块楼板

## 第三节 楼地层的组成与构造

### 一、楼地层的组成

楼地层包括楼板层和地坪层，主要由以下两部分构件组成：

(1)承重构件：一般包括梁、板等支撑构件，其承受楼板上的全部荷载，并将这些重力传递给墙、柱、墩，同时对墙身起水平支撑作用，增强房屋的刚度和整体性。

(2)非承重构件：包括楼地面的面层、顶棚。它们仅将荷载传递到承重构件上，并具有热工、防潮、防水、保温、清洁及装饰作用。

根据承重构件的主要用料，楼地层可分为四大类型：①木楼地层；②钢筋混凝土楼层或混凝土地层；③钢楼板层；④砖楼地层。此处主要介绍钢筋混凝土楼板的主要类型和构造形式。

### 二、楼地层的构造

楼板层通常由面层、楼板(结构层)、顶棚三部分组成。地坪层是将地面荷载均匀地传给地基的构件，它由面层、结构层、垫层和素土夯实层构成。依据具体情况可设找平层、结合层、防潮层、保温层、管道铺设层等，如图7-20所示。

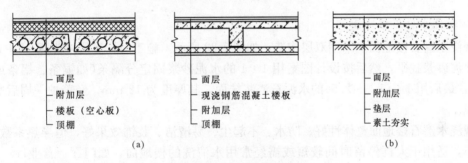

图 7-20 楼地层的组成
(a)楼板层；(b)地坪层

(1)面层：是人们直接接触的部位，应坚固、耐磨、平整、光洁、不易起尘，且应有较好的蓄热性和弹性。具有特殊功能的房间要符合特殊的要求。

(2)结构层：将力传给垫层的构件，常与垫层结合使用，通常采用厚度为70～80 mm的C10混凝土。

(3)垫层：将力传递给结构层的构件，有时垫层也与结构层合二为一。垫层又分为刚性垫层和非刚性垫层两种，刚性垫层采用C10混凝土，厚度为80～100 mm，多用于地面要求较高、薄而脆的面层；非刚性垫层有厚度为50 mm的砂垫层、厚度为80～100 mm的碎石灌浆、厚度为50～70 mm的石灰炉渣、厚度为70～120 mm的三合土等，常用于不易断裂的面层。

(4)素土夯实层：素土夯实层是地坪的基层，材料为不含杂质的砂石黏土，通常是将填300 mm的土夯实成200 mm厚，以使其均匀传力。

### 三、楼地面的构造

#### (一)整体楼地面

整体楼地面是采用在现场拌和的湿料,经浇抹形成的面层,具有构造简单、造价低的特点,是一种应用较广泛的楼地面。

1. 水泥砂浆楼地面

水泥砂浆楼地面是在混凝土垫层或楼板上涂抹水泥砂浆而形成的面层,其构造比较简单且坚固、耐磨、防水性能好,但导热系数大、易结露、易起灰、不易清洁,是一种被广泛采用的低档楼地面。通常有单面层和双面层两种做法,如图 7-21 所示。

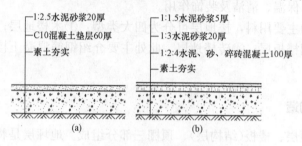

图 7-21 水泥砂浆楼地面
(a)底层地面单层做法;(b)底层地面双层做法

2. 现浇水磨石楼地面

现浇水磨石楼地面多采用双层构造,如图 7-22 所示。施工时,底层应先用 10～15 mm 厚的水泥砂浆找平,然后按设计图案用 1∶1 的水泥砂浆固定分隔条(如铜条、铝条或玻璃条等),最后用 1∶(1.5～2.5)的水泥石渣浆抹面,其厚度为 12 mm,经养护一周后磨光打蜡形成。

现浇水磨石楼地面整体性好、防水、不起尘、易清洁、装饰效果好,但导热系数偏大、弹性小,适用于人群停留时间较短或需经常用水清洗的楼地面,如门厅、营业厅、厨房、盥洗室等房间。

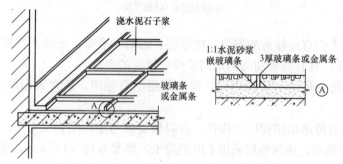

图 7-22 现浇水磨石楼地面

#### (二)块材楼地面

块材楼地面是用胶结材料,将块状的地面材料铺贴在结构层或找平层上。有些胶结材料既起到找平作用又起到胶结作用，也有先做找平层再做胶结层的。下面列举几例加以说明。

1. 砖、石地面

砖、石地面是用普通石材或烧结普通砖砌筑的地面。砌筑方式有平砌和侧砌两种，常采用干砌法。这种地面施工简单，造价低，适用于庭院小道和要求不高的地面。

2. 水泥制品块地面

诸如水磨石块地面、水泥砂浆砖地面、预制混凝土块地面等均属于水泥制品块地面。水泥制品块地面有两种铺砌方式：当预制块尺寸较大且较厚时，用干铺法，即在板下先干铺一层细砂或细炉渣，待校正找平后，用砂浆嵌缝；当预制块尺寸较小且较薄时，用水泥砂浆做结合层，铺好后再用水泥砂浆嵌缝。

3. 陶瓷地砖、陶瓷锦砖

陶瓷地砖又称为墙地砖，分为有釉面和无釉面、防滑及抛光等多种。其色彩丰富、抗腐耐磨、施工方便、装饰效果好。陶瓷锦砖又称为马赛克，是优质瓷土烧制的小尺寸瓷砖，人们按各种图案将正面贴在牛皮纸上，反面有小凹槽，便于施工。

(三) 复合木地板楼地面

复合木地板一般由四层复合而成。第一层为透明人造金刚砂的超强耐磨层；第二层为木纹装饰纸层；第三层为高密度纤维板的基材层；第四层为防水平衡层，经高性能合成树脂浸渍后，再经高温、高压压制，四边开榫而成。这种木地板精度高，特别耐磨，阻燃性、耐污性好，在保温、隔热及观感方面可与实木地板媲美。

复合木地板的规格一般为 8 mm×190 mm×1 200 mm，一般采用悬浮铺设，即在较平整的基层(在 1 m 的距离内高差不应超过 3 mm)上先铺设一层聚乙烯薄膜作防潮层。铺设时，复合木地板四周的榫槽用专用的防水胶密封，以防止地面水向下浸入。

(四) 人造软质楼地面

按材料不同，人造软质楼地面可分为塑料地面、油毡地面、橡胶地面和涂布无缝地面等。软质楼地面施工灵活、维修保养方便、脚感舒适、有弹性、可缓解固体传声、厚度小、自重轻、柔韧、耐磨、外表美观。下面介绍几种人造软质楼地面。

1. 塑料地面

塑料地面是选用人造合成树脂(如聚氯乙烯等塑化剂)加入适量填充料、掺入颜料，经热压而成，底面衬布。聚氯乙烯地面品种多样，有卷材和块材、软质和半硬质、单层和多层、单色和复色之分。常用的聚氯乙烯地面有聚氯乙烯石棉地面、软质和半硬质聚氯乙烯地面。前一种可由不同色彩和形状拼成各种图案，施工时在清理基层后根据房间大小设计图案排料编号，在基层上弹线定位后，由中间向四周铺贴。后一种则是按设计弹线在塑料板底满涂胶粘剂 1～2 遍后进行铺贴。地面的铺贴方法是：先将板缝切成 V 形，然后用三角形塑料焊条、电热焊枪焊接，并均匀加压 24 h。塑料地面施工如图 7-23 所示。

2. 橡胶地面

橡胶地面是在橡胶中掺入一些填充料制成。橡胶地面的表面可做成光滑的或带肋的，也可制成单层的或双层的。双层橡胶地面的底层如改用海绵橡胶，则弹性会更好。橡胶地

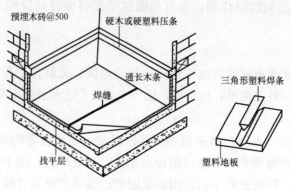

图 7-23 塑料地面施工

面有良好的弹性、耐磨、保温、消声性能也很好,行走舒适,适用于很多公共建筑,如阅览室、展馆和试验室。

3. 涂料地面和涂布地面

涂料地面和涂布地面的区别在于:前者以涂刷方法施工,涂层较薄;后者以刮涂方式施工,涂层较厚。用于地面的涂料有过氯乙烯地面涂料、苯乙烯地面涂料等,这些涂料施工方便,造价低,能提高地面的耐磨性和不透水性,故多适用于民用建筑,但涂料地面涂层较薄,不适用于人流较多的公共场所。

(五) 木楼地面

按构造方式,木楼地面可分为空铺式和实铺式两种。木楼地面是一种高级楼地面,具有弹性好、不起尘、易清洁和导热系数小的特点,但是其造价较高,故应用不广。

1. 空铺式木楼地面

空铺式木楼地面的构造比较复杂,一般是将木楼地面进行架空铺设,使板下有足够的空间,以便于通风,保持干燥。空铺式木楼地面耗费木材量较多,造价较高,故多不采用,主要用于要求环境干燥且对楼地面有较高的弹性要求的房间。

2. 实铺式木楼地面

实铺式木楼地面有铺钉式和粘贴式两种做法。当在地坪层上采用实铺式木楼地面时,必须在混凝土垫层上设防潮层。

(1) 铺钉式木楼地面是在混凝土垫层或楼板上固定小断面的木搁栅,木搁栅的断面尺寸一般为 50 mm×50 mm 或 50 mm×70 mm,其间距为 400~500 mm,然后在木搁栅上铺定木板材。木板材可采用单层和双层做法,铺钉式拼花木楼地面的构造如图 7-24(a)所示。

(2) 粘贴式木楼地面是在混凝土垫层或楼板上先用厚度为 20 mm 的 1:2.5 的水泥砂浆找平,干燥后用专用胶粘剂黏结木板材,其构造如图 7-24(b)所示。由于省去了搁栅,粘贴式木楼地面比铺钉式木楼地面节约木材,且施工简便、造价低,故应用广泛。

四、楼地层变形缝的构造

当建筑物设置变形缝时,应在楼地层的对应位置设变形缝。变形缝应贯通楼地层的各个层次,并在构造上保证楼板层和地坪层能够满足美观和变形需求。

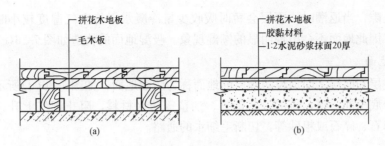

**图 7-24　拼花木楼地面的构造**
(a)铺钉式；(b)粘贴式

楼地层变形缝的宽度应与墙体变形缝一致，上部用金属板、预制水磨石板、硬塑料板等盖缝，以防止灰尘下落。顶棚处应用木板、金属调节片等作盖缝处理，盖缝板应于一侧固定，另一侧自由，以保证缝两侧结构能够自由变形，如图 7-25 所示。

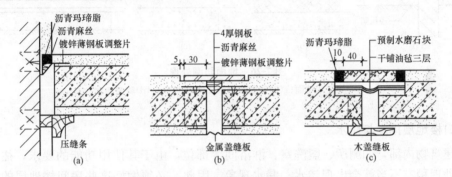

**图 7-25　楼地层变形缝的构造**

### 五、楼地层防潮、防水与隔声

#### (一)楼地层防潮

楼地层与土层直接接触，土壤中的水分会因毛细现象的作用上升，引起地面受潮，严重影响室内卫生和使用。为有效防止室内受潮，避免地面因结构层受潮而破坏，需对地层作必要的防潮处理。

1. 架空式地面

架空式地面是将地坪底层架空，使地坪不接触土壤，形成通风间层，以改变地面的温度状况，同时带走地下潮气，其构造如图 7-26(a)所示。

2. 保温地面

对地下水水位低、地基土壤干燥的地区，可在水泥地面以下铺设一层厚度为 150 mm 的 1∶3 的水泥煤渣保温层，以降低地坪温度差。在地下水水位较高的地区，可将保温层设在面层与混凝土结构层之间，并在保温层下铺防水层，上铺厚度为 30 mm 的细石混凝土层，最后做面层，其构造如图 7-26(b)所示。

3. 吸湿地面

吸湿地面是指采用烧结普通砖、大阶砖、陶土防潮砖来做地面的面层。由于这些材料中存在大量孔隙,当返潮时,面层会暂时吸收少量冷凝水,待空气湿度较小时,水分又能自动蒸发掉,因此地面不会出现明显的潮湿现象。吸湿地面的构造如图7-26(c)所示。

4. 防潮地面

在地面垫层和面层之间加设防潮层的地面称为防潮地面,如图7-26(d)所示。其一般构造为:先刷冷底子油一道,再铺设热沥青、油毡等防水材料,阻止潮气上升;也可在垫层下均匀铺设卵石、碎石或粗砂等,切断毛细水的通路。

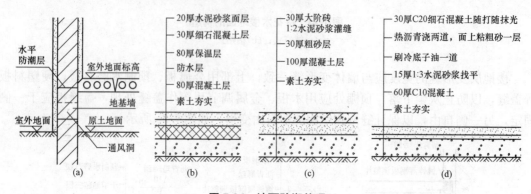

图7-26 地面防潮处理
(a)架空式地面;(b)保温地面;(c)吸湿地面;(d)防潮地面

### (二)楼地层排水与防水

在建筑物内部,如厕所、盥洗室、淋浴间等部位,由于其使用功能的要求,往往容易积水,处理稍有不当就会出现渗水、漏水现象,因此,必须做好这些房间楼地层的排水和防水工作。

1. 楼地面排水

为使楼地面排水畅通,需将楼地面设置一定的坡度,一般为1%～1.5%,并在最低处设置地漏。为防止积水外溢,用水房间的地面应比相邻房间或走道的地面低20～30 mm,或在门口做20～30 mm 高的挡水门槛,如图7-27所示。

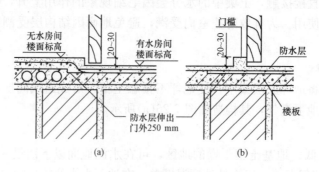

图7-27 楼地面排水
(a)地面降低;(b)设置门槛

2. 楼地面防水

现浇楼板是楼地面防水的最佳选择,楼面面层应选择防水性能较好的材料,如防水砂浆、防水涂料、防水卷材等。对防水要求较高的房间，还需在结构层与面层之间增设一道防水层，同时，将防水层沿四周墙身上升150~200 mm，如图7-28(a)所示。

当有竖向设备管道穿越楼板层时，应在管线周围做好防水密封处理。一般在管道周围用C20干硬性细石混凝土密实填充，再用沥青防水涂料作密封处理。当热力管道穿越楼板时，应在穿越处埋设套管(管径比热力管道稍大)，套管高出地面约30 mm，如图7-28(b)、(c)所示。

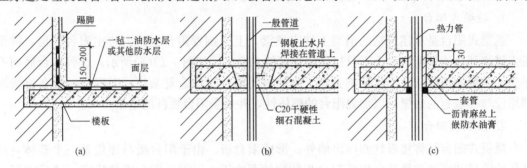

**图7-28 楼地面防水**
(a)楼板层与墙身防水；(b)普通管道的处理；(c)热力管道的处理

### (三)楼地层隔声处理

为避免上、下楼层之间的相互干扰，楼层应满足一定的隔声要求。楼层隔声的重点是隔绝固体传声，减弱固体的撞击能量，可采取以下几项措施。

**1. 采用弹性面层材料**

在楼层地面上铺设弹性材料，如铺设木板、地毯等，以降低楼板的振动，从而减弱固体传声。这种方法效果明显，是目前最常用的构造措施。

**2. 采用弹性垫层材料**

在楼板结构层与面层之间铺设片状、条状、块状的弹性垫层材料，如木丝板、甘蔗板、软木板、矿棉毡等，使面层与结构层分开，形成浮筑楼板，以减弱楼板的振动，进一步达到隔声的目的。

**3. 增设吊顶**

在楼层下做吊顶，利用隔绝空气声的措施来阻止声音的传播，也是一种有效的隔声措施，其隔声效果取决于吊顶的面层材料，应尽量选用密实、吸声、整体性好的材料。吊顶的挂钩宜选用弹性连接。

## 第四节 阳台与雨篷构造

阳台与雨篷也是建筑物中的水平构件；雨篷设在建筑物外墙出入口的上方，用来遮挡雨雪。阳台是楼板层伸出建筑物外墙以外的部分，主要用于室外活动。

阳台是多层及高层建筑中人们接触室外的平台，主要供人们休息、活动、晾晒。

## 一、阳台结构布置

阳台的结构形式、布置方式及材料应与建筑物的楼板结构布置统一考虑。目前，采用最多的是现浇钢筋混凝土结构或预制装配式钢筋混凝土结构。阳台的承重结构一般为悬挑式结构，按悬挑方式的不同，有挑梁式、挑板式、压梁式和墙承式四种。

### 1. 挑梁式阳台

挑梁式阳台是从建筑物的横墙上伸出挑梁，上面搁置阳台板。为防止阳台倾覆，挑梁压入横墙部分的长度应不小于悬挑部分长度的1.5倍，如图7-29(a)所示。这种阳台底面不平整，挑梁端部外露，不仅影响美观，也使封闭阳台时构造复杂化，工程中一般在挑梁端部增设与其垂直的边梁，以加强阳台的整体性，并承受阳台栏杆的重量。

### 2. 挑板式阳台

挑板式阳台是将楼板延伸挑出墙外，形成阳台板。由于阳台板与楼板是一个整体，故楼板的重量和墙的重量就会构成阳台板的抗倾覆力矩，以保证阳台板的稳定。挑板式阳台板底平整美观，若采用现浇式工艺，还可以将阳台平面制成半圆形、弧形、多边形等形式，以增加房屋形体美观，如图7-29(b)所示。

### 3. 压梁式阳台

压梁式阳台是将凸阳台板与墙梁整浇在一起，墙梁可用加大的圈梁代替，此时梁和梁上的墙构成阳台板后部压重。由于墙梁受扭，故阳台悬挑尺寸不宜过大，一般在1 m以内为宜。当梁上部的墙开洞较大时，可将梁向两侧延伸至不开洞部分，必要时还可以伸入内墙来确保安全，如图7-29(c)所示。

### 4. 墙承式阳台

墙承式阳台，即将阳台板直接搁置在墙上，阳台板的跨度和板型一般与房间楼板相同。这种结构形式稳定、可靠，施工方便，多用于凹阳台，如图7-29(d)所示

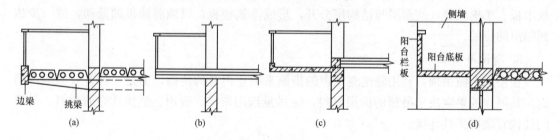

**图 7-29　阳台的结构布置**
(a)挑梁式；(b)挑板式；(c)压梁式；(d)墙承式

## 二、雨篷的构造

雨篷除具有保护大门不受侵害的作用外，还具有一定的装饰作用。按结构形式的不同，雨篷有板式和梁板式两种，且多为现浇钢筋混凝土悬挑构件，其悬挑长度一般为1～1.5 m。

## (一)板式雨篷

由于雨篷所受的荷载较小,因此雨篷板的厚度较薄,一般做成变截面形式,根部厚度不小于 70 mm,端部厚度不小于 50 mm。板式雨篷一般与门洞口上的过梁整体现浇,要求上、下表面相平。雨篷挑出长度较小时,构造处理较简单,可采用无组织排水,在板底周边设滴水,雨篷顶面抹厚度为 15 mm 的 1∶2 的水泥砂浆,内掺 5％防水剂,如图 7-30(a)所示。

## (二)梁板式雨篷

当门洞口尺寸较大,雨篷挑出尺寸也较大时,雨篷应采用梁板式结构,即雨篷由梁和板组成。为使雨篷底面平整,通常将周边梁向上翻起成侧梁式(也称为翻梁),如图 7-30(b)所示,一般是在雨篷外沿用砖或钢筋混凝土板制成一定高度的卷檐。当雨篷尺寸更大时,可在雨篷下面设柱支撑。

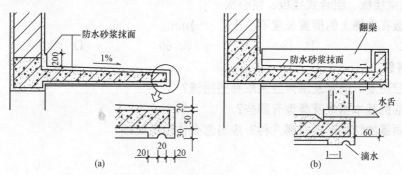

图 7-30　雨篷
(a)板式雨篷;(b)梁板式雨篷

## (三)雨篷顶面处理

雨篷顶面应做好防水和排水处理,一般采用厚度为 20 mm 的防水砂浆抹面进行防水处理,防水砂浆应沿墙面上升,高度不小于 250 mm,同时在板的下部边缘做滴水,防止雨水沿板底漫流。雨篷顶面需设置 1％的排水坡,并在一侧或双侧设排水管将雨水排除。为了立面需要,可将雨水由落水管集中排除,这时雨篷外缘上部需做挡水边坎。

## 本章小结

本章主要讲述了楼地层的基本构造和设计要求,以及钢筋混凝土楼板的主要类型及阳台、雨篷的构造。学习本章时应重点掌握常见钢筋混凝土楼板的构造、常见楼地层的构造以及大量民用性建筑的楼地面装修构造。楼板层是水平方向分隔房屋空间的承重构件,主要由面层、楼板、顶棚三部分组成。楼地面按材料和构造做法,可分为整体楼地面、块材楼地面、木楼地面等。阳台、雨篷也是建筑物中的水平构件。阳台按悬挑方式的不同,有挑梁式、挑板式、压梁式和墙承式四种。雨篷常采用过梁悬挑板式。

## 思考与练习

### 一、单选题

1. 楼板层通常由( )组成。
   A. 面层、楼板、地坪    B. 面层、楼板、顶棚
   C. 支撑、楼板、顶棚    D. 垫层、梁、楼板

2. 常用的预制装配式钢筋混凝土楼板，根据其截面形式可分为( )。
   A. 平板、组合式楼板、空心板
   B. 实心平板、槽形板、空心板
   C. 空心板、组合式楼板、槽形板
   D. 肋梁楼板、组合式楼板、空心板

3. 预制板在内墙上的搁置长度不小于( )mm。
   A. 100    B. 180    C. 60    D. 120

参考答案

### 二、简答题

1. 楼地层防潮、防水及隔声应采取哪些措施？
2. 楼板层的基本组成及类型有哪些？
3. 常见雨篷的结构形式有哪几种？应当怎么作顶面处理？

# 第八章　楼梯与电梯

### ◉ 学习目标

(1)掌握楼梯的类型和特点，了解几种常见楼梯间的平面布局特点和适用条件；
(2)掌握楼梯的组成和尺度要求；
(3)了解钢筋混凝土楼梯的基本构造，掌握楼梯的细部构造；
(4)了解台阶、坡道、电梯和自动扶梯的一般知识。

### ◉ 技能目标

(1)能够根据所学知识对楼梯相关问题进行实际处理；
(2)能合理地处理楼梯施工中的构造问题。

在建筑物中，为了解决垂直方向的交通问题，一般采取的设施有楼梯、电梯、自动扶梯、爬梯以及坡道等。电梯多用于层数较多或有特种需要的建筑物，而且即使建筑物设有电梯或自动扶梯，同时也必须设置楼梯，以便在出现紧急情况时使用。楼梯作为建筑空间竖向联系的主要部件，除了起到提示、引导人流的作用，还应充分考虑其造型美观、上下通行方便、结构坚固、防火安全的作用，同时，其还应满足施工和经济条件的要求。

在建筑物入口处，因室内、外地面的高差而设置的踏步段，称为台阶。为方便车辆、轮椅通行，也可增设坡道。

## 第一节　楼梯概述

楼梯是联系建筑上、下层的垂直交通设施。楼梯应满足人们正常时垂直交通、紧急时安全疏散的要求，其数量、位置、平面形式应符合有关规范和标准的规定，并应考虑楼梯对建筑整体空间效果的影响。

### 一、楼梯的组成

楼梯一般由楼梯段、楼梯平台、栏杆(板)和扶手三部分组成，如图8-1所示。

#### 1. 楼梯段

楼梯段是指两平台之间带踏步的斜板，是由若干个踏步构成的。每个踏步一般由两个相互垂直的平面组成，供人行走时踏脚的水平面称为踏面，其宽度为踏步宽。踏步的垂直面称为踢面，其数量称为级数，其高度称为踏步高。为了消除疲劳，每一楼

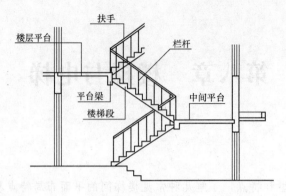

图 8-1 楼梯的组成

梯段的级数一般不应超过 18 级，同时，考虑人们行走的习惯性，楼梯段的级数也不应少于 3 级，这是因为级数太少不易为人们察觉，容易使人摔倒。公共建筑中的装饰性弧形楼梯可略超过 18 级。

2. 楼梯平台

楼梯平台是两楼梯段之间的水平连接部分。根据位置的不同其可分为中间平台和楼层平台。中间平台的主要作用是楼梯转换方向和缓解人们上楼梯的疲劳，故其又称为休息平台；楼层平台与楼层地面标高平齐，其除起着中间平台的作用外，还用来分配从楼梯到达各层的人流，解决楼梯段转折的问题。

3. 栏杆(板)和扶手

栏杆(板)和扶手是设在梯段及平台边缘的安全保护构件。当梯段宽度不大时，可只在梯段临空面设置。当梯段宽度较大时，在非临空面也应加设靠墙扶手。当梯段宽度很大时，则需在楼梯中间加设中间扶手。

二、楼梯类型

建筑中楼梯的形式多种多样，应当根据建筑及使用功能的不同进行选择。按照楼梯的位置，其有室内楼梯和室外楼梯之分；按照楼梯的材料，可以将其分为钢筋混凝土楼梯、钢楼梯、木楼梯及组合材料楼梯；按照楼梯的使用性质，可以将其分为主要楼梯、辅助楼梯、疏散楼梯及消防楼梯。

在工程中，常按楼梯的平面形式进行分类。根据楼梯的平面形式，可以将其分为直行单跑楼梯、直行多跑楼梯、平行双跑楼梯、平行双分楼梯、平行双合楼梯、折行双跑楼梯、折行三跑楼梯、设电梯的折行三跑楼梯、剪刀楼梯、螺旋形楼梯、弧形楼梯等，如图 8-2 所示。

楼梯形式的选择主要取决于其所处的位置、楼梯间的平面形状与大小、楼层高低与层数、人流多少与缓急等因素，设计时需综合权衡这些因素。目前，在建筑中采用较多的是平行双跑楼梯(又简称为"双跑楼梯"或"两段式楼梯")，其他诸如三跑楼梯、平行双分楼梯、平行双合楼梯等均是在平行双跑楼梯的基础上变化而成的。螺旋形楼梯对建筑室内空间具有良好的装饰性，适用于在公共建筑的门厅等处设置。由于其踏步是扇面形的，交通能力较差，故如果用于疏散目的，踏步尺寸应满足有关规范的要求。

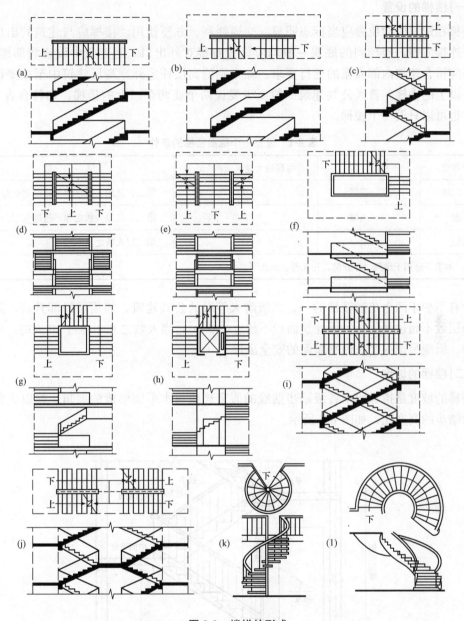

**图 8-2 楼梯的形式**

(a)直行单跑楼梯;(b)直行多跑楼梯;(c)平行双跑楼梯;(d)平行双分楼梯;
(e)平行双合楼梯;(f)折行双跑楼梯;(g)折行三跑楼梯;(h)设电梯的折行三跑楼梯;
(i)、(j)剪刀(交叉跑)楼梯;(k)螺旋形楼梯;(l)弧形楼梯

## 三、楼梯的设置与尺度

由于楼梯是建筑中重要的垂直交通设施,对建筑的正常使用和安全性负有不可替代的责任。因此,不论是住房城乡建设主管部门、消防部门还是设计者,都应对楼梯的设计给予足够的重视。

(一)楼梯的设置

楼梯在建筑中的位置应当标志明显、交通便利、方便使用。楼梯应与建筑的出口关系紧密、连接方便，楼梯间的底层一般均应设置直接对外出口。当建筑中设置数部楼梯时，其分布应符合建筑内部人流的通行要求。除个别的高层住宅外，高层建筑中至少要设两个或两个以上的楼梯。普通公共建筑一般至少要设两个或两个以上的楼梯，如符合表 8-1 的规定，也可以只设一个楼梯。

表 8-1 设置一个疏散楼梯的条件

| 耐火等级 | 层　数 | 每层最大建筑面积/m² | 人　数 |
|---|---|---|---|
| 一、二级 | 二、三层 | 500 | 第二、三层人数之和不超过 100 人 |
| 三级 | 二、三层 | 200 | 第二、三层人数之和不超过 50 人 |
| 四级 | 二层 | 200 | 第二层人数之和不超过 30 人 |

注：本表不适用于医院、疗养院、托儿所、幼儿园。

设有不少于两个疏散楼梯的一、二级耐火等级的公共建筑，如顶层局部升高，其高出部分的层数不超过两层，每层建筑面积不超过 200 m²，当人数之和不超过 50 人时，可设一个楼梯。但应另设一个直通平屋面的安全出口。

(二)楼梯的坡度

楼梯的坡度是指梯段中各级踏步前缘的假定连线与水平面形成的夹角，或以夹角的正切表示踏步的高宽比，如图 8-3 所示。

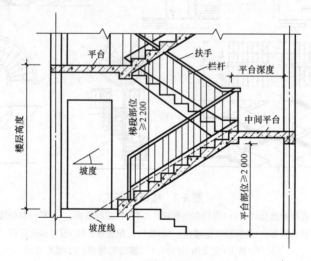

图 8-3　楼梯间剖面

楼梯坡度不宜过大或过小，若坡度过大，则行走易疲劳；若坡度过小，则楼梯占用空间大。楼梯的坡度范围常为 23°～45°，适宜的坡度为 30°左右；当坡度过小时，可做成坡道，坡度过大时可做成爬梯，如图 8-4 所示。公共建筑的楼梯坡度较平缓，常为 26°～34°（正切为 1/2）左右。住宅中的共用楼梯坡度可稍陡些，常为 33°42′（正切为 1/1.5）左右。楼梯坡度一般不宜超过38°，供少量人流通行的内部交通楼梯，坡度可适当加大。

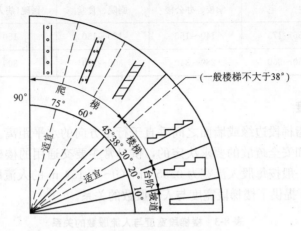

图 8-4　楼梯、爬梯及坡道坡度

### (三)楼梯的踏步尺寸

楼梯踏步是由踏步面和踏步踢板组成的。踏步尺寸包括踏步宽度和踏步高度，如图 8-5 所示。

踏步高度不宜大于 210 mm，并不宜小于 140 mm。各级踏步高度均应相同，一般常用 140～180 mm。踏步宽度应与成人的脚长相适应，一般不宜小于 260 mm，常用 260～320 mm。计算踏步尺寸常用的经验公式为

$$2h + b = 600 \text{(mm)}$$

式中　$h$——踏步高度；

$b$——踏步宽度；

600——人行走时的平均步距。

当受条件限制时，供少量人流通行的内部交通楼梯，踏步宽度可适当减小，但也不宜小于 220 mm，也可采用凸缘(出沿或尖角)加宽 20 mm，如图 8-5(b)所示。踏步宽度一般以 1/5M 为模数，如 220 mm、240 mm、260 mm、280 mm、300 mm、320 mm 等。

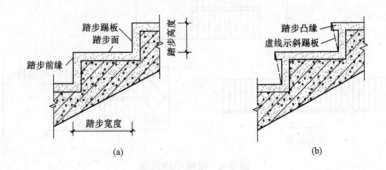

图 8-5　楼梯踏步
(a)无凸缘；(b)有凸缘

各类建筑的楼梯踏步的最小宽度和最大高度见表 8-2。

表 8-2　常用适宜踏步尺寸　　　　　　　　　　　　　　　　　　　　　　mm

| 名　称 | 住　宅 | 学校、办公楼 | 剧院、食堂 | 医院(病人用) | 幼儿园 |
|---|---|---|---|---|---|
| 踏步高 | 156~175 | 140~160 | 120~150 | 150 | 120~150 |
| 踏步宽 | 250~300 | 280~340 | 300~350 | 300 | 260~300 |

### (四)楼梯段宽度

楼梯段宽度是指梯段边缘或墙面之间垂直于行走方向的水平距离。楼梯段宽度是根据通行的人流量大小和安全疏散的要求决定的，供日常主要交通用的楼梯的梯段净宽应根据建筑物使用特征，一般按每股人流宽为 0.55 m+(0~0.15) m 的人流股数确定，并不应少于两股人流。表 8-3 提供了楼梯段宽度与人流股数的关系。

表 8-3　楼梯段宽度与人流股数的关系　　　　　　　　　　　　　　　　mm

| 计算依据：每股人流宽度为 550+(0~150) | | |
|---|---|---|
| 类别 | 楼梯段宽度 | 备注 |
| 单人通过 | >1 000 | 满足单人携物通过 |
| 双人通过 | 1 100~1 400 | |
| 三人通过 | 1 650~2 100 | |

### (五)楼梯平台深度

楼梯平台是连接楼地面与梯段端部的水平部分，有中间平台和楼层平台之分，平台深度不应小于楼梯段的宽度。但直跑楼梯的中间平台深度以及通向走廊的开敞式楼梯楼层平台深度可不受此限制，如图 8-6 所示。

当楼梯段改变方向时，平台扶手处的最小宽度不应小于楼梯段净宽，并不得小于 1.20 m，当平台上设暖气片或消火栓时，应扣除它们所占的宽度。

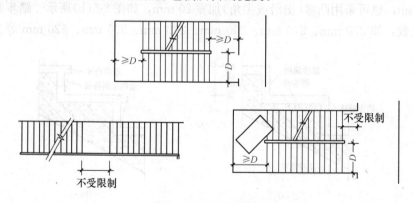

图 8-6　楼梯平台深度

### (六)楼梯栏杆和扶手高度

楼梯栏杆是楼梯的安全设施。当楼梯段的垂直高度大于 1.0 m 时，应当在楼梯段的临空一侧设置栏杆。楼梯至少应在楼梯段临空一侧设置扶手，楼梯段净宽达三股人流时应两侧设扶手，达四股人流时应加设中间扶手。

要合理确定栏杆的高度，即确定踏步前缘至上方扶手中心线的垂直距离。一般室内楼梯栏杆高度不应小于 0.9 m；室外楼梯栏杆高度不应小于 1.05 m；高层建筑室外楼梯栏杆高度不应小于 1.1 m。如果靠楼梯井一侧水平栏杆长度超过 0.5 m，其高度不应小于 1.0 m。

楼梯栏杆应用坚固、耐久的材料制作，并具有一定的强度和抵抗侧向推力的能力。同时，还应充分考虑到栏杆对建筑室内空间的装饰效果，应使其具有美观的形象。扶手应选用坚固、耐磨、光滑、美观的材料制作。

### (七)楼梯的净空高度

#### 1. 楼梯净空高度的要求

楼梯的净空高度是指楼梯平台上部和下部过道处的净空高度，以及上、下两层楼梯段间的净空高度。为保证人流通行和家具搬运，我国规定楼梯段之间的净空高度不应小于 2.2 m，平台过道处净空高度不应小于 2.0 m。起止踏步前缘与顶部凸出物内边缘线的水平距离不应小于 0.3 m，如图 8-7 所示。通常，楼梯段之间的净空高度与房间的净空高度相差不大，一般均可满足不小于 2.2 m 的要求。

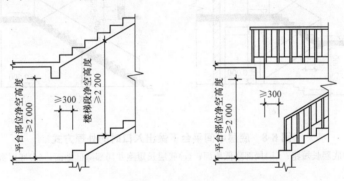

图 8-7 楼梯段及平台部位的净空高度要求

#### 2. 楼梯间入口处的净空高度

当采用平行双跑楼梯且在底层中间平台下设置供人进出的出入口时，为保证中间平台下的净空高度，可采用以下措施加以解决：

(1)将底层第一楼梯段加长，将第二楼梯段缩短，变成长短跑楼梯段。这种方法只在楼梯间进深较大时采用，但不能把第一楼梯加得过长，以免减少中间平台上部的净空高度，如图 8-8(a)所示。

(2)将楼梯间地面标高降低。这种方法中楼梯段长度保持不变，构造简单，但降低后的楼梯间地面标高应高于室外地坪标高 100 mm 以上，以保证室外雨水不致流入室内，如图 8-8(b)所示。

(3)将上述两种方法综合采用，可避免前两种方法的缺点，如图 8-8(c)所示。

(4)底层采用直跑道楼梯。这种方法常用于南方地区的住宅建筑，此时应注意入口处雨篷底面标高的位置，保证净空高度在 2 m 以上，如图 8-8(d)所示。

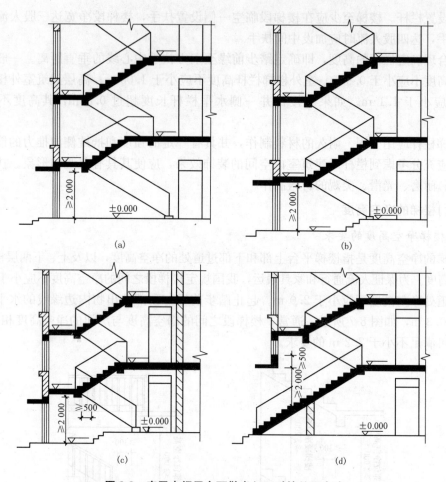

**图 8-8 底层中间平台下做出入口时的处理方式**
(a) 底层长短跑；(b) 局部降低地面；(c) 底层长短跑并局部降低地面；(d) 底层直跑

# 第二节 钢筋混凝土楼梯

楼梯按照构成材料的不同，可分为钢筋混凝土楼梯、木楼梯、钢楼梯和用几种材料制成的组合材料楼梯。楼梯是建筑中重要的安全疏散设施，其对耐火性能的要求较高，由于钢筋混凝土的耐火和耐久性能均好于木材和钢材，因此，民用建筑中大量采用钢筋混凝土楼梯。

## 一、钢筋混凝土楼梯的分类

钢筋混凝土楼梯具有坚固耐久、节约木材、防火性能好、可塑性强等优点。目前，其已得到广泛应用。其按施工方式可分为现浇整体式钢筋混凝土楼梯和预制装配式钢筋混凝土楼梯。

1. 现浇整体式钢筋混凝土楼梯

现浇整体式钢筋混凝土楼梯结构整体性好，刚度大，能适应各种楼梯间平面和楼梯形式,可以充分发挥钢筋混凝土的可塑性。但由于需要现场支模,模板耗费较大,施工周期较长,并且抽孔困难,不便做成空心构件,所以,混凝土用量和自重较大。

2. 预制装配式钢筋混凝土楼梯

预制装配式钢筋混凝土楼梯是将组成楼梯的各个部分分成若干个小构件,在预制厂或现场预制,再到现场组装。装配式钢筋混凝土楼梯能够提高建筑工业化程度,具有施工进度快、受气候影响小、构件由工厂生产、质量容易保证等优点;但施工时需要配套起重设备,投资较多、灵活性差。

## 二、现浇整体式钢筋混凝土楼梯

根据楼梯段的传力特点及结构形式,现浇整体式钢筋混凝土楼梯可分为板式楼梯和梁式楼梯两种,如图8-9所示。

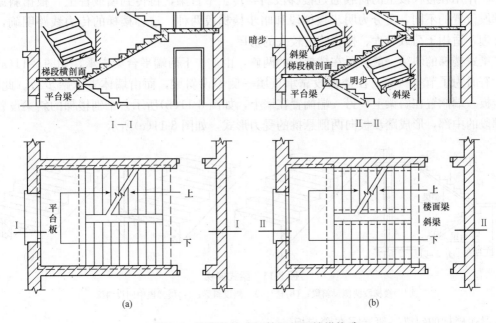

图8-9 现浇整体式钢筋混凝土楼梯构造
(a)板式;(b)梁式

### 1. 板式楼梯

板式楼梯是将楼梯段做成一块板底平整、板面上带有踏步的板,与平台、平台梁现浇在一起。楼梯段相当于一块斜放的现浇板,平台梁是支座,其作用是将在楼梯段和平台上的荷载同时传给平台梁,再由平台梁传到承重横墙或柱上。从力学和结构角度,梯段板的跨度大或梯段上使用荷载大,都将导致梯段板的截面高度加大。这种楼梯构造简单,施工方便,但自重大,材料消耗多,适用于荷载较小、楼梯跨度不大的房屋,如图8-10(a)所示。

有时为了保证平台过道处的净空高度,可以在板式楼梯的局部位置取消平台梁,这种楼梯称为折板式楼梯,如图8-10(b)所示。此时,板的跨度应为楼梯段水平投影长度与平台深度尺寸之和。

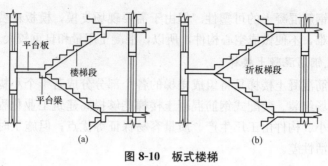

图 8-10 板式楼梯
(a)板式；(b)折板式

2. 梁式楼梯

梁式楼梯是指在板式楼梯的梯段板边缘处设有斜梁，斜梁由上、下两端平台梁支承的楼梯。作用在楼梯段上的荷载通过楼梯段斜梁传至平台梁，再传到墙或柱上。根据斜梁与楼梯段位置的不同，可分为明步楼梯段和暗步楼梯段两种。这种楼梯的传力线路明确，受力合理，适用于荷载较大、楼梯跨度较大的房屋。

梁式楼梯的斜梁一般设置在楼梯段的两侧，由上、下两端平台梁支承，如图 8-11(a)所示。有时为了节省材料，在楼梯段靠承重墙一侧不设斜梁，而由墙体支承踏步板。此时，踏步板一端搁置在斜梁上，另一端搁置在墙上，如图 8-11(b)所示。个别楼梯的斜梁设置在楼梯段的中部，形成踏步板向两侧悬挑的受力形式，如图 8-11(c)所示。

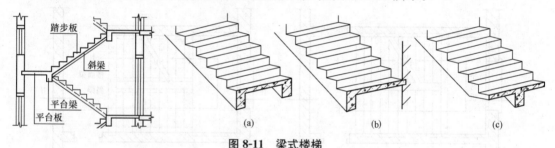

图 8-11 梁式楼梯
(a)楼梯段两侧设斜梁；(b)楼梯段一侧设斜梁；(c)楼梯段中间设斜梁

梁式楼梯的斜梁一般暴露在踏步板的下面，从楼梯段侧面就能够看见踏步，俗称明步楼梯，如图 8-12(a)所示。明步楼梯在楼梯段下部形成梁的暗角容易积灰，楼梯段侧面经常被清洗踏步的脏水污染，影响美观。另一种做法是把斜梁反设到踏步板上面，此时楼梯段下面是平整的斜面，俗称暗步楼梯，如图 8-12(b)所示。暗步楼梯弥补了明步楼梯的缺陷，但为了使斜梁宽度满足结构的要求，导致楼梯段的净宽变小。

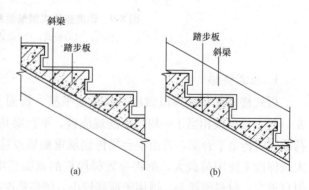

图 8-12 明步楼梯和暗步楼梯
(a)明步楼梯；(b)暗步楼梯

### 三、预制装配式钢筋混凝土楼梯

预制装配式钢筋混凝土楼梯根据生产、运输、吊装和建筑体系的不同,有许多不同的构造形式,由于构件尺度不同,大致可分为小型构件装配式、中型构件装配式和大型构件装配式三大类。

**(一)小型构件装配式楼梯**

小型构件装配式楼梯的主要预制构件是踏步和平台板。

1. 预制踏步

预制踏步的断面形式有三角形、L形和"一"字形等。三角形踏步有实心和空心两种。L形踏步可将踢板朝上搁置,称为正置;也可将踢板朝下搁置,称为倒置。"一"字形踢步只有踏板没有踢板,拼装后漏空、轻巧,也可用砖补砌踢板。

2. 预制踏步的支承方式

预制踏步的支承方式主要有梁承式、墙承式和悬挑式三种。

(1)梁承式。梁承式是指预制踏步支承在梯梁上,而梯梁支承在平台梁上。预制踏步梁承式楼梯,在构造设计中应注意两个方面:一方面是踏步在梯梁上的搁置构造;另一方面是梯梁在平台梁上的搁置构造。

踏步在梯梁上的搁置构造,主要涉及踏步和梯梁的形式。三角形踏步应搁置在矩形梯梁上,当楼梯为暗步时,可采用L形梯梁。L形和"一"字形踢步应搁置在锯齿形梯梁上。

梯梁在平台梁上的搁置构造与平台处上、下行楼梯段的踏步相对位置有关。平台处上、下行楼梯段的踏步的相对位置一般有三种:一是上、下行楼梯段同步,搁置构造如图8-13(a)所示;二是上、下行楼梯段错开一步,搁置构造如图8-13(b)所示;三是上、下行楼梯段错开多步,搁置构造如图8-13(c)所示。平台梁可采用等截面的L形梁,也可采用两端带缺口的矩形梁,如图8-14所示。

(2)墙承式。墙承式预制踏步的两端支承在墙上。预制踏步墙承式楼梯不需要设梯梁和平台梁,预制构件只有踏步和平台板,踏步可采用L形或"一"字形。对于双跑平行楼梯,应在楼梯间中部设墙。

(3)悬挑式。悬挑式预制踏步的一端固定在墙上,另一端悬挑。楼梯间两侧墙体的厚度不应小于240 mm,悬挑长度一般不超过15~30 mm,预制踏步可采用L形或"一"字形。

3. 预制平台板

常用预制钢筋混凝土空心板、实心平板或槽形板,板通常支承在楼梯间的横墙上,对于梁承式楼梯,板也可支承在平台梁和楼梯间的纵墙上。

**(二)中型及大型构件装配式楼梯**

中型构件装配式楼梯一般由楼梯段、平台梁、中间平台板几个构件组合而成。大型构件装配式楼梯是将楼梯段与中间平台板一起组成一个构件,从而可以减少预制构件的种类和数量,简化施工过程,减轻劳动强度,加快施工速度,但施工时需用中型及大型吊装设备。大型构件装配式楼梯主要用于装配工业化建筑。

1. 平台板

平台板有带梁和不带梁两种,常采用预制钢筋混凝土空心板、槽形板或平板。采用空

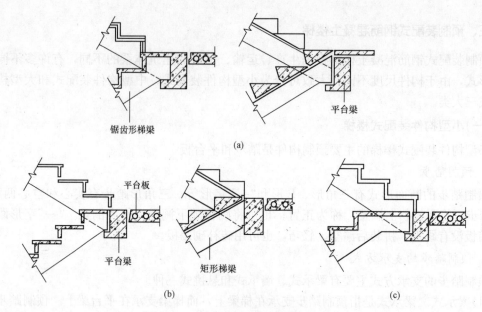

**图 8-13 梯梁在平台梁上的搁置构造**
(a)上、下行楼梯段同步；(b)上、下行楼梯段错开一步；(c)上、下行楼梯段错开多步

心板或槽形板时，一般平行于平台梁布置；采用平板时，一般垂直于平台梁布置。带梁平台板是把平台梁和平台板制作成为一个构件。平台板一般采用槽形板，其中一个边肋截面加大，并留出缺口，以供搁置楼梯段用。楼梯顶层平台板的细部处理与其他各层略有不同，边肋的一半留有缺口，另一半不留缺口。但应预留埋件或插孔，供安装栏杆用。

2. 楼梯段

楼梯段按其构造形式的不同可分为板式和梁板式两种。

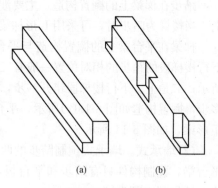

**图 8-14 平台梁**
(a)L形梁；(b)矩形梁

(1)板式楼梯段。板式楼梯段为一整块带踏步的单向板，有实心和空心之分。为了减轻楼梯的自重，一般沿板的横向抽孔，孔形可为圆形或三角形，形成空心楼梯段。板式楼梯段相当于明步楼梯，底面平整，适用于住宅、宿舍建筑。

(2)梁板式楼梯段。梁板式楼梯段是在预制楼梯段的两侧设斜梁，梁板形成一个整体构件，一般比板式楼梯段节省材料。为了进一步节省材料，减轻构件自重，一般需设法对踏步截面进行改造，常用的方法有在踏步板内留孔，或把踏步板踏面和踢面相交处的凹角处理成小斜面。

3. 踏步板与梯斜梁连接

一般在梯斜梁支承踏步板处用水泥砂浆坐浆连接。如需加强，可在梯斜梁上预埋钢筋，与踏步板支承端预留孔插接，用高强度水泥砂浆填实，如图 8-15 所示。

4. 楼梯段与平台梁的连接

楼梯段与平台梁的连接通常采用先坐浆并将楼梯段与平台梁内的预埋钢板焊接，以保证接缝处密实牢固。也可采用承插式连接，将平台或平台梁上的预埋钢筋插入楼梯段的预留孔内，然后再灌浆，如图8-16所示。

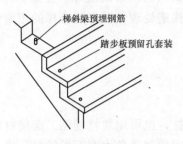 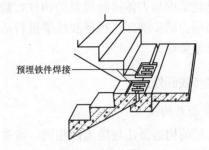

图8-15 踏步板与梯斜梁连接　　　图8-16 楼梯段与平台梁的连接

5. 楼梯段与楼梯基础的连接

房屋底层第一梯段的下部应设基础，其基础的形式一般为条形基础，可采用砖石砌筑或浇筑混凝土，也可采用平台梁代替，如图8-17所示。

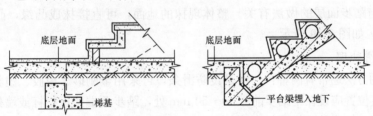

图8-17 楼梯段与楼梯基础的连接

## 四、钢筋混凝土楼梯起止步的处理

为了节省楼梯所占空间，上行和下行楼梯段最好在同一位置起步和止步。由于现浇钢筋混凝土楼梯是在现场绑扎钢筋的，因此可以顺利地做到这一点，如图8-18(a)所示。预制装配式楼梯为了减少构件的类型，往往要求上行和下行楼梯段应在同一高度进入平台梁，这容易形成上、下楼梯段错开一步或半步起止步的局面，如图8-18(b)所示，这对节省面积不利。为了解决这个问题，可以把平台梁降低，如图8-18(c)所示；或把斜梁做成折线形，如图8-18(d)所示。在处理此处构造时，应根据工程实际选择合适的方案，并与结构专业配合好。

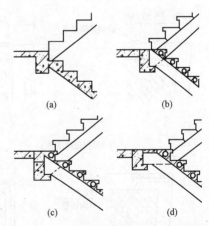

图8-18 钢筋混凝土楼梯起止步的处理
(a)现浇楼梯可以同时起止步；(b)踏步错开一步；
(c)平台梁位置降低；(d)斜梁做成折线形

## 第三节　楼梯的细部构造

楼梯是建筑中与人体接触频繁的构件，最易受到人为因素的破坏。在施工时，应对楼梯的踏步面层、踏步细部、栏杆和扶手进行适当的构造处理，以保证楼梯的正常使用和保持建筑的形象美观。

### 一、踏步表面处理

**1. 踏步面层构造**

踏步面层的构造做法与楼地面相同，可整体现抹，也可用块材铺贴。面层材料应根据建筑装修标准选择，当标准较高时，可用大理石板或预制彩色水磨石板铺贴；当采用一般标准时可做普通水磨石磨石面层；当标准较低时，可用水泥砂浆面层。缸砖面层一般用于较高标准的室外楼梯面层。

**2. 踏步凸缘构造**

当踏步宽度取值较小时，前缘可挑出形成凸缘，以增加踏步的实际使用宽度，踏步凸缘的构造做法与踏步面层的做法有关。整体现抹的地面，可直接抹成凸缘，凸缘宽度一般为20～40 mm，如图8-19所示。

**3. 踏面防滑处理**

防滑处理的方法通常有两种：一种是设防滑条，可采用金刚砂、橡胶、塑料、马赛克和金属等材料，其位置应设在距踏步前缘40～50 mm处，踏步两端接近栏杆或墙处可不设防滑条，防滑条长度一般按踏步长度每边减去150 mm；另一种是设防滑包口，即用带槽的金属等材料将踏步前缘包住，其既防滑又起保护作用。踏步面层、凸缘和防滑构造如图8-19所示。

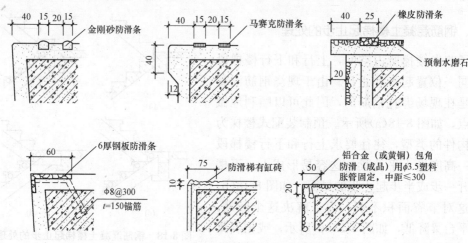

**图8-19　踏步面层、凸缘和防滑构造**

### 二、栏杆和扶手构造

**1. 栏杆的形式和材料**

栏杆的形式通常有空花式、栏板式和组合式三种，如图8-20所示。栏杆一般采用金属材料制成，如圆钢、方钢、扁钢和钢管等。

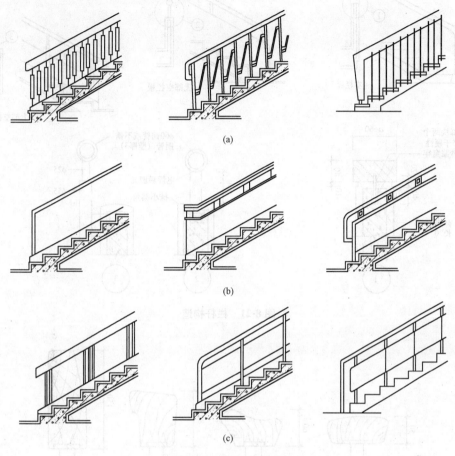

图 8-20 栏杆的形式
(a)空花式；(b)栏板式；(c)组合式

栏板式栏杆构造简单，效果简洁舒展。栏板材料可采用钢筋混凝土、木材、砖、钢丝网水泥板、胶合板、各种塑料贴面复合板、玻璃、玻璃钢、轻合金板材等。不同材料的质感不同，各有特色，可因地制宜加以选择。栏杆构造如图 8-21 所示。

2. 扶手的材料和断面形式

扶手常用硬木、塑料和金属材料制作。硬木扶手和塑料扶手目前应用较广泛；金属扶手，如钢管扶手、铝合金扶手一般用于装修标准较高时。扶手断面的形式很多，可根据扶手的材料、功能和外观需要选择。为便于手握抓牢，扶手顶面宽度宜为 60～80 mm。图 8-22 所示为扶手断面形式、尺寸以及与栏杆的连接构造。

3. 栏杆和扶手的节点构造

(1)栏杆与扶手连接。当采用金属栏杆与金属扶手时，一般采用焊接或铆接的方法；当采用金属栏杆，扶手为木材或硬塑料时，一般是在栏杆顶部设通长扁铁与扶手底面或侧面槽口榫接，用木螺钉固定。

(2)栏杆与楼梯段及平台的连接。栏杆与楼梯段、平台的连接一般在楼梯段和平台上预

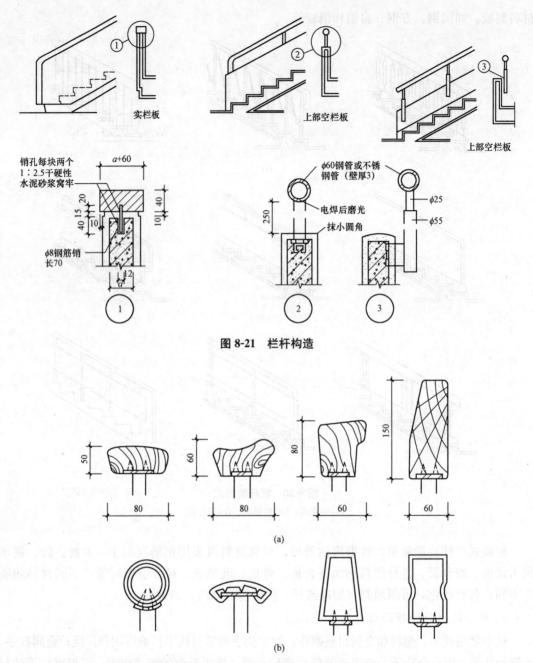

图 8-21 栏杆构造

图 8-22 扶手断面形式、尺寸以及与栏杆的连接构造

埋钢板焊接或预留孔插接。为了保护栏杆免受锈蚀和增强美观，常在竖杆下部装设套环，覆盖住栏杆与楼梯段或平台的接头处，如图 8-23 所示。

4. 扶手与墙面连接

当直接在墙上装设扶手时，扶手应与墙面保持 100 mm 左右的距离。一般在砖墙上留洞，将扶手连接杆件伸入洞内，用细石混凝土嵌固。当扶手与钢筋混凝土墙或柱连接时，一般采取预埋钢板焊接。在扶手结束处与墙、柱面相交，也应有可靠连接，如图 8-24 所示。

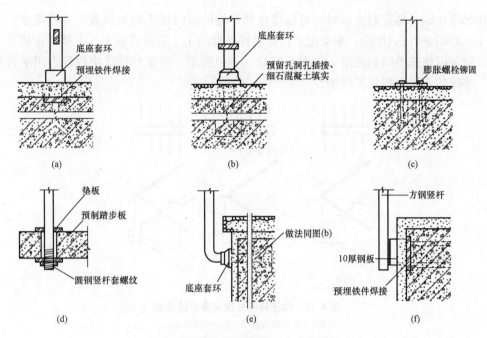

图 8-23 栏杆与楼梯段、平台的连接

(a)楼梯段内预埋铁件;(b)、(e)楼梯段预留孔洞以砂浆固定;
(c)预留孔螺栓固定;(d)踏步两侧预留孔洞;(f)踏步两侧预埋铁件

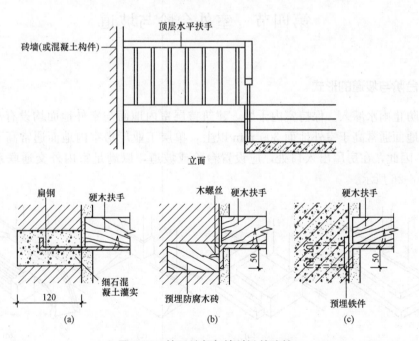

图 8-24 扶手端部与墙(柱)的连接

(a)预留孔洞插接;(b)预埋防腐木砖用木螺丝连接;(c)预埋铁件焊接

**5. 楼梯转弯处扶手高差的处理**

上行和下行楼梯段的扶手在平台转弯处往往存在高差,应进行调整和处理。当上行和下行楼梯段在同一位置起止步时,可以将楼梯井处的横向扶手倾斜设置,并连接上、下两段扶手,如图 8-25(a)所示。如果把平台处栏杆外伸约 1/2 踏步或将上、下楼梯段错开一个踏步,就可以使扶手顺利连接,如图 8-25(b)、(c)所示。但这种做法中栏杆占用平台尺寸较多,楼梯的占用面积也要增加。

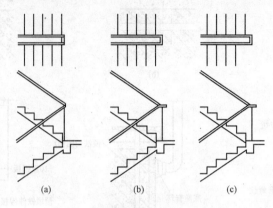

图 8-25　楼梯转弯处扶手高差的处理
(a)设横向倾斜扶手；(b)栏杆外伸；
(c)上、下楼梯段错开一个踏步

## 第四节　室外台阶与坡道

### 一、台阶与坡道的形式

为了防止雨水灌入,保持室内干燥,建筑首层室内地面与室外地面均设有高差。民用房屋室内地面通常高于室外地面 300 mm 以上,单层工业厂房室内地面通常高于室外地面 150 mm。因此,在房屋出入口处,应设置台阶或坡道,以满足室内外交通联系方便等要求,如图 8-26 所示。

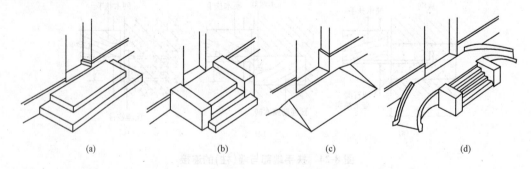

图 8-26　台阶与坡道
(a)三面踏步式；(b)单面踏步式；(c)坡道式；(d)踏步坡道结合式

大部分台阶和坡道设在室外,是建筑入口与室外地面的过渡。设置台阶是为人们进出建筑提供方便，坡道是为车辆及残疾人而设置的，一般情况下，台阶的踏步数不多，坡道长度不大。有些建筑由于使用功能或心理功能的需要，设有较大的室内外高差，此时就需要大型的台阶和坡道与其配合。

## 二、室外台阶

### (一)室外台阶的设置

1. 室外台阶的设置要求

为使台阶能满足交通和疏散的需要，台阶的设置应满足以下要求：

(1)室外台阶踏步数不应少于两步。

(2)当人流密集场所台阶的高度超过1.0 m时，宜有护栏设施。

(3)影剧院、体育馆观众厅疏散出口门内外1.40 m范围内不得设台阶踏步。

(4)台阶和踏步应充分考虑雨、雪天气时的通行安全，宜用防滑性能好的面层材料。

台阶示意

2. 室外台阶的设置形式

室外台阶由平台和踏步两部分组成。其平面形式多种多样，可根据建筑功能及周围地基的情况进行选择。较常见的台阶形式有单面踏步、两面踏步、三面踏步、单面踏步带花池(花台)等。有的台阶附带花池和方形石、栏杆等。部分大型公共建筑经常把行车坡道与台阶合并成为一个构件，还强调了建筑入口的重要性。

室外台阶的宽度应大于所连通的门洞口宽度，一般至少每边应宽出500 mm。室外台阶的深度不应小于1.0 m。由于室外台阶受雨、雪的影响较大，因此坡度宜平缓些，踏步的踏面宽度不应小于300 mm，踢面高度不应大于150 mm。

### (二)室外台阶的构造

室外台阶按材料的不同，有混凝土台阶、天然石台阶和钢筋混凝土台阶等。混凝土台阶由面层、混凝土结构层、垫层和基层组成，是目前应用较普遍的一种做法，如图8-27所示。

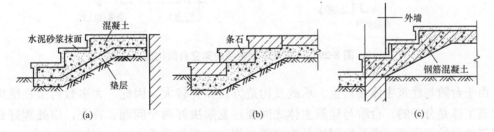

图8-27 室外台阶构造类型

(a)混凝土台阶；(b)天然石台阶；(c)钢筋混凝土台阶

室外台阶可分为实铺和架空两种构造形式，大多数台阶采用实铺。室外台阶应在建筑物主体工程完成后再进行施工，并与主体结构之间留出约10 mm的沉降缝。

1. 实铺台阶

实铺台阶的构造与室内地坪的构造差不多，包括基层、垫层和面层，如图8-28(a)所示。基层是夯实土；垫层多为混凝土、碎砖混凝土或砌砖；面层有整体和铺贴两大类，如水泥砂浆、水磨石、剁斧石、缸砖、天然石材等。在严寒地区，为保证台阶不受土壤冻胀的影响，应把台阶下部一定深度范围内的原土换掉，改设砂垫层，如图8-28(b)所示。

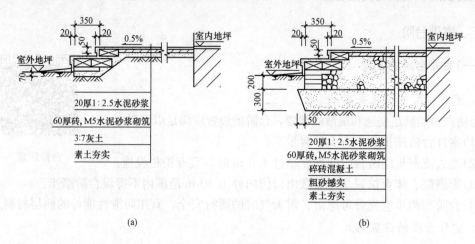

图 8-28 实铺台阶
(a)不考虑冻胀影响的台阶；(b)考虑冻胀影响的台阶

2. 架空台阶

当台阶尺度较大或土壤冻胀严重时，为保证台阶不开裂、不隆起或塌陷，往往选用架空台阶。架空台阶的平台板和踏步板均为预制混凝土板，分别搁置在梁上或砖砌地垄墙上。设有砖砌地垄墙的架空台阶构造如图8-29所示。

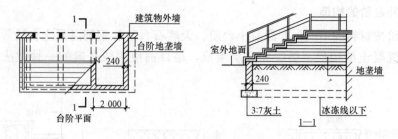

图 8-29 设有砖砌地垄墙的架空台阶构造

由于台阶与建筑主体在自重、承载及构造方面差异较大，因此，大多数台阶在结构上和建筑主体是分开的。台阶与建筑主体之间要注意解决好两个问题。首先，应处理好台阶与建筑之间的沉降缝，常见的做法是在接缝处嵌入一根厚度为10 mm的防腐木条；其次，为防止台阶上的积水向室内流淌，台阶应向外侧做0.5%~1%找坡，且台阶面层标高应比首层室内地面标高低10 mm左右。

### 三、坡道

#### (一)坡道的分类

坡道按其用途的不同，可分为行车坡道和轮椅坡道两类。行车坡道分为普通行车坡道与回车坡道两种，如图 8-30 所示。普通行车坡道布置在有车辆进出的建筑入口处，如车库、库房等。回车坡道与台阶踏步组合在一起，可以减少使用者的行走距离。回车坡道一般布置在某些大型公共建筑的入口处，如重要办公楼、旅馆、医院等。轮椅坡道是专供残疾人使用的坡道，在公共服务的建筑中应设置轮椅坡道。

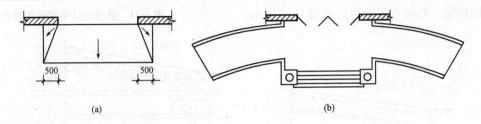

图 8-30　行车坡道

(a)普通行车坡道；(b)回车坡道

### (二)坡道的尺寸和坡度

1. 行车坡道

普通行车坡道的宽度应大于所连通的门洞口的宽度，每边至少宽出 500 mm 以上。坡道的坡度与建筑的室内外高差及坡道的面层处理方法有关。光滑材料面层坡道的坡度不大于 1∶12；粗糙材料面层的坡道(包括设置防滑条的坡道)的坡度不大于 1∶6；带防滑齿坡道的坡度不大于 1∶4。回车坡道的宽度与坡道的半径及通行车辆的规格有关，一般坡道的坡度不大于 1∶10。

2. 轮椅坡道

由于轮椅坡道是供残疾人使用的，因此应符合一些特殊要求。其具体要求如下：

(1)坡道的起点及终点，应留有深度不小于 1.50 m 的轮椅缓冲地带。

(2)坡道的宽度不应小于 0.9 m。每段坡道的坡度、允许最大高度和水平长度，应符合表 8-4 的规定。超过表 8-4 的规定，应在坡道中部设休息平台，其深度不应小于 1.20 m。

表 8-4　每段坡道的坡度、允许最大高度和水平长度

| 坡道的坡度(高/长) | 1/8* | 1/10* | 1/12 |
|---|---|---|---|
| 每段坡道的允许最大高度/m | 0.35 | 0.60 | 0.75 |
| 每段坡道的允许水平长度/m | 2.80 | 6.00 | 9.00 |

注：加"*"者只适用于场地受限的改建、扩建的建筑物。

(3)坡道在转弯处应设休息平台，休息平台的深度不应小于 1.50 m。

(4)坡道两侧应在 0.9 m 高度处设扶手，两段坡道之间的扶手应保持连贯，如图 8-31 所示。坡道的起点及终点处的扶手，应水平延伸 0.3 m 以上。

(5)当坡道两侧凌空时，在栏杆下端宜设高度不小于 50 mm 的安全挡台，如图 8-31 所示。

### (三)坡道的构造

坡道一般均采用实铺,其构造要求与台阶基本相同。垫层的强度和厚度应根据坡道长度及上部荷载的大小进行选择,严寒地区的坡道同样需要在垫层下部设置砂垫层。各种坡道的构造如图 8-32 所示。

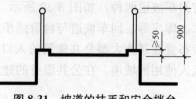

图 8-31 坡道的扶手和安全挡台

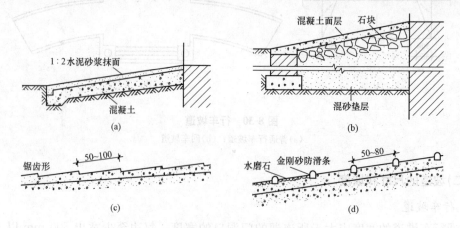

图 8-32 坡道构造

(a)混凝土坡道;(b)块石坡道;(c)防滑锯齿槽坡道;(d)防滑条坡道

## 第五节 电梯与自动扶梯

电梯、自动扶梯是目前房屋建筑工程中常用的建筑设备。电梯多用于多层及高层建筑,但有些建筑虽然层数不多,由于建筑级别较高或使用的特殊需要,往往也设置电梯,如高级宾馆、多层仓库等。部分高层及超高层建筑为了满足疏散、救火的需要,还要设置消防电梯。自动扶梯主要用于人流集中的大型公共建筑,如大型商场、展览馆、火车站、航空港等。

### 一、电梯的分类与组成

#### (一)电梯的分类

1. 按照电梯的用途分类

电梯根据用途的不同,可以分为乘客电梯、住宅电梯、消防电梯、病床电梯、客货电梯、载货电梯、杂物电梯等。

2. 按照电梯的拖动方式分类

电梯根据动力拖动的方式不同,可以分为交流拖动(包括单速、双速、调速)电梯、直流拖动电梯、液压电梯等。

3. 按照消防要求分类

电梯根据消防要求,可以分为普通乘客电梯和消防电梯。目前,多采用载重量作为划分电梯的规格标准(如 400 kg、1 000 kg、2 000 kg),而不用载客人数来划分电梯规格。电梯的载重量和运行速度等技术指标,在生产厂家的产品说明书中均有详细指示。

(二)电梯的组成

电梯通常由电梯井道、电梯轿厢和运载设备三部分组成,如图 8-33 所示。不同的厂家提供的设备尺寸、运行速度及对土建的要求都不同,在设计时应按厂家提供的产品尺度进行设计。按照电梯的构造,其可分为井道、门套和机房三部分。

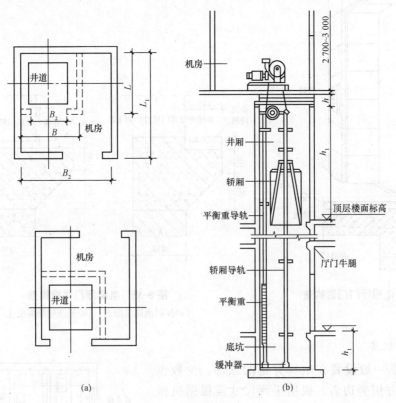

图 8-33 电梯组成示意
(a)平面;(b)剖面

1. 电梯井道

(1)井道的防火和通风。电梯井道四周的井道壁应选用坚固、耐火的材料,一般多为钢筋混凝土井壁,也可用砖砌井壁,但应采取加固措施。

井道壁在每层楼面处应开设电梯门洞,井道顶部、底部或中间应设排烟孔和通风孔,除此之外,井道壁上不应开设其他洞口。

(2)井道底坑。井道底坑是指电梯底层端站地面以下的部分。坑底一般采用混凝土垫层,并安装缓冲器,垫层厚度按缓冲器反力确定。坑底和坑壁应作防潮或防水处理。

(3)井道细部构造。电梯井道的细部构造主要有以下两个部分:

1)电梯厅门门套构造。电梯厅门是电梯各层的出入口,一般采用双扇推拉门,安装在井道壁内侧。电梯厅门的洞口周围应做门套,装修标准较高时,可用大理石贴面,也可采用木门套或金属门套。标准较低时可用水泥砂浆抹面。门套上方应预留安装指示灯的孔洞位置，如图8-34所示。

2) 电梯厅门牛腿构造。电梯厅门的牛腿采用钢筋混凝土牛腿，挑向井道壁内侧，牛腿上面安装推拉门的金属滑槽，如图8-35所示。

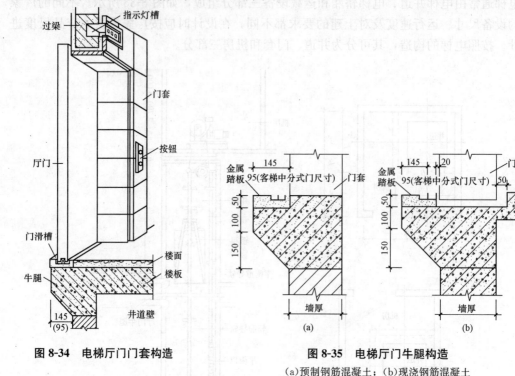

图8-34 电梯厅门门套构造

图8-35 电梯厅门牛腿构造
(a) 预制钢筋混凝土；(b) 现浇钢筋混凝土

## 2. 电梯机房

电梯机房一般设置在电梯井道的顶部，少数也有设在底层井道旁边者。机房平面尺寸需根据机械设备尺寸的安排及管理、维修等需要决定，一般至少有两个面每边扩出600 mm以上的宽度，高度多为2.7～3.0 m。通往机房的通道、楼梯和门的宽度应不小于1.20 m。

机房的围护构件的防火要求应与井道一样。为了便于安装和修理，机房的楼板应按机器设备要求的部位预留孔洞。电梯机房平面示例如图8-36所示。

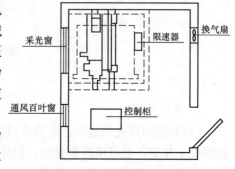

图8-36 电梯机房平面示例

电梯及自动扶梯的安装及调试一般由生产厂家或专业公司负责。不同厂家提供的设备尺寸、规格和安装要求均有所不同，土建专业应按照厂家的要求预留出足够的安装空间和设备的基础设施。

## 二、自动扶梯

自动扶梯是用电动机械牵动活动踏步和扶手带上下运行的垂直交通设施，适用于大量人流上、下的公共场所，如车站、商场等。其由电动机械牵引，机房悬挂在梳板的下方，踏步与扶手同步，可以正向、逆向运行，在机械停止运转时，自动扶梯可作为普通楼梯使用。上行时，行人通过楼板步入运行的水平踏步上，扶手带与踏步逐渐转至30°正常运行，如图8-37所示。

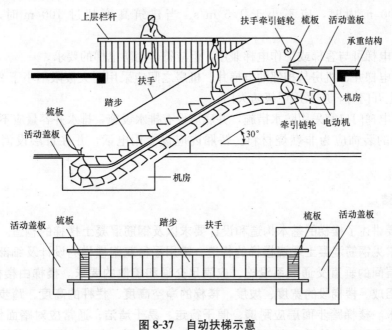

图8-37 自动扶梯示意

自动扶梯的布置形式有平行排列、交叉排列、连贯排列等方式。平面布置可单台设置或双台并列设置。自动扶梯的坡度较缓，常采用30°，宽度一般为600 mm或1 000 mm，运行速度为0.5 m/s。自动扶梯是电动机械牵动梯级踏步，连扶手带上下运行。机房在楼板下面，该部分楼板须制成活动的，楼层下作装饰外壳处理，底层做地坑。

### 三、消防电梯

1. 消防电梯的设置条件

消防电梯是在火灾发生时供运送消防人员及消防设备、抢救受伤人员用的垂直交通工具。建筑符合下列条件之一时，应设置消防电梯：

(1)一类高层建筑；

(2)塔式住宅；

(3)12层及12层以上的组合式单元住宅、宿舍和通廊式住宅；

(4)高度超过32 m的其他二层建筑。

2. 消防电梯的设置要求

消防电梯的数量与建筑主体每层建筑面积有关，多台消防电梯在建筑中应设置在不同的防火分区内。消防电梯的布置、动力系统、运行速度和装修及通信等均有特殊的要求。

(1)消防电梯应设前室。前室面积：住宅不小于4.5 m²，公共建筑不小于6.0 m²。与防烟楼梯间共用前室时，住宅不小于 6.0 m²，公共建筑不小于 10.0 m²。

(2) 前室宜靠外墙设置，在首层应设置直通室外的出口或经过不超过 30m 的通道通向室外。前室的门应当采用乙级防火门或具有停滞功能的防火卷帘。

(3) 电梯载重量不小于 1.0 t，轿厢尺寸不小于 1 000 mm×1 500 mm。行驶速度：建筑高度在 100 m 内时，应不小于 1.5 m/s；当建筑高度超过 100 m 时，不宜小于 2.5 m/s。

(4) 消防电梯可与客梯或工作电梯兼用，但应符合消防电梯的要求。

(5) 消防电梯井、机房与相邻的电梯井、机房之间应采用耐火极限不小于 2.5 h 的墙隔开，如在墙上开门时，应采用甲级防火门。

(6) 消防电梯门口宜采用防水措施，井底应设有排水设施，排水井容量应不小于 2 m³。

(7) 轿厢的装饰应为非燃烧材料。轿厢内应设专用电话，并在首层设消防专用操纵按钮。

## 本章小结

本章主要讲述了楼梯的基本构造和设计要求以及钢筋混凝土楼梯的构造。学习本章时应重点掌握常见钢筋混凝土现浇楼梯的构造、常用平行双跑楼梯的设计及细部构造。楼梯是建筑中楼层间的垂直交通联系设施，应满足交通和疏散的要求。楼梯由楼梯段、平台、栏杆及扶手组成。楼梯段的宽度、坡度、楼梯的净空高度、栏杆的高度、踏步尺寸等均应满足有关要求。楼梯踏步面层应耐磨、便于行走、易于清洁，通常应对踏面作防滑处理。楼梯栏杆与踏步以及与扶手应有可靠的连接。电梯由轿厢、电梯井道及运载设备三部分组成。室外台阶和坡道均为建筑物入口处连接室外不同标高地面的构件，台阶和坡道应坚固耐磨，具有良好的耐久性、抗冻性。坡道要有相应的防滑措施。

## 思考与练习

一、填空题

1. 电梯按照其用途可以分为_____、_____、_____等。
2. 钢筋混凝土楼梯具有_____、_____、_____、_____等优点，目前，已得到广泛应用。其按施工方式可分为_____和_____钢筋混凝土楼梯。
3. 电梯通常由_____、_____和_____三部分组成。

二、简答题

1. 楼梯的组成部分有哪些？
2. 楼梯的坡度为多少？楼梯踏步尺寸如何确定？
3. 电梯主要由哪几部分组成？消防电梯的设置要求有哪些？
4. 室外台阶的设置形式有几种？分别是什么？
5. 现浇整体式钢筋混凝土楼梯结构的优、缺点分别是什么？

参考答案

# 第九章 门窗构造

> **学习目标**

(1) 掌握门和窗的分类、作用和使用要求；
(2) 了解采光系数或窗地比的基本概念；
(3) 掌握常见门窗的一般构造，熟练掌握门窗与建筑主体之间的连接构造。

> **技能目标**

(1) 能够根据窗户特征对窗进行分类，并说出其作用和使用要求；
(2) 可以对一般门窗的构造以及门窗与建筑之间的连接构造进行应用。

门和窗均是建筑物的重要组成部分。门在建筑物中的作用主要是交通联系，并兼有采光、通风的作用。窗在建筑物中主要是起采光兼有通风的作用。它们均属建筑的围护构件。同时，门窗的形状、尺度、排列组合以及材料，对建筑的整体造型和立面效果影响很大。在构造上，门窗还应具有一定的保温、隔声、防雨、防火、防风沙等能力，并且要开启灵活、关闭紧密、坚固耐久、便于擦洗，并符合《建筑模数协调标准》(GB/T 50002—2013)的要求，以降低成本和适应建筑工业化生产的需要。建筑物最主要的部分是建筑门窗和幕墙，它们是建筑物热交换、热传导最活跃、最敏感的部位。在采暖建筑中，室内温度冬季一般为16 ℃～20 ℃，通过门、窗的传热损失与空气渗透热损失相加，占建筑能耗的50%左右，是墙体损失的5～6倍，因此，应关注建筑内部的传统木门窗和满足建筑节能要求的普通外门窗。在实际工程中，一般门窗的制作生产已具有标准化、规格化和商品化的特点，各地都有标准图供设计者选用。

## 第一节 门的类型及木门构造

### 一、门的分类

#### (一) 按门在建筑物中所处的位置分类

按门在建筑物中所处的位置，门可分为内门和外门两种。内门位于内墙上，应满足分隔要求，如隔声、隔视线等；外门位于外墙上，应满足围护要求，如保温、隔热、防风沙、耐腐蚀等。

### (二)按门所用的材料不同分类

按门所用的材料不同,门可以分为木门、钢门、铝合金门、塑料门及塑钢门等。木门制作加工方便,价格低廉,应用广泛,但防火能力较差。钢门强度高,防火性能好,透光率高,在建筑上应用很广,但钢门保温性较差,易锈蚀。铝合金门美观,有良好的装饰性和密闭性,但成本高,保温性差。塑料门同时具有木材的保温性和铝材的装饰性,是近年来为节约木材和有色金属发展起来的新品种,但其刚度和耐久性还有待进一步提高。

另外,还有一种全玻璃门,主要用于标准较高的公共建筑中的出入口,它具有简洁、美观、视线无阻挡及构造简单等特点。

### (三)按门的使用功能分类

按门的使用功能,门可以分为一般门和特殊门两种。特殊门具有特殊的功能,构造复杂,一般用于对门有特别的使用要求的情况,如保温门、防盗门、防火门、防射线门等。

### (四)按门扇的开启方式分类

按门扇的开启方式,门可以分为平开门、弹簧门、推拉门、折叠门、转门、上翻门、升降门及卷帘门等类型。

#### 1. 平开门

如图 9-1(a)所示,平开门是水平方向开启的门,门扇与门框用铰链连接并绕在侧边安装的铰链转动,分单扇、双扇、内开和外开等形式。其具有构造简单、开启灵活、制作安装和维修方便等特点,所以在建筑物中使用最为广泛。

#### 2. 弹簧门

如图 9-1(b)所示,弹簧门的门扇与门框用弹簧铰链连接。门扇水平开启,分为单向弹簧门和双向弹簧门。其最大优点是门扇能够自动关闭。单向弹簧门常用于有自闭要求的房间,一般为单扇,如卫生间的门、纱门等。双向弹簧门多用于人流出入频繁或有自动关闭要求的公共场所,多为双扇门,如建筑物出入口的门、商场/商店的门等。双向弹簧门的门扇上一般要安装玻璃,以避免出入人流相互碰撞。

#### 3. 推拉门

如图 9-1(c)所示,推拉门的门扇开启时沿上、下设置的轨道左、右滑行,有单扇和双扇之分。开启后,门扇可隐藏在墙体的夹层中或贴在墙面上。推拉门占用面积小,受力合理,不宜变形,但构造较复杂,多用于分隔室内空间的轻便门和仓库、车间的大门。

#### 4. 折叠门

如图 9-1(d)所示,折叠门的门扇由一组宽度约为 600 mm 的窄门扇组成,窄门扇之间用铰链连接。开启后,门扇可折叠在一起推移到洞口的一侧或两侧,占用空间少。简单的折叠门,可以只在侧边安装铰链,复杂的还要在门的上边或下边装导轨及转动五金配件。其构造较复杂,适用于宽度较大的门。

#### 5. 转门

如图 9-1(e)所示,转门由三扇或四扇门扇通过中间的竖轴组合起来,在两侧的弧形门套内水平旋转来实现启闭。转门不论是否有人通行,均有门扇隔断室内外,有利于室内隔视线、保温、隔热和防风沙,并且对建筑立面有较强的装饰性,适用于室内环境等级较高的公共建筑的大门。但其通行能力差，不能用作公共建筑的疏散门。

6. 上翻门

如图9-1(f)所示，上翻门的特点是充分利用上部空间，门扇不占用面积，五金及安装要求高。它适用于不经常开关的门。

7. 升降门

如图9-1(g)所示，升降门的特点是开启时门扇沿轨道上升，它不占使用面积，常用于空间较高的民用建筑与工业建筑。

8. 卷帘门

如图9-1(h)所示，卷帘门的门扇由金属叶片相互连接而成，在门洞的上方设转轴，通过转轴的转动来控制叶片的启闭。其特点是开启时不占使用空间，但其因加工制作复杂，造价较高，故常用于不经常启闭的商业建筑大门。

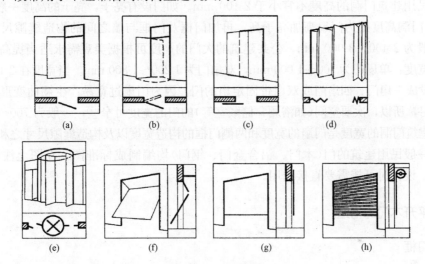

图9-1 门的类型

(a)平开门；(b)弹簧门；(c)推拉门；(d)折叠门；(e)转门；(f)上翻门；(g)升降门；(h)卷帘门

## 二、门的组成

门一般由门框、门扇、亮子、五金零件及附件组成，如图9-2所示。门框又称为门樘，是门与墙体的连接部分，由上框、边框、中横框和中竖框组成。门扇一般由上冒头、中冒头、下冒头和边梃组成骨架，中间固定门芯板，为了通风采光，可在门的上部设亮子，有固定、平开及上悬、中悬、下悬等形式，其构造同窗扇。门框与墙间的缝隙常用木条盖缝，称门头线(俗称"贴脸")。门上常用的五金零件有铰链、插销、门锁、拉手等。

## 三、门的尺寸

门的尺寸通常是指门洞的高度、宽度。门作为交通疏散通道，其洞口尺寸根据通行、搬运及与建筑物的比例关系确定，并应符合现行《建筑模数协调标准》(GB/T 50002—2013)的规定。

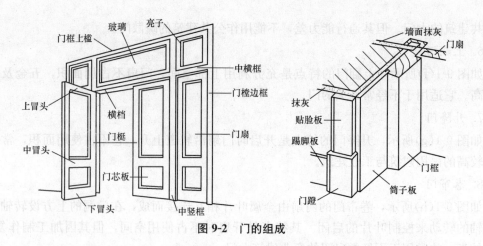

图 9-2 门的组成

一般民用建筑门洞的高度不宜小于 2 100 mm。如门设有亮子，亮子的高度一般为 300～600 mm，门洞高度则为门扇高加亮子高，再加门框及门框与墙之间的构造缝隙尺寸，即门洞高度一般为 2 400～3 000 mm。公共建筑的大门的高度可根据美观需求适当提高。

门的宽度：单扇门为 700～1 000 mm，双扇门为 1 200～1 800 mm。当宽度在 2 100 mm 以上时，可设成三扇门、四扇门或双扇带固定扇的门。因为门扇过宽易产生翘曲变形，同时也不利于开启，所以，次要空间（如浴厕、储藏室等）的门的宽度可窄些，一般为 700～800 mm。一般民用建筑门洞的宽度是门扇的宽度和两侧门框的构造宽度以及构造缝隙尺寸之和。

现在一般民用建筑的门（木门、铝合金门、钢门）均编制成标准图，在图上注明类型和相关尺寸，设计时可按需要直接选用。

### 四、平开木门的构造

#### (一) 门框

**1. 门框的断面形状与尺寸**

门框的断面形状与尺寸取决于门扇的开启方式和门扇的层数，由于门框要承受各种撞击荷载和门扇的重量作用，应有足够的强度和刚度，故其断面尺寸较大，如图 9-3 所示。

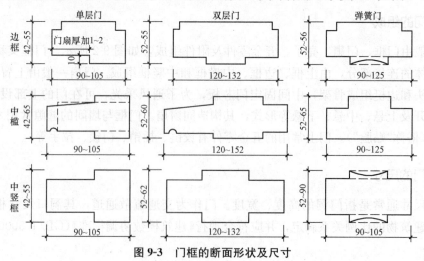

图 9-3 门框的断面形状及尺寸

2. 门框的安装

门框的安装与窗框相同，分为立口和塞口两种施工方法。工厂化生产的成品门，其安装多采用塞口法施工。

门框在墙洞中的位置与窗框相同，有门框外平、门框居中、门框内平和门框内外平四种情况。一般情况下多做在开门方向一边，与抹灰面平齐，尽可能使门扇开启后能贴近墙面。对较大尺寸的门，为能牢固地安装，多居中设置，如图9-4所示。

由于门框周围的抹灰极易脱落，影响卫生与美观，因此，门框与墙体的接缝处应用木压条盖缝，当装修标准较高时，还可加设筒子板和贴脸（简称"门套"）。

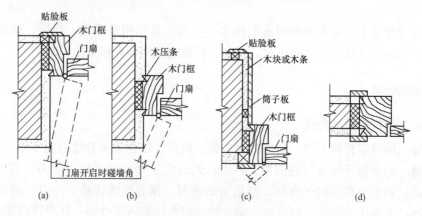

图 9-4 门框在墙洞中的位置
(a)外平；(b)居中；(c)内平；(d)内外平

(二)门扇

根据门扇的不同构造形式，在民用建筑中常见的门有镶板门、拼板门、夹板门等。

1. 镶板门

镶板门门扇由骨架和门芯板组成。骨架一般由上冒头、下冒头及边梃组成，有时中间还有中冒头或竖向中梃。门芯板可采用木板、胶合板、硬质纤维板及塑料板等，有时门芯板可部分或全部采用玻璃，则称为半玻璃(镶板)门或全玻璃(镶板)门。

木制门芯板一般用厚度为10～15 mm的木板拼装成整块，镶入边梃和冒头中，板缝应结合紧密。在实际工程中，常用的接缝形式为高低缝和企口缝。门芯板在边梃和冒头中的镶嵌方式有暗槽、单面槽及双边压条三种，工程中用得较多的是暗槽，其他两种方法多用于玻璃门、纱门及百叶门。

镶板门门扇骨架的厚度一般为40～45 mm。上冒头、中间冒头和边梃的宽度一般为75～120 mm，下冒头的宽度习惯上同踢脚高度，一般为200 mm左右。中冒头为了便于开槽装锁，其宽度可适当增加，以弥补开槽对中冒头材料的削弱。

2. 拼板门

拼板门的构造与镶板门相同，由骨架和拼板组成，只是拼板门的拼板用厚度为35～45 mm的木板拼接而成，因而自重较大，但坚固耐久，多用于库房、车间的外门。

3. 夹板门

夹板门门扇由骨架和面板组成，骨架通常采用(32～35)mm×(34～36)mm的木料制作，内部用小木料做成格形纵横肋条，肋距一般为 300 mm 左右。在骨架的两面可铺钉胶合板、硬质纤维板或塑料板等，门的四周可用厚度为 15～20 mm 的木条镶边，以取得整齐美观的效果。根据功能的需要，夹板门上也可以局部加玻璃或百叶，一般在装玻璃或百叶处做一个木框，用压条镶嵌。夹板门构造简单，自重轻，外形简洁，但不耐潮湿与日晒，多用于干燥环境中的内门。

## 第二节 窗的类型及构造组成

窗是房屋建筑中非常重要的组成配件之一，其主要作用是采光、通风、接受日照和供人眺望等，它对保证建筑物能够正常、安全、舒适地使用具有很大的影响。

### 一、窗的分类

#### (一)按窗的框料材质分类

按窗所用的框架材料不同，窗可分为木窗、钢窗、铝合金窗和塑料窗等单一材料的窗，以及塑钢窗、铝塑窗等复合材料的窗。其中，铝合金窗和塑钢窗外观精美、造价适中、装配化程度高，铝合金窗的耐久性好，塑钢窗的密封、保温性能优良，所以，其在建筑工程中应用广泛；木窗由于消耗木材量大，耐火性、耐久性和密闭性差，其应用已受到限制。

#### (二)按窗的层数分类

按窗的层数窗可分为单层窗和双层窗两种。其中，单层窗构造简单，造价低，多用于一般建筑；双层窗的保温、隔声、防尘效果好，多用于对窗有较高功能要求的建筑；双层窗和双层中空玻璃窗的保温、隔声性能优良，是节能型窗的理想类型。

#### (三)按窗的开启方式分类

按窗的开启方式的不同，窗可分为固定窗、平开窗、悬窗、立转窗、推拉窗、百叶窗等，如图 9-5 所示。

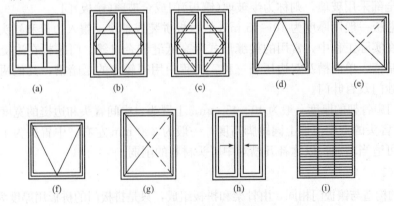

**图 9-5 按窗的开启方式分类**
(a)固定窗；(b)平开窗(单层外开)；(c)平开窗(双层内外开)；(d)上悬窗；
(e)中悬窗；(f)下悬窗；(g)立转窗；(h)左右推拉窗；(i)百叶窗

1. 固定窗

固定窗是将玻璃直接镶嵌在窗框上，不设可活动的窗扇，不能开启，一般用于只要求有采光、眺望功能的窗，如走道的采光窗和一般窗的固定部分，如图 9-5(a)所示。

2. 平开窗

平开窗是将玻璃安装在窗扇上，窗扇通过铰链与窗框连接，有内开和外开之分。它构造简单，制作、安装、维修、开启等都比较方便，在一般建筑中应用最为广泛，如图 9-5(b)、(c)所示。

3. 悬窗

按旋转轴位置的不同，悬窗可分为上悬窗、中悬窗和下悬窗三种。上悬窗和中悬窗向外开，防雨效果好，且有利于通风，尤其用于高窗时，开启较为方便，常用作门上的亮子和不方便手动开启的高侧窗。下悬窗防雨性能较差，且开启时占据较多的室内空间，多用于有特殊要求的房间，如图 9-5(d)、(e)、(f)所示。

4. 立转窗

立转窗的窗扇可以沿竖轴转动，竖轴可设在窗扇中心，也可以略偏于窗扇一侧。立转窗的通风效果好，但密闭性能较差，不宜用于寒冷和多风沙的地区，如图 9-5(g)所示。

5. 推拉窗

推拉窗是窗扇沿着导轨或滑槽推拉开启的窗。根据推拉方向的不同，推拉窗可分为水平推拉窗和垂直推拉窗两种。水平推拉窗需要在窗扇上、下设轨槽；垂直推拉窗要有滑轮及平衡措施。推拉窗开启时不占据室内外空间，窗扇和玻璃的尺寸可以较大，但它不能全部开启。窗扇的受力状态好，适宜安装大玻璃，但通风面积受到限制，如图 9-5(h)所示。

6. 百叶窗

百叶窗的窗扇一般用塑料、金属或木材等制成小板材，与两侧框料相连接，有固定式和活动式两种。百叶窗的采光效率低，主要用于遮阳、防雨及通风，如图 9-5(i)所示。

另外，根据窗扇所镶嵌的透光材料的不同，窗还可分为玻璃窗、百叶窗和纱窗等类型。

## 二、窗的组成与尺寸

### (一)窗的组成

窗一般由窗框、窗扇和五金零件三部分组成，如图 9-6 所示。窗框又称为窗樘，是窗与墙体的连接部分，由上框、下框、边框、中横框和中竖框组成。窗扇是窗的主体部分，可分为活动扇和固定扇两种。一般由上冒头、下冒头、边梃和窗芯（又叫窗棂）组成骨架，中间固定玻璃、窗纱或百叶。窗扇与窗框多用五金零件连接，常用的五金零件包括铰链、插销、风钩及拉手等。当建筑的室内装修标准较高时，窗洞口周围可增设贴脸、筒子板、

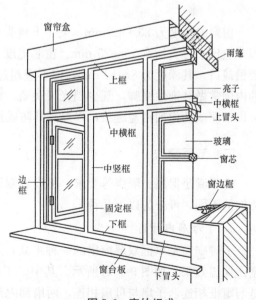

**图 9-6 窗的组成**

压条、窗台板及窗帘盒等附件。

(二)窗的尺寸

窗的尺寸应根据采光、通风与日照的需要来确定，同时兼顾建筑造型和《建筑模数协调标准》(GB/T 50002—2013)等的要求。为确保窗坚固、耐久，应限制窗扇的尺寸，一般平开木窗的窗扇高度为800～1 200 mm，宽度不大于500 mm；上、下悬窗的窗扇高度为300～600 mm；中悬窗的窗扇高度不大于1 200 mm，宽度不大于1 000 mm；推拉窗的高、宽均不宜大于1 500 mm。目前，各地均有窗的通用设计图集，可根据具体情况直接选用。

## 第三节 平开木窗的构造

### 一、木窗的断面形状与尺寸

木窗窗框的断面形状与尺寸主要由窗扇的层数、窗扇厚度、开启方式、窗洞口尺寸及当地风力大小来确定，一般多为经验尺寸，可根据具体情况确定。常见单层窗窗框的断面形状及尺寸如图9-7所示。

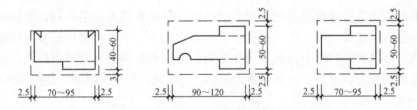

**图 9-7 常见单层窗窗框的断面形状与尺寸**
注：图中虚线为毛料尺寸，粗实线为刨光后的设计尺寸(净尺寸)，
中横框若加披水或滴水槽，其宽度还需增加 20～30 mm。

窗扇的厚度为35～42 mm，上、下冒头和边梃的宽度为50～60 mm，下冒头若加披水板，应比上冒头加宽10～25 mm。窗芯宽度一般为27～40 mm。为镶嵌玻璃，在窗扇外侧要做裁口，其深度为8～12 mm，但不应超过窗扇厚度的1/3。其构造如图9-8所示。窗料的内侧常做装饰性线脚，既少挡光又美观。两窗扇之间的接缝处，常做高低缝的盖口，也可以一面或两面加钉盖缝条，以提高其防风挡雨能力。

### 二、双层窗

为了满足保温、隔声等要求，可设置双层窗。双层窗按其窗扇和窗框的构造以及开启方向的不同，可分为以下几种。

1. 子母扇内开窗

子母扇窗是单框双层窗扇的一种形式，双层窗的特点是省料，透光面积大，有一定的密闭保温效果，如图9-9(a)所示。其中，子扇略小于母扇，但玻璃的尺寸相同，窗扇以铰链与窗框相连，子扇与母扇相连，两扇都内开。

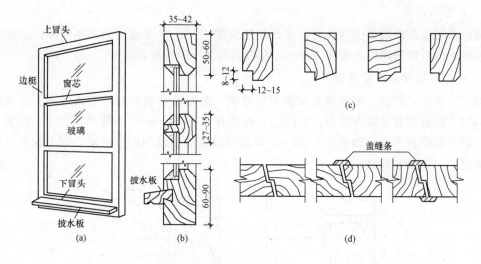

**图 9-8　窗扇的构造**
(a)窗扇立面；(b)窗扇剖面；(c)线脚示例；(d)盖缝处理

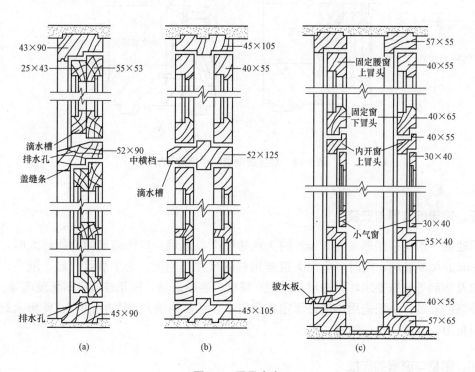

**图 9-9　子母扇窗**
(a)子母扇内开窗；(b)子母扇内外开窗；(c)分框双层窗

2. 子母扇内外开窗

子母扇内外开窗是在一个窗框上内外双裁口，一扇外开，另一扇内开，是单框双层窗扇，如图 9-9(b)所示。这种窗的内外扇的形式、尺寸完全相同，构造简单，内扇可以改换成纱扇。

### 3. 分框双层窗

分框双层窗的窗扇可以内外开,内外扇通常都内开。寒冷地区的墙体较厚,宜采用这种双层窗,内外窗扇净距一般在 100 mm 左右,如图 9-9(c)所示。

### 4. 双层玻璃窗和中空玻璃窗

双层玻璃窗,即在一个窗扇上安装两层玻璃,增加玻璃的层数,主要是利用玻璃间的空气间层来提高保温和隔声能力。其间层宜控制在 10~15 mm,一般不宜封闭,在窗扇的上、下冒头需做透气孔,如图 9-10 所示。可将双层玻璃窗改用中空玻璃,它是保温窗的发展方向之一,但成本较高。

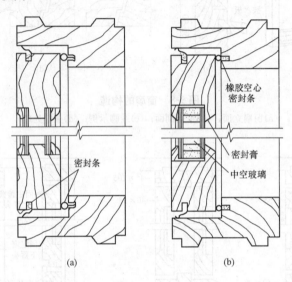

图 9-10 双层玻璃窗和中空玻璃窗

## 三、玻璃的选择与安装

普通窗一般均采用厚度为 3 mm 的无色透明平板玻璃,单块玻璃的面积较大时,可选用 6 mm 的加厚玻璃,同时,应加大窗扇用料的尺寸与刚度。为了满足保温、隔声、遮挡视线以及防晒等特殊要求,可选用双层中空玻璃、磨砂玻璃、压花玻璃或钢化玻璃等。

玻璃的安装,一般先用小铁钉固定在窗扇上,然后用油灰(桐油石灰)或玻璃密封膏镶嵌成斜角形,或者用小条镶钉。

## 四、窗框与窗扇的连接

窗框与窗扇之间既要开启方便,又要关闭紧密。通常,在窗框上做裁口(也叫"铲口"),深度为 10~12 mm,也可以钉小木条形成裁口,以节约木料,如图 9-11(a)、(b)所示。在窗框接触面处窗扇一侧做斜面,这可以保证扇、框外表面接口处缝隙最小,如图 9-11(c)所示。为了提高防风挡雨能力,可以在裁口处设回风槽,以减小风压和渗透量,或在裁口处装密封条,如图 9-11(d)、(e)所示。

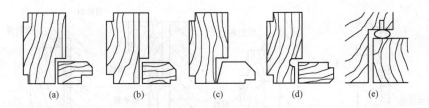

**图 9-11　窗框与窗扇间的缝隙处理**

### 五、窗框的安装

根据房间的使用要求、墙体的材料与厚度，窗框在墙洞中的位置有窗框内平、窗框居中和窗框外平三种情况，如图 9-12 所示。窗框内平时，对室内开启的窗扇，可贴在内墙面，少占用室内空间。当墙体较厚时，窗框居中布置，外侧可设窗台，内侧可做窗台板。窗框外平多用于板材墙或厚度较薄的外墙。

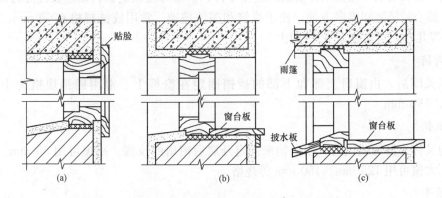

**图 9-12　窗框在墙洞中的位置**
(a)窗框内平；(b)窗框居中；(c)窗框外平

窗框的安装方式有立口和塞口两种。立口又称为立樘子，施工时先将窗框立好，然后砌窗间墙，以保证窗框与墙体结合紧密、牢固。塞口是砌墙时先留出窗洞口，然后再安装窗框。在洞口两侧每隔 500～700 mm 预埋一块防腐木砖。安装窗框时，用长钉或螺钉将窗框钉在木砖上，每边的固定点不少于两个，为便于安装，预留洞口应比窗框外缘尺寸稍大 20～30 mm。塞口安装施工方便，但框与墙间的缝隙较大。

窗框与墙间的缝隙应填塞密实，以满足防风、挡雨、保温、隔声等要求。一般情况下，洞口边缘可采用平口，用砂浆或油膏嵌缝。为保证嵌缝牢固，常在窗框靠墙一侧内外两角做灰口。对寒冷地区以在洞口两侧外缘做高低口为宜，缝内填弹性密封材料，以增强密闭效果；标准较高的常做贴脸或筒子板。木窗框靠墙一面易受潮变形，通常当窗框的宽度大于 120 mm 时，在窗框外侧开槽(俗称"背槽")，并作防腐处理，如图 9-13 所示。

### 六、窗的五金零件

窗的五金零件有铰链、插销、挺钩、拉手、铁三角等。

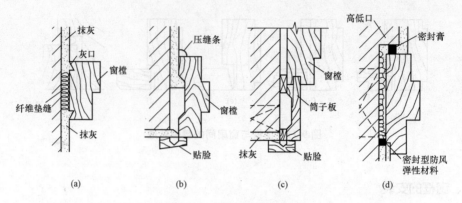

**图 9-13 窗框的墙缝处理**
(a)平口抹灰；(b)贴脸；(c)筒子板和贴脸；(d)高低缝填密封材料

1. 铰链

铰链又称为合页，是窗扇和窗框的连接零件，窗扇可绕铰链轴转动。铰链分为固定和抽心两种。抽心铰链装卸窗扇方便，便于维修和擦洗玻璃。常用铰链规格有 50 mm、75 mm、100 mm 等几种，可按窗扇大小选用。

2. 插销

窗扇关闭后，由窗扇上部和下部的插销固定在窗框上。常用插销规格为 100 mm、125 mm、150 mm。

3. 梃钩

梃钩又称为窗钩或风钩。用窗钩来固定开启后窗扇的位置。小窗可用 50 mm、75 mm 等规格；大窗可用 125 mm、150 mm 等规格。

4. 拉手

窗扇边框的中部可安装拉手，以利开关窗扇。其长度一般为 75 mm。拉手有弓背和空心两种。

5. 铁三角

铁三角是用来加固窗扇的边梃和上、下冒头之间的连接。其常用的规格有 75 mm、100 mm。

6. 木螺丝

木螺丝用来把五金零件安装于窗的有关部位。木螺丝有 20 mm、25 mm、30 mm、40 mm、50 mm 等规格。

7. 窗纱

窗纱为铁纱，规格为 16 目(每平方厘米 16 孔)。

8. 玻璃

玻璃厚度为 2～5 mm，其有关数据详见表 9-1。

表 9-1 木窗玻璃数据参考表

| 玻璃厚度/mm | 开扇每块玻璃的最大面积/m² | 固定扇每块玻璃的最大面积/m² | 每块玻璃的最长边尺寸/mm |
| --- | --- | --- | --- |
| 2 | 0.35 | 0.45 | 900 |
| 3 | 0.55 | 0.70 | 1 200 |
| 5 | >0.55 | >0.70 | >1 200 |

## 第四节 铝合金门窗构造

铝合金门窗轻质高强，具有良好的气密性和水密性。其隔声、隔热、耐腐蚀性能都较普通钢、木门窗有显著的提高，对有隔声、隔热、防尘等特殊要求的建筑以及多风沙、多暴雨、多腐蚀性气体环境地区的建筑尤为适用。铝合金门窗不需要涂漆，不褪色，不需要经常维修保护，还可以通过表面着色和涂抹处理获得多种不同的色彩和花纹，具有良好的装饰效果，从而在世界范围内得到了广泛的应用。

### 一、铝合金门窗的分类

常用铝合金门窗按开启方式可分为推拉门窗、平开门窗、固定门窗、滑撑窗、悬挂窗、百叶窗、弹簧门、卷帘门等；按截面高度可分为 38 系列、55 系列、60 系列、70 系列、100 系列等。表 9-2 列举了常用铝合金门窗断面形式。

铝合金门窗设计通常采用定型产品，选用时应根据不同地区、不同气候、不同环境、不同建筑物的不同使用要求，选用不同的门窗框系列。

表 9-2 常用铝合金门窗断面形式

| | | | |
| --- | --- | --- | --- |
| 上滑道（上框） | 窗框边封（边框） | 上横（上冒头） | 窗扇连框（边梃） |
| 下滑道（下框） | 中饰柱（中竖框） | 下横（下冒头） | 带钩边框（带钩边框） |

注：括号内为相当于木窗名称。

## 二、铝合金门窗框的安装

铝合金门窗框的安装也应采用塞口法，窗框外侧与洞口应弹性连接牢固，一般用螺钉固定钢质锚固件，安装时与墙柱中的预埋钢件焊接或铆固。门窗框与墙体等的连接固定点，每边不得少于两点，且间距不得大于 0.7 m。门窗框与洞口四周缝隙，一般采用软质保温材料填塞，如矿棉毡条、泡沫塑料条等，分层填实，外表留 5～8 mm 深的槽口用密封膏密封，如图 9-14 所示。

这种做法主要是为了防止门窗框四周形成冷热交换区而产生结露，影响防寒、防风的正常功能和墙体的寿命以及建筑物的隔声、保温等功能。同时，这也避免了门窗框直接与混凝土、水泥砂浆接触，消除了碱对门窗框的腐蚀。图 9-15 所示为 70 系列推拉窗示意。

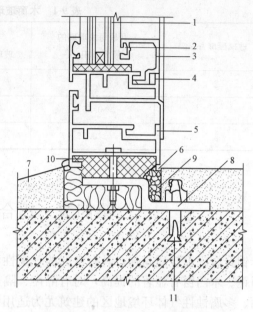

图 9-14　铝合金门窗安装节点
1—玻璃；2—橡胶条；3—压条；4—内扇；5—外框；
6—密封膏；7—砂浆；8—地脚；9—软填料；
10—塑料垫；11—膨胀螺栓

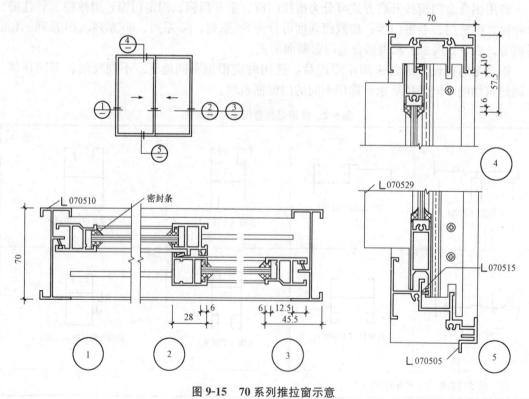

图 9-15　70 系列推拉窗示意

铝合金门窗玻璃视玻璃面积大小和抗风等强度要求及隔声、遮光、热工等要求可选用厚度为 3~8 mm 的平板玻璃、镀膜玻璃、钢化玻璃或中空玻璃。玻璃的安装要求各边加弹性垫块。不允许玻璃侧边直接与铝合金门窗接触。玻璃安装后，应用橡胶密封条或密封胶将四周压牢或填满。

## 第五节　塑钢结构门窗构造

塑钢窗是以 PVC 为主要原料制成空腹多腔异型材，中间设置薄壁加强型钢（简称"加强筋"），经加热焊接而成的一种新型窗。它具有导热系数低、耐弱酸碱、无须油漆等优点，并有良好的气密性、水密性、隔声性等，是国家重点推荐的新型节能产品，目前已在建筑中被广泛推广采用。

### 一、塑钢门窗的分类

常用塑钢门窗按开启方式有推拉门窗、平开门窗、固定门窗等；塑钢门窗按其型材的截面高度分为 45 系列、53 系列、60 系列、85 系列等。表 9-3 列举了常用塑钢门窗断面形式。

表 9-3　常用塑钢门窗断面形式

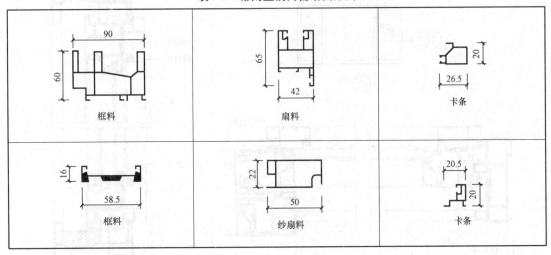

### 二、塑钢门窗的安装

塑钢门窗用塞口法安装，绝不允许与洞口同砌。安装时，用金属铁卡或膨胀螺钉把窗框固定到墙体上，每边固定点不应少于三点，安装固定检查无误后，在窗框与墙体间的缝隙处填入防寒毛毡卷或泡沫塑料，再用 1∶2 水泥砂浆填实、抹平，如图 9-16 所示。

塑钢门窗玻璃的安装同铝合金门窗相似，先在窗扇异型材一侧凹槽内嵌入密封条，并在玻璃四周安放橡塑垫块或底座，待玻璃安装到位后，再将已镶好密封条的塑料压条嵌装固定压紧。图 9-17 所示为塑钢推拉窗示意。

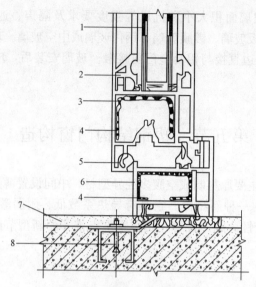

图 9-16 塑钢门窗安装节点
1—玻璃；2—玻璃压条；3—内扇；4—内钢衬；
5—密封条；6—外框；7—地脚；8—膨胀螺栓

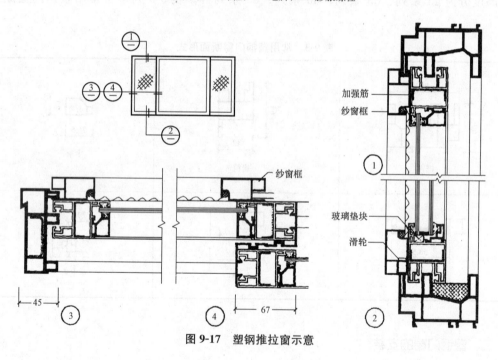

图 9-17 塑钢推拉窗示意

## 第六节 其他形式门窗构造

### 一、塑料窗

塑料窗是采用 PVC 工程塑料为原料，经专用挤压机具挤压形成空心型材，并用该型材作为窗的框料。其主要特性是刚性强、耐冲击、耐腐蚀性能好,使用寿命长,且具有很好的气密性、水密性和电绝缘性。

塑料窗按其型材尺寸分为50系列、60系列、80系列、90系列和100系列。各系列的号码为型材断面的标志宽度。窗扇面积越大,所需型材的断面尺寸也越大;塑料窗按开启方式分为平开窗、推拉窗、旋转窗及固定窗;塑料窗按窗扇结构方式分为单玻、双玻、三玻、百叶窗和气窗。

## 二、钢窗

钢窗与木窗相比,具有强度高,刚度大,耐久、耐火性能好,外形美观以及便于工厂化生产等特点。钢窗的透光系数较大,与同样大小洞口的木窗相比,其透光面积增加15%左右,但钢窗易受酸碱和有害气体的腐蚀,其加工精度和观感稍差,目前较少在民用建筑中使用。

1. 钢窗的类型

根据钢窗使用材料形式的不同,钢窗可以分为实腹式和空腹式两种。

(1)实腹式钢窗。实腹式钢窗采用的热轧型钢有25 mm、32 mm、40 mm 三种系列,肋厚为2.5~4.5 mm,适用于风荷载不超过$0.7 \text{ kN/m}^2$的地区。民用建筑中窗料多用25 mm 和32 mm 两种系列。部分实腹式钢窗材料的料型与规格如图9-18所示。

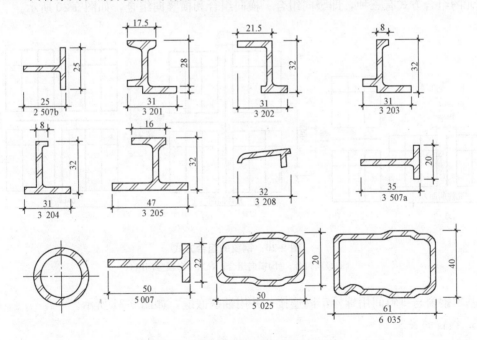

图9-18 实腹式钢窗材料的料型与规格

(2)空腹式钢窗。空腹式钢窗材料是采用低碳钢经冷轧、焊接而成的异形管状薄壁钢材,其壁厚为1.2~2.5 mm。目前,在我国主要有沪式和京式两种类型,如图9-19所示。空腹式钢窗壁薄,质量轻,节约钢材,但不耐锈蚀,应注意保护和维修。一般在成型后,其内、外表面均需作防锈处理,以提高防锈蚀的能力。

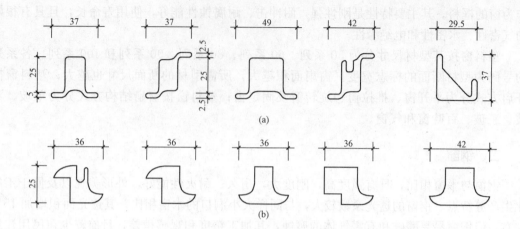

**图 9-19 空腹式钢窗材料的料型与规格**
(a)沪式；(b)京式

## 2. 钢窗的组合与连接

当钢窗洞口尺寸不大时，可采用基本钢窗，直接安装在洞口上。较大的窗洞口则需用标准的基本单元和拼料拼接而成，拼料支承着整个窗，以保证钢门窗的刚度和稳定性。基本单元的组合方式有三种，即竖向组合、横向组合和横竖向组合，如图 9-20 所示。

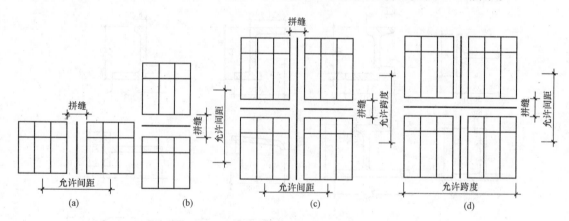

**图 9-20 钢窗的组合方式**
(a)竖向组合；(b)横向组合；(c)、(d)横竖向组合

基本钢窗与拼料间用螺栓牢固连接，并用油灰嵌缝，如图 9-21 所示。

## 3. 钢窗的安装

钢窗玻璃的安装方法与木窗不同，一般先用油灰打底，然后用弹簧夹子或钢皮夹子将玻璃嵌固在钢窗上，然后再用油灰封闭。

钢窗一般采用塞口法安装，窗框与洞口四周通过预埋铁件用螺钉牢固连接。固定点的间距为 500～700 mm。在砖墙上安装时多预留孔洞，将燕尾形铁脚插入洞口，并用砂浆嵌牢。在钢筋混凝土梁或墙柱上则先预埋铁件，将钢窗的 Z 形铁脚焊接在预埋钢板上。

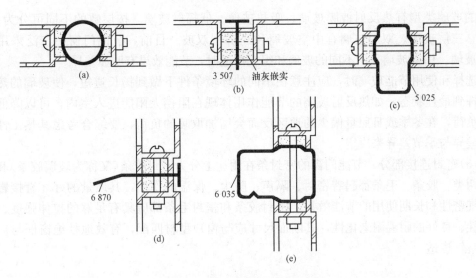

**图 9-21 基本钢窗与拼料的连接**
(a)、(b)、(c)竖向连接；(d)、(e)横向连接

### 三、建筑节能门窗

建筑节能门窗是集门窗形式、型材、玻璃、五金配件、密封条为一体的综合体，只有做到良好的构造连接，才能很好地达到节能的效果，实现应有的功能和作用。

1. 建筑节能门窗的尺寸与开启方式

建筑节能门窗的最大外形尺寸和立面应在满足建筑节能传热系数、气密性能和遮阳系数、采光和隔声等要求的同时，还要考虑门窗的力学性能要求、型材断面结构尺寸要求、洞口安装的具体要求。门窗开启扇的最大尺寸，应根据门窗框料的抗压强度计算结果、窗扇的自重、选用五金件的承载力和五金件与门窗框扇的连接强度确定。建筑节能窗的形式主要有推拉窗、平开窗、固定窗、悬窗、提拉窗；建筑节能门常用的形式有平开门、推拉门、折叠门。从节能角度应优先选用固定窗和平开门窗。固定窗、平开窗、悬窗的窗扇与窗框之间应使用橡胶密封压条(固定窗无窗扇，玻璃直接安装在窗框上)，窗扇关闭后压紧橡胶密封压条，使窗扇与窗框间没有空隙，令其难以形成对流，以保证窗户气密性良好。

2. 建筑节能门窗的构造组成

室内热量透过窗户损失，主要是通过玻璃(以辐射的形式)、窗框(以传导的形式)、窗框与玻璃之间的密封条(以空气渗透的形式)传递到室外的。直接影响门窗节能的构造主要包括框体部分、采光部分、密封连接部分。

(1)框体部分。节能门窗用型材是门窗中的主要构造组成部分，它关系到窗户的抗风压性能和窗户的气密性、水密性、保温性等。窗框占外窗洞口面积的15%～25%，是建筑外围护中能量流失的薄弱环节。目前，常用的门窗用型材有断桥铝合金型材、塑钢型材、玻璃钢型材、铝塑复合型材、铝木型材。建筑节能门窗的框体型材各具特点。

(2)采光部分。窗户玻璃占整个窗户面积的75%～80%，通过玻璃的辐射热损失占窗户总损失的2/3左右。在节能门窗中降低玻璃的导热系数是节能的前提。目前，应用的门窗的玻璃类型有热反射镀膜玻璃、吸热玻璃、低辐射玻璃。按层数的不同可分为单层、双层、三层玻璃。双层玻璃有中空玻璃和经济型双玻。目前，节能门窗中广泛采用双层中空玻璃。中空玻璃采用不同的玻璃和组成构造时，节能效果有明显差异。

选择和使用节能玻璃时，应注意在不同的环境条件下做到扬长避短，使玻璃的热工性能发挥到最佳状态。如热反射玻璃的节能作用体现在阻挡太阳能进入室内，可以降低空调制冷负荷，在冬季或日照量偏少的地区反而会增加取暖的负荷，要综合考虑其热工性能的地区差异与季节差异来决定。

(3)密封连接部分。节能门窗的密封条在用途上分为密封胶条(又称为玻璃胶条)和密封毛条两类。胶条、毛条都起着密封、隔声、防尘、保温的作用，其质量的好坏直接影响门窗的气密性和长期使用的节能效果。密封胶条和密封毛条都应具有足够的拉伸强度、良好的弹性、良好的耐温耐老化性，其断面尺寸应与窗户型材匹配，有效地杜绝窗框与玻璃之间的空气渗透。

### 四、特殊要求的门窗

#### 1. 防火门窗

防火门窗多用于加工易燃品的车间或仓库。门窗框应与墙体固定牢固、垂直通角，通常用电焊或射钉枪将门窗框固定。甲级、乙级防火门框上缠有防烟条槽。当门框固定后，在油漆前再用圆钉和树脂胶镶嵌固定好防烟条。

根据车间对防火门耐火等级的要求，门扇可以采用钢板、木板外贴石棉板再包以镀锌薄钢板或木板外直接包镀锌薄钢板等构造措施，并在门扇上设泄气孔。防火门的开启方向必须面向易于人员疏散的地方。防火门常采用自重下滑关闭门，当火灾发生时，易熔合金片被熔断后，重锤落地，门扇就会依靠自重下滑关闭。当洞口尺寸较大时，可做成两个门扇相对下滑。

#### 2. 隔声门

隔声门的隔声效果与门扇的材料及门缝的密闭有关。隔声门常采用多层复合结构，即在两层面板之间填吸声材料，如玻璃棉、玻璃纤维板等。

一般隔声门的面板常采用整体板材(如五层胶合板、硬质木纤维板等)。通常在门缝内粘贴填缝材料，如橡胶管、海绵橡胶条、泡沫塑料条等以提高隔声效果，并选择合理的裁口形式，如斜面裁口比较容易关闭紧密。

### 本章小结

窗和门是建筑物的重要组成部分，也是主要围护构件之一。本章主要对不同类型的门、窗进行了介绍。窗一般由窗框、窗扇和五金零件组成。门一般由门框、门扇、亮子、五金零件及附件组成。门和窗分别可以按照不同角度进行分类。门在建筑物中的作用主要是交通联系，并兼有采光、通风的作用；窗在建筑物中主要是起采光兼有通风的作用。它们均属建筑的围护构件。同时，门窗的形状、尺度、排列组合以及材料，对建筑的整体造型和立面效果影响很大。

# 思考与练习

## 一、填空题

1. 按门所用的材料不同,门可分为木门、钢门、铝合金门、塑料门及塑钢门等。_____制作加工方便,价格低廉,应用广泛,但防火能力较差。_____强度高,防火性能好,透光率高,在建筑上应用很广,但保温性较差,易锈蚀。_____美观,有良好的装饰性和密闭性,但成本高,保温差。_____同时具有木材的保温性和铝材的装饰性,是近年来为节约木材和有色金属发展起来的新品种。

2. 窗的五金零件有_____、_____、_____、_____、_____等。

3. 门的尺寸通常是指门洞的_____、_____,一般民用建筑门洞高度不宜小于_____。

## 二、简答题

1. 窗和门的组成部分分别有哪些?
2. 铝合金门窗框与墙体之间的缝隙应如何处理?安装有什么要求?
3. 塑钢窗有哪些优点?
4. 钢窗有哪几种类型?其与木窗相比有哪些优、缺点?

# 第十章　屋顶构造

### 学习目标

(1) 掌握屋顶的分类和常见屋顶的特点；
(2) 熟练掌握平屋顶的保温、隔热、防水的构造，了解屋顶的一般构造；
(3) 掌握新型材料坡屋顶的发展动态和应用前景；
(4) 了解屋顶排水组织的基本原则和适用条件。

### 技能目标

(1) 能够对不同的屋顶进行分类；
(2) 能够对屋顶构造以及坡屋顶构造的知识进行实际应用；
(3) 具有使用新型屋面材料的基本能力。

## 第一节　屋顶概述

屋顶是建筑最上层的覆盖构件，具有不同的类型和相应的设计要求。

### 一、屋顶的功能

屋顶位于建筑物的最顶部，主要有三个作用：一是承重作用，承受作用于屋顶上的风、雨、雪、检修、设备荷载和屋顶的自重等；二是围护作用，防御自然界的风、雨、雪、太阳辐射热和冬季低温等的影响；三是装饰建筑立面，屋顶的形式对建筑立面和整体造型有很大的影响。

屋顶是建筑物围护结构的一部分，是建筑立面的重要组成部分，除应满足自重轻、构造简单、施工方便等要求外，还必须具备坚固耐久、防水排水、保温隔热、抵御侵蚀等功能。

### 二、屋顶的类型

屋顶的类型与建筑物的屋面材料、屋顶结构类型以及建筑造型要求等因素有关。按照屋顶的排水坡度和构造形式，屋顶可分为平屋顶、坡屋顶和曲面屋顶三种类型。

1. 平屋顶

平屋顶是指屋面排水坡度小于或等于10%的屋顶。平屋顶的主要特点是坡度平缓，常用的坡度为2%~3%，上部可做成露台、屋顶花园等供人使用，同时，平屋顶具有体积小、构造简单、节约材料、造价经济的特点,在建筑工程中的应用最为广泛,如图10-1所示。

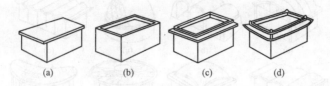

**图 10-1 平屋顶的形式**
(a)挑檐平屋顶;(b)女儿墙平屋顶;(c)挑檐女儿墙平屋顶;(d)盝顶式平屋顶

2. 坡屋顶

屋面坡度大于10%的屋顶称为坡屋顶。坡屋顶在我国有着悠久的历史,由于坡屋顶造型丰富多彩并能就地取材,故至今仍被广泛应用。

坡屋顶按其分坡的多少可分为单坡顶、双坡顶和四坡顶,如图10-2所示。当建筑物进深不大时,可选用单坡顶;当建筑物进深较大时,宜采用双坡顶或四坡顶。双坡顶有硬山和悬山之分。硬山是指房屋两端山墙高出屋面,山墙封住屋面;悬山是指屋顶的两端挑出山墙外面,屋面盖住山墙。

对坡屋顶稍加处理,即可形成卷棚顶、庑殿顶、歇山顶、圆攒尖顶等形式,古建筑中的庑殿顶和歇山顶均属于四坡顶。

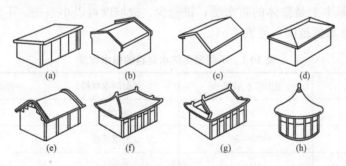

**图 10-2 坡屋顶的形式**
(a)单坡顶;(b)硬山两坡顶;(c)悬山两坡顶;(d)四坡顶;
(e)卷棚顶;(f)庑殿顶;(g)歇山顶;(h)圆攒尖顶

3. 曲面屋顶

曲面屋顶是由各种薄壳结构、悬索结构以及网架结构等作为屋顶承重结构的屋顶,如双曲拱屋顶、扁壳屋顶、鞍形悬索屋顶等,如图10-3所示。这类结构的受力合理,能充分发挥材料的力学性能,因而能节约材料。但是,由于这类屋顶施工复杂、造价高,故常用于大跨度的大型公共建筑。

### 三、屋顶的坡度

1. 屋顶坡度的表示方法

屋顶坡度的大小常用百分比表示,即以屋顶倾斜的垂直投影高度与其水平投影长度的百分比来表示,如2%、5%等,如图10-4所示。

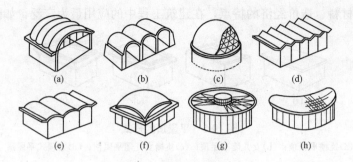

图 10-3 曲面屋顶的形式

(a)双曲拱屋顶；(b)砖石拱屋顶；(c)球形网壳屋顶；(d)V形折板屋顶；
(e)筒壳屋顶；(f)扁壳屋顶；(g)车轮形悬索屋顶；(h)鞍形悬索屋顶

2．影响屋顶坡度的因素

屋顶坡度大小是由多方面因素决定的，它与屋面选用的材料、当地降雨量大小、屋顶结构形式、建筑造型要求以及经济条件等有关。

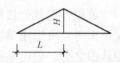

图 10-4 屋顶坡度的表示方法

一般情况下，屋面覆盖材料面积越小，厚度越大，其坡度就越大，如瓦材，其拼接缝比较多，漏水的可能性就大，其坡度应大一些，以便迅速排除雨水，减少漏水的机会。反之，屋面覆盖材料的面积越大，其坡度就越小，如卷材，基本上是整体的防水层，拼缝少，故坡度可以小一些。不同的屋面防水材料应有各自的排水坡度范围，见表10-1。

表 10-1 不同屋面防水材料的排水坡度

| 屋面防水材料 | 屋面排水坡度/% | 屋面防水材料 | 屋面排水坡度/% |
| --- | --- | --- | --- |
| 卷材防水 | 2～5 | 油毡瓦 | ≥20 |
| 平瓦 | 20～50 | 压型钢板 | 10～35 |
| 波形瓦 | 10～50 | — | — |

## 第二节 平屋顶构造

平屋顶是我国一般建筑工程中较常见的屋顶形式，它具有构造简单、节约材料、造价低廉、预制装配化程度高、施工方便、屋面便于利用的优点，同时，其也存在着造型单一的缺陷。

一、平屋顶的组成

平屋顶一般由屋面、保温隔热层、结构层和顶棚层四部分组成，如图10-5所示。因各地气候条件不同，所以，其组成也略有差异。我国南方地区一般不设保温层，而北方地区则很少设隔热层。

1. 屋面

屋面是屋顶构造中最上面的表面层次，由于其要承受施工荷载和使用时的维修荷载，以及自然界风吹、日晒、雨淋、大气腐蚀等的长期作用，因此，屋面材料应有一定的强度、良好的防水性能和耐久性能。目前，在工程中常用的有柔性防水和刚性防水两种形式，人们常根据屋面材料的名称进行命名，如卷材屋面、刚性屋面、涂料屋面等。

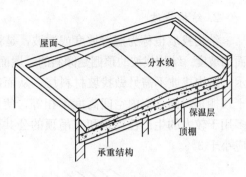

图 10-5　平屋顶的组成

2. 保温隔热层

当对屋顶有保温隔热要求时，需要在屋顶中设置相应的保温隔热层。保温层、隔热层通常设置在结构层与防水层之间。常用的保温材料有无机粒状材料和块状制品，如膨胀珍珠岩、水泥蛭石、聚苯乙烯泡沫塑料板等。

3. 结构层

结构层承受着屋面传来的各种荷载和屋顶自重。平屋顶主要采用钢筋混凝土结构，按施工方法的不同，有现浇钢筋混凝土结构、预制装配式混凝土结构和装配整体式钢筋混凝土结构三种形式，其中，最常用的是预制装配式混凝土结构，如空心板和槽形板等。

4. 顶棚层

顶棚位于屋顶的底部，用来满足室内对顶部的平整度和美观的要求。顶棚按照其构造形式的不同，可分为直接式顶棚和悬吊式顶棚。

## 二、平屋顶排水设计

### (一)排水坡度的形成

为了迅速排除屋面雨水，保证水流畅通，首先应选择合适的屋面排水坡度，从排水角度考虑，要求排水坡度越大越好；但从结构、经济、施工以及上人活动等角度考虑，又要求坡度越小越好。一般常视屋面材料的表面粗糙程度和功能需要而定，常用坡度为2%～3%。坡度的形成一般可通过两种方法来实现，即材料找坡和结构找坡。

1. 材料找坡

材料找坡也称为垫置坡度或填坡，是在水平搁置的屋面板上，采用价廉、质轻的材料，如炉渣加水泥或石灰等将屋面垫出坡度，上面再做防水层，如图 10-6 所示。垫置坡度不宜过大，一般为2%，否则找坡层的平均厚度增加，使屋面荷载过大，从而导致屋顶造价增加。当屋面需做保温层时，也可不另设找坡层，利用保温材料本身做成不均匀厚度来形成一定的坡度。材料找坡可使室内获得水平的顶棚层，但也增加了屋面自重。

图 10-6　平屋顶垫置坡度

## 2. 结构找坡

结构找坡也称为搁置坡度或撑坡,是将屋面板搁放在有一定倾斜度的梁或墙上,形成屋面的坡度。结构找坡的顶棚是倾斜的,屋面板以上各种构造层厚度不发生变化,如图10-7所示。结构找坡不需另做找坡材料层,从而减少了屋顶荷载,其施工简单,造价低廉,但由于顶棚是斜面,室内空间高度不相等,使用上不习惯,往往需设吊顶棚,所以,这种做法多用于较大的生产性建筑和有吊顶的公共建筑。混凝土结构房屋宜采用结构找坡,坡度不应小于3%。

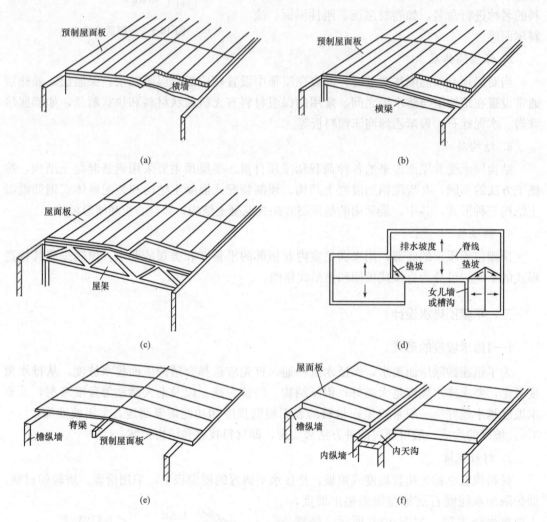

**图10-7 平屋顶搁置坡度**
(a)横墙搁置屋面板;(b)横梁搁置屋面板;(c)屋架搁置屋面板;(d)搁置屋面的局部垫坡;
(e)纵梁纵墙搁置屋面板;(f)内外纵墙搁置屋面板

### (二)平屋顶的排水方式

平屋顶的排水坡度较小,要把屋面上的雨水、雪水尽快地排除,就要组织好屋顶的排水系统,选择合理的排水方式。平屋顶的排水方式可分为无组织排水和有组织排水两大类。

1. 无组织排水

无组织排水又称为自由落水,是指屋面的雨水由檐口自由滴落到室外地面。这种排水方式不需设置天沟、落水管进行导流,只要把屋顶在墙四周挑出,形成挑檐,屋面雨水即会经挑檐自由下落至室外地坪,如图10-8所示。

无组织排水构造简单,造价低廉,不易漏雨和堵塞。当建筑物较高或雨量较大时,屋檐落水将沿檐口形成水帘,雨水四溅,危害墙身和环境。所以,无组织排水一般适用于低层或次要建筑及降雨量较小地区的建筑。

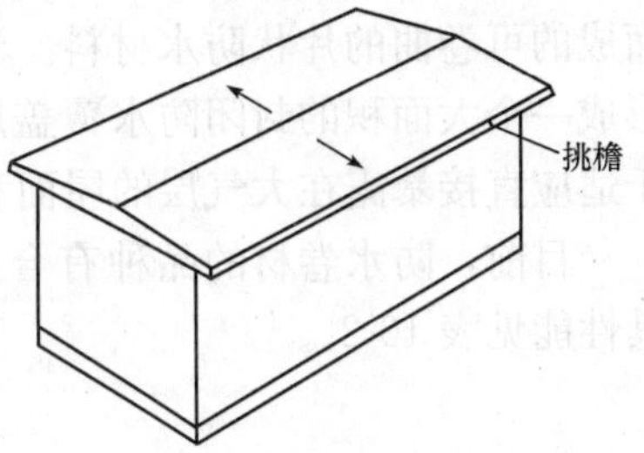

2. 有组织排水

有组织排水是在屋顶设置与屋面排水方向相垂直的纵向天沟,汇集雨水后,将雨水由落水口、落水管有组织地排到室外地面或室内地下排水系统,这种排水方式称为有组织排水。按照落水管的位置,有组织排水可分为外排水和内排水,如图10-9所示。有组织排水的屋顶虽然构造复杂,造价高,但避免了雨水自由下落对墙面和地面的冲刷和污染。

图10-8 平屋顶四周挑檐自由落水

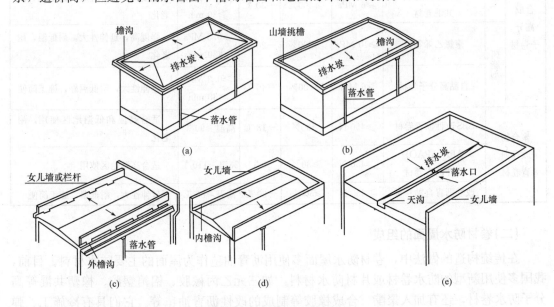

图10-9 平屋顶有组织排水
(a)沿屋面四周设檐沟;(b)沿纵墙设檐沟;
(c)女儿墙外设檐沟;(d)女儿墙内设檐沟;(e)平屋顶内排水

(1)外排水。外排水是屋顶雨水由室外落水管排到室外的排水方式。这种排水方式构造简单,造价较低,应用最广。按照檐沟在屋顶的位置,外排水的屋顶形式有沿屋顶四周设檐沟、沿纵墙设檐沟、女儿墙外设檐沟、女儿墙内设檐沟等。

(2)内排水。内排水是屋顶雨水由设在室内的落水管排到地下排水系统的排水方式。这种排水方式构造复杂,造价及维修费用高,而且落水管占室内空间,一般适用于大跨度建筑、高层建筑、严寒地区的建筑及对建筑立面有特殊要求的建筑。

### 三、卷材防水屋面构造

#### (一)卷材防水屋面的类型和适用范围

卷材防水屋面的卷材是以合成橡胶、树脂或高分子聚合物改性沥青等经不同工序加工而成的可卷曲的片状防水材料。卷材防水屋面是将防水卷材或片材用胶结料粘贴在屋面上,形成一个大面积的封闭防水覆盖层,又称为柔性防水。这种防水层有一定的延伸性,有利于适应直接暴露在大气层的屋面和结构的温度变形。

目前,防水卷材的品种有合成高分子防水卷材、高分子聚合物改性沥青防水卷材等,其性能见表10-2。

表10-2 卷材分类及性能

| 材性分类 | | 品种 | 性能指标 | | | | 特点 |
|---|---|---|---|---|---|---|---|
| | | | 强度 | 延伸 | 低温 | 不透水 | |
| 合成高分子卷材 | 硫化型 | 三元乙丙橡胶卷材 | ≥6 MPa | ≥400% | −30 ℃ | ≥0.3 MPa ≥30 min | 强度高,延伸性大,耐低温,耐老化 |
| | | 氯化乙烯橡胶共混卷材 | ≥6 MPa | ≥400% | −30 ℃ | ≥0.3 MPa ≥30 min | 强度高,延伸性大,耐低温,耐老化 |
| | 树脂型 | 聚氯乙烯卷材 | ≥10 MPa | ≥200% | −20 ℃ | ≥0.3 MPa ≥30 min | 强度高,延伸性大,耐低温,耐老化 |
| | | 自黏高分子卷材 | ≥6 MPa | ≥400% | −40 ℃ | ≥0.3 MPa ≥30 min | 延伸性大,耐低温好,施工简便 |
| 聚合物改性沥青卷材 | | SBS改性沥青卷材 | ≥450 N | ≥30% | −18 ℃ | 高温≥90 ℃ | 适合高温和低温地区使用,耐老化 |
| | | APP(APAO)改性沥青卷材 | ≥450 N | ≥30% | 50 ℃ | 高温≥110 ℃ | 适合高温地区使用 |
| | | 改性沥青自黏卷材 | ≥450 N | ≥500% | −20 ℃ | 高温≥85 ℃ | 延伸性大,耐低温,施工简便 |

#### (二)卷材防水屋面的组成

在传统构造的做法中,卷材防水屋面多使用沥青油毡作为屋面的主要防水材料。目前,我国多使用新型的防水卷材或片材防水材料,如三元乙丙橡胶、铝箔塑胶、橡塑共混等高分子防水卷材,还有加入聚酯、合成橡胶等制成的改性沥青油毡等。它们具有冷施工、弹性好、寿命长等优点。但是,油毡防水屋面在某些地方仍被采用。

卷材防水屋面是由结构层、找坡层、找平层、结合层、防水层、保护层等部分组成的,如图10-10所示。

**1. 结构层**

柔性防水屋面的结构层的主要作用是承担屋顶的全部荷载,通常为预制或现浇的钢筋混凝土屋面板。当为预制式钢筋混凝土板时,应采用强度等级不小于C20的细石混凝土灌缝;当板缝宽度大于40 mm时,缝内应设置构造钢筋。

**2. 找坡层**

当屋顶采用材料找坡来形成坡度时,找坡层一般位于结构层之上,采用轻质、廉价

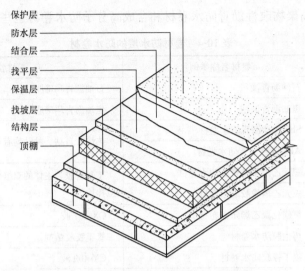

图 10-10 卷材防水屋面的基本组成

的材料,如 1∶(6~8)的水泥焦渣或水泥膨胀蛭石垫置形成坡度,最薄处的厚度不宜小于 30 mm。当屋顶采用结构找坡时,则不需设置找坡层。

### 3. 找平层

卷材防水层要求铺贴在坚固、平整的基层上,以避免卷材凹陷或被穿刺,因此,必须在找坡层或结构层上设置找平层,找平层一般采用 1∶3 的水泥砂浆或细石混凝土、沥青砂浆,厚度通常为 20~30 mm,以作为卷材屋面的基层,具体要求见表 10-3。

表 10-3 找平层厚度和技术要求

| 类别 | 适用的基层 | 厚度/mm | 技术要求 |
|---|---|---|---|
| 水泥砂浆 | 整体现浇混凝土板 | 15~20 | 1∶2.5 水泥砂浆 |
|  | 整体材料保温层 | 20~25 |  |
| 细石混凝土 | 装配式混凝土板 | 30~35 | C20 混凝土,宜加钢筋网片 |
|  | 板状材料保温层 |  | C20 混凝土 |

### 4. 结合层

由于砂浆中水分的蒸发在找平层表面形成小的孔隙和小颗粒粉尘,严重影响了沥青胶与找平层的黏结,因此,在铺贴卷材防水层前,必须在找平层上预先涂刷基层处理剂作结合层。结合层材料应与卷材的材质相适应,采用沥青类卷材和高聚物改性沥青防水卷材时,一般采用冷底子油(所谓冷底子油,就是将沥青溶解在一定量的煤油或汽油中所配成的沥青溶液)作结合层;采用合成高分子防水卷材时,则用专用的基层处理剂作结合层。

### 5. 防水层

防水材料和做法应根据建筑物对屋面防水等级的要求来确定。卷材防水层的防水卷材包括沥青类卷材、高聚物改性沥青防水卷材和合成高分子防水卷材三类,见表 10-4。沥青类卷材属于传统的卷材防水材料,一般只用石油沥青油毡,由于其具有强度低、耐老化性能差、施工时需多层粘贴形成防水层、施工复杂等缺点,所以,在现代工程中已较少采用,采用较多的是高聚物改性沥青防水卷材和合成高分子防水卷材这些新型的防水卷材。

表 10-4　卷材防水层的防水卷材

| 卷材分类 | 卷材名称举例 | 卷材胶粘剂 |
| --- | --- | --- |
| 沥青类卷材 | 石油沥青油毡 | 石油沥青玛琋脂 |
| | 焦油沥青油毡 | 焦油沥青玛琋脂 |
| 高聚物改性沥青防水卷材 | SBS 改性沥青防水卷材 | 热熔、自粘、粘贴均有 |
| | APP 改性沥青防水卷材 | |
| 合成高分子防水卷材 | 三元乙丙丁基橡胶防水卷材 | 丁基橡胶为主体的双组分 A 与 B 液 1∶1 配合比搅拌均匀 |
| | 三元乙丙橡胶防水卷材 | |
| | 氯磺化聚乙烯防水卷材 | CX-401 胶 |
| | 再生胶防水卷材 | 氯丁胶胶粘剂 |
| | 氯丁橡胶防水卷材 | CY-409 液 |
| | 氯丁聚乙烯-橡胶共混防水卷材 | BX-12 及 BX-12 乙组分 |
| | 聚氯乙烯防水卷材 | 胶粘剂配套供应 |

**6. 保护层**

卷材防水层的材质呈黑色,极易吸热,夏季屋顶表面温度达 60 ℃～80 ℃时,高温会加速卷材的老化,所以,卷材防水层做好以后,一定要在上面设置保护层。保护层可分为不上人屋面和上人屋面两种做法,具体方法如下:

(1)不上人屋面保护层,即不考虑人在屋顶上的活动情况。高聚物改性沥青防水卷材和合成高分子防水卷材在出厂时,卷材的表面一般已做好了铝箔面层、彩砂或涂料等保护层,不需再专门做保护层。石油沥青油毡防水层的不上人屋面保护层做法是:用玛琋脂黏结粒径为 3～5 mm 的浅色绿豆砂。

(2)上人屋面保护层,即屋面上要承受人的活动荷载。保护层应有一定的强度和耐磨度,一般做法是:在防水层上用水泥砂浆或沥青砂浆铺贴缸砖、大阶砖、预制混凝土板等,或在防水层上浇筑厚度为 40 mm 的 C20 细石混凝土。

**(三)卷材防水屋面的细部构造**

卷材防水屋面在檐口、屋面与凸出构件之间、变形缝、上人孔等处特别容易产生渗漏,所以应加强这些部位的防水处理。

**1. 泛水**

泛水是指屋面防水层与凸出构件之间的防水构造。一般在屋面防水层与女儿墙、上人屋面的楼梯间、凸出屋面的电梯机房、水箱间、高低屋面交接处等,都需做泛水。具体做法如下:

(1)屋面的卷材防水层继续铺至垂直面上,形成卷材泛水,泛水高度不得小于 250 mm。泛水处防水层下应加设附加层,附加层在平面和立面的宽度均不应小于 250 mm。

(2)在屋面与垂直面交接处应将卷材下的砂浆找平层抹成直径不小于 150 mm 的圆弧形或 45°斜面,上刷卷材胶粘剂使卷材铺贴牢实,以免卷材架空或折断。

(3)做好泛水上口的卷材收头固定,防止卷材在垂直墙面上下滑。当女儿墙较低时,卷材收头可直接铺压在女儿墙压顶下，压顶作防水处理，如图 10-11 所示。

当女儿墙是砖墙时，可在砖墙上留凹槽，卷材收头应压入凹槽内并用压条钉压固定密封，再用纤维防水砂浆或聚合物水泥砂浆保护密封处，凹槽距屋面完成面高度不应小于 250 mm，凹槽上部的墙体也应作防水处理，如图 10-12 所示。当女儿墙为混凝土墙时，卷材收头直接用金属压条钉压固定于墙上，并用密封材料封固。为防止雨水沿高女儿墙的泛水渗入，卷材收头上部应做金属盖板保护。

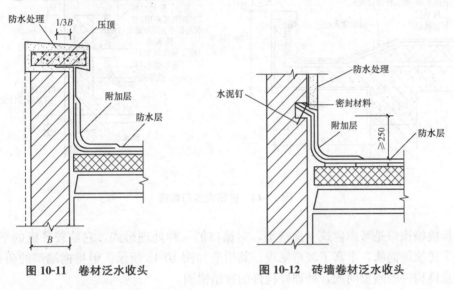

图 10-11 卷材泛水收头　　图 10-12 砖墙卷材泛水收头

2. 檐口

檐口是屋面防水层的收头处，易开裂、渗水，必须做好檐口处的收头处理。檐口的构造及处理方法与檐口的形式有关，可根据屋面的排水方式和建筑物的立面造型要求来确定。

(1) 自由落水檐口。自由落水檐口一般与屋顶圈梁整体浇筑。将屋面防水层的收头压入距离挑檐板前端 40 mm 处的预留凹槽内，先用钢压条固定，然后用密封材料进行密封，如图 10-13 所示。

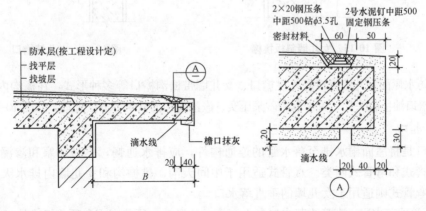

图 10-13 自由落水檐口构造

· 203 ·

为使屋面雨水迅速排除，油毡防水屋面一般在距檐口 0.2～0.5 m 的屋面坡度不宜小于 15%。檐口处要做滴水线，并用 1：3 水泥砂浆抹面。卷材收头处采用油膏嵌缝，上面再撒绿豆砂保护，或用镀锌薄钢板出挑。

(2) 挑檐沟檐口。当檐口处采用挑檐沟檐口时，卷材防水层应在檐沟处加铺一层附加卷材，并注意做好卷材的收头。其构造如图 10-14 所示。

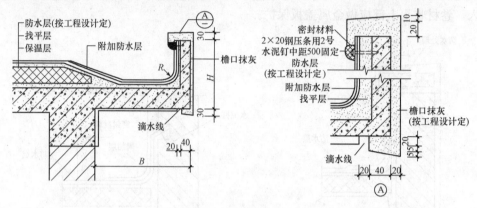

图 10-14 挑檐沟檐口构造

斜板挑檐檐口是考虑建筑立面造型，对檐口的一种处理形式，它给较呆板的平屋顶建筑增添了传统的韵味，丰富了城市景观。其构造如图 10-15 所示。但挑檐端部的荷载较大，应注意悬挑构件的倾覆问题，处理好构件的拉结锚固。

(3) 女儿墙檐口。女儿墙檐口的构造要点同泛水，如图 10-16 所示。

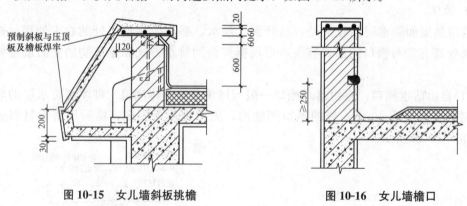

图 10-15 女儿墙斜板挑檐　　　　　图 10-16 女儿墙檐口

油毡防水屋面女儿墙檐口有外挑檐口、女儿墙带檐沟檐口等多种形式，在檐沟内要加铺一层油毡；檐口油毡收头处，可采取用砂浆压实、嵌油膏和插铁卡等方法处理，如图 10-17 所示。

3. 落水口

落水口是将屋面雨水排至落水管的连通构件，应排水通畅，不易堵塞和渗漏。落水口可分为直管式和弯管式两类。直管式适用于中间天沟、挑檐沟和女儿墙内排水天沟的水平落水口；弯管式则适用于女儿墙的垂直落水口。

(1) 直管式落水口。直管式落水口是由套管、环形筒、顶盖底座和顶盖组成的，如图 10-18 所示。它一般是用铸铁或钢板制造的，有各种型号，可根据降水量和汇水面积进行选择。

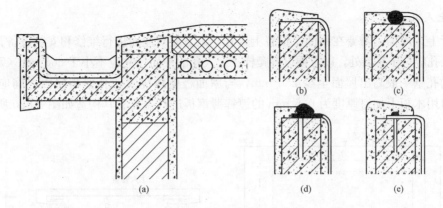

图 10-17 有组织排水檐口构造
(a)檐口构造；(b)砂浆压毡收头；(c)油膏压毡收头；(d)插铁油膏压毡收头；(e)插铁砂浆压毡收头

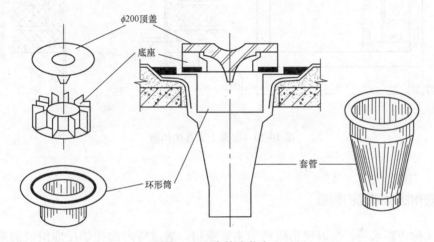

图 10-18 直管式落水口

(2)弯管式落水口。弯管式落水口呈 90°弯曲状，由弯曲套管和铸铁管座和顶盖几部分组成，如图 10-19 所示。

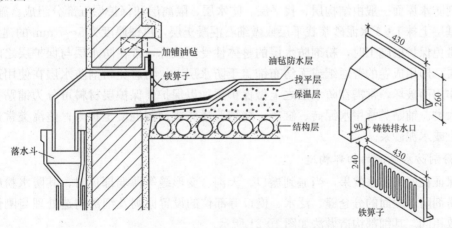

图 10-19 弯管式落水口

4. 上人孔

对于上人屋面，需要在屋面上设置上人孔，以方便对屋面进行维修和安装设备。

上人孔应位于靠墙处，以方便设置爬梯。上人孔的平面尺寸应不小于 600 mm×700 mm。上人孔的孔壁一般高出屋面至少 250 mm，与屋面板整体浇筑。孔壁与屋面之间应做成泛水，孔口用木板上加钉厚度为 0.6 mm 的镀锌薄钢板进行盖孔。其构造如图 10-20 所示。

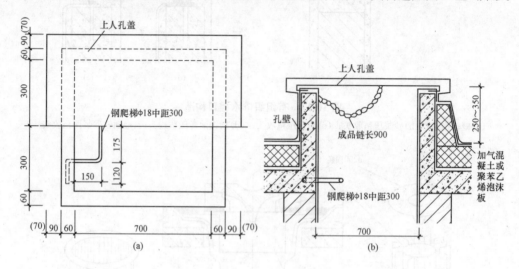

图 10-20　屋面上人孔的构造

## 四、粉剂防水屋面的构造

粉剂又称为拒水粉，是以硬脂酸钙为主要原料，通过特定的化学反应组成的复合型粉状防水材料。粉剂防水是一种不同于柔性防水和刚性防水的新型防水方式，具有极好的憎水性和随动性，构造简单，施工快捷。

1. 粉剂防水屋面的构造层次

粉剂防水屋面一般由结构层、找平层、防水层、隔离层和保护层五部分组成。施工时，可先在基层上抹 1∶3 水泥砂浆找平层或做细石混凝土层，再铺厚度为 5~7 mm 的建筑拒水粉。为避免保护层施工时，粉剂防水层的整体性受到破坏，常在防水层与保护层之间做一层隔离层，即用成卷的普通纸或无纺布铺盖于防水层上。为避免粉剂防水层在使用过程中受外力作用而破坏，常需在防水层之上做保护层加以保护。保护层材料可分为铺贴类和整浇类两大类。铺贴类常用水泥砖、缸砖、烧结普通砖或预制混凝土板等；整浇类常选用细石混凝土或水泥砂浆。

2. 粉剂防水屋面的细部构造

为保证良好的防水效果，当遇到檐口、天沟、变形缝等薄弱部位时，其防水粉应适当加厚。粉剂防水屋面的分仓缝、泛水、檐口等部位的设置原则及细部构造处理与刚性防水屋面大致相同。其细部构造做法如图 10-21 所示。

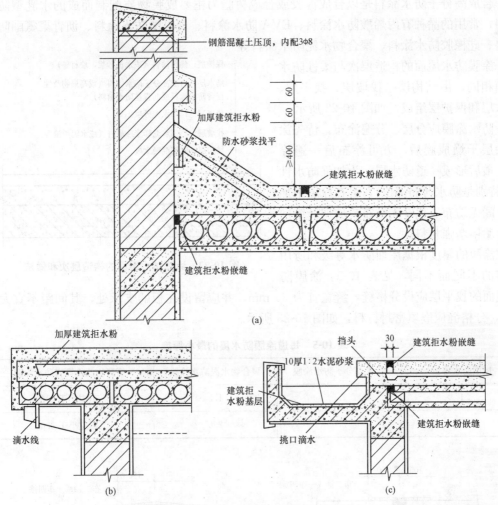

图 10-21 粉剂防水屋面的细部构造
(a)泛水构造；(b)自由落水挑檐；(c)有组织排水挑檐沟

### 五、涂膜防水屋面

1. 涂膜防水的适用范围

涂膜防水屋面又称为涂料防水屋面，是指用可塑性和黏结力较强的高分子防水涂料，直接涂刷在屋面基层上形成一层不透水的薄膜层以达到防水目的的一种屋面做法。

2. 涂膜防水的涂刷要求

防水涂料按其组成材料可分为聚合物水泥防水涂料、高聚物改性沥青防水涂料、合成高分子防水涂料。高聚物改性沥青防水涂料是以沥青为基料，用合成高分子聚合物进行改性，配制而成的水乳型、溶剂型或热熔型防水涂料。常用的品种有氯丁橡胶改性沥青涂料、丁基橡胶改性沥青涂料、丁苯橡胶改性沥青涂料、SBS 改性沥青涂料和 APP 改性沥青涂料等。

合成高分子防水涂料是以合成橡胶或合成树脂为主要成膜物质配制而成的水乳型防水涂料，常用的品种有丙烯酸防水涂料、EVA防水涂料、聚氨酯防水涂料、沥青聚氨酯防水涂料、硅橡胶防水涂料、聚合物水泥防水涂料等。

涂膜防水屋面的构造层次与柔性防水屋面相同，由结构层、找坡层、找平层、防水层和保护层组成，如图10-22所示。

防水涂膜应分层、分遍涂布，待先涂的涂层干燥成膜后，方可涂布后一遍涂料，最后形成一道防水层。为加强防水性能（特别是防水薄弱部位），可在涂层中加铺聚酯无纺布、化纤无纺布或玻璃纤维网布等胎体增强材料。

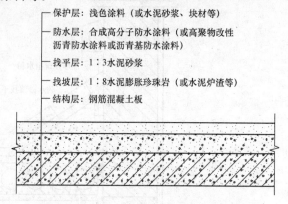

图 10-22　涂膜防水屋面的构造层次和做法

涂膜的厚度根据屋面防水等级和所用涂料的不同而不同，见表10-5。涂膜防水屋面的找平层应设分格缝，缝宽宜为20 mm，并应留设在板的支承处，其间距不宜大于6 m，分格缝应嵌填密封材料，如图10-23所示。

表 10-5　每道涂膜防水层的最小厚度　　　　　　　　　　　　　　　　mm

| 屋面防水等级 | 合成高分子防水涂膜 | 聚合物水泥防水涂膜 | 高聚物改性沥青防水涂膜 |
|---|---|---|---|
| Ⅰ | 1.5 | 1.5 | 不应小于2.0 |
| Ⅱ | 2.0 | 2.0 | 不应小于3.0 |

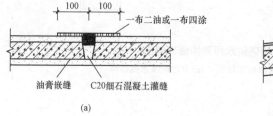 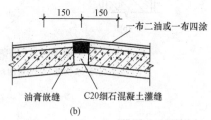

图 10-23　分格缝构造
(a)屋面分格缝；(b)屋脊分格缝

## 六、平屋顶的保温与隔热

屋顶作为建筑物最顶部的围护构件，应能够减少外界气候对建筑物室内带来的影响，为此，应在屋顶设置相应的保温隔热层。

### （一）平屋顶的保温

保温层的构造方案和材料做法需根据使用要求、气候条件、屋顶的结构形式、防水处理方法等因素来具体考虑确定。

1. 保温材料

屋面保温材料应选用轻质、多孔、导热系数小且有一定强度的材料。按材料的物理特性，保温材料可以分为三大类：一是散料类保温材料，如膨胀珍珠岩、膨胀蛭石、炉渣、矿渣等；二是整浇类保温材料，如水泥膨胀珍珠岩、水泥膨胀蛭石等；三是板块类保温材料，如用加气混凝土、泡沫混凝土、膨胀珍珠岩混凝土、膨胀蛭石混凝土等加工成的保温块材或板材，或聚苯乙烯泡沫塑料保温板。

2. 保温层的位置

根据屋顶结构层、防水层和保温层的相对位置，可归纳为以下几种情况：

(1) 保温层设在防水层之下、结构层之上。这种形式构造简单，施工方便，是目前应用最广泛的一种形式，如图 10-24(a) 所示。当保温层设在结构层之上，并在保温层上直接做防水层时，在保温层下要设置隔汽层。隔汽层的作用是防止室内水蒸气透过结构层，渗入保温层内，使保温材料受潮，影响保温效果。隔汽层的做法通常是在结构层上做找平层，再在其上涂热沥青一道或铺一毡二油。

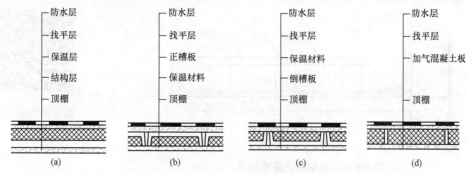

图 10-24 保温层位置

(a) 在结构层上；(b) 嵌入槽板中；(c) 嵌入倒槽板中；(d) 与结构层合一

(2) 保温层与结构层结合。保温层与结构层结合的做法有三种：一是保温层设在槽形板的下面，如图 10-24(b) 所示，但这种做法易使室内的水汽进入保温层中从而降低保温效果；二是保温层放在槽形板朝上的槽口内，如图 10-24(c) 所示；三是将保温层与结构层融为一体，如配筋的加气混凝土屋面板，这种构件既能承重，又有保温效果，简化了屋顶构造层次，施工方便，但屋面板的强度低，耐久性差，如图 10-24(d) 所示。

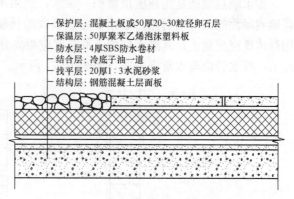

图 10-25 倒铺保温油毡屋面

(3) 保温层设置在防水层之上，又称为倒铺保温层。使用倒铺保温层时，保温材料需选择不吸水、耐气候性强的材料，如聚氨酯或聚苯乙烯泡沫塑料保温板等有机保温材料。其构造层次顺序为保温层、防水层、结构层，如图 10-25 所示。其优点是防水层被覆盖在保温层之下,不受阳光及气候变化的影响,热温差较小,同时,防水层不易受到来自外界的机械损伤,延长了使用寿命,但容易受到保温材料的限制。有机保温材料上部应用混凝土、卵石、砖等较重的覆盖层压住。

另外,还有一种保温屋面,即在防水层和保温层之间设空气间层,这样,由于空气间层的设置,室内采暖的热量不能直接影响屋面防水层,故把它称为"冷屋顶保温体系"。这种做法的保温屋顶,无论平屋顶或坡屋顶均可采用。

### (二)平屋顶的隔热

平屋顶的隔热可采用通风隔热屋面、蓄水隔热屋面、种植隔热屋面和反射降温屋面。

**1. 通风隔热屋面**

通风隔热屋面是指在屋顶中设置通风间层,使上层起遮挡阳光的作用,利用风压和热压作用把间层中的热空气不断带走,以减少传到室内的热量,从而达到隔热降温的目的。架空隔热屋面是常用的一种通风隔热屋面,架空隔热层的高度宜为 100~300 mm,架空板与女儿墙的距离不宜小于 250 mm,如图 10-26 所示。

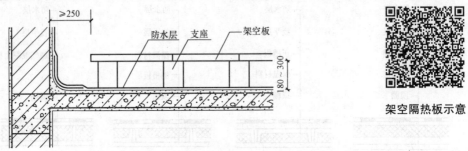

图 10-26 架空隔热屋面构造

**2. 蓄水隔热屋面**

蓄水隔热屋面是指在屋顶蓄积一层水,利用水蒸发时需要大量的汽化热,从而大量消耗晒到屋面的太阳辐射热,以减少屋顶吸收的热能,达到降温隔热的目的。蓄水屋面宜采用整体现浇混凝土,其溢水口的上部高度应距离分仓墙顶面 100 mm,过水孔应设在分仓墙底部,排水管应与水落管连通,如图 10-27 所示。

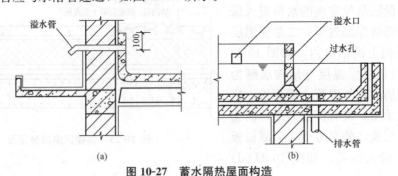

图 10-27 蓄水隔热屋面构造
(a)溢水口构造;(b)排水管、过水孔构造

**3. 种植隔热屋面**

种植隔热屋面是在屋顶上种植植物,利用植被的蒸腾和光合作用,吸收太阳辐射热能,

从而达到降温隔热的目的。种植隔热屋面的构造可根据不同的种植介质确定，与刚性防水屋面基本相同，如图 10-28 所示。

4. 反射降温屋面

反射降温屋面是屋面受到太阳辐射后，一部分辐射热量为屋面材料所吸收，另一部分被反射出去。反射的辐射热与入射热量之比称为屋面材料的反射率（用百分数表示）。这一比值的大小取决于屋

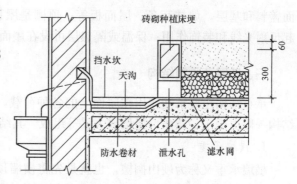

图 10-28　种植隔热屋面构造

面表面材料的颜色和粗糙程度，色浅而光滑的表面比色深而粗糙的表面具有更大的反射率。在设计中，应恰当地利用材料的这一特性，例如，采用浅颜色的砾石铺面，或在屋面上涂刷一层白色涂料，对隔热降温均可起到显著作用。

## 第三节　坡屋顶构造

### 一、坡屋顶的特点及形式

坡屋顶多采用瓦材防水，而瓦材块小、接缝多、易渗漏，故坡屋顶的坡度一般大于 10°，通常取 30°左右。由于坡度大，故其排水快，防水功能好，但屋顶构造高度大，不仅消耗材料较多，其所受风荷载、地震作用也相应增加，尤其当建筑体型复杂时，其交叉错落处的屋顶结构更难处理。

坡屋顶根据坡面组织的不同，主要有单坡顶、双坡顶及四坡顶等。

(1)单坡顶。当房屋进深不大时，可选用单坡顶。

(2)双坡顶。当房屋进深较大时，可选用双坡顶。根据檐口和山墙处理的不同，双坡顶又可分为以下两种：

1)悬山屋顶，即山墙挑檐的双坡屋顶，挑檐可保护墙身，有利于排水，并有一定的遮阳作用，常用于南方多雨地区。

2)硬山屋顶，即山墙不出檐的双坡屋顶，北方少雨地区采用较广。

(3)四坡顶。四坡顶也称为四落水屋顶，古代宫殿庙宇中的四坡顶称为庑殿顶，四面挑檐利于保护墙身。四坡顶两面形成两个小山尖，古代称为"歇山"，山尖处可设百叶窗，有利于屋顶通风。

### 二、坡屋顶的组成

坡屋顶一般由承重结构和屋面面层两部分组成，必要时还有保温层、隔热层及顶棚等。

承重结构主要承受屋面荷载并把它传到墙或柱上，一般有椽子、檩条、屋架或大梁等。屋面是屋顶的上覆盖层，直接承受风、雪、雨和太阳辐射等大自然气候的作用。它包括屋

面盖料和基层，如挂瓦条、屋面板等；顶棚是屋顶下面的遮盖部分，可使室内上部平整，起反射光线和装饰作用；保温或隔热层可设在屋面层或顶棚处，视具体情况而定。

### 三、坡屋顶承重结构

承重结构主要承受作用在屋面上的各种荷载，并把它们传到墙或柱上。坡屋顶的承重结构一般由椽子、檩条、屋架或大梁等组成。其结构类型有横墙承重、屋架承重等。

1. 横墙承重

横墙承重又称为硬山搁檩，也就是先将横墙顶部按屋面坡度大小砌成三角形，在墙上直接搁置檩条或钢筋混凝土屋面板支承屋面传来的荷载，如图 10-29 所示。其具有构造简单、施工方便、节约木材、有利于防火和隔声等优点，但房屋开间尺寸受到一定限制。其适用于住宅、办公楼、旅馆等开间较小的建筑。

2. 屋架承重

屋架是由多个杆件组合而成的承重桁架，可用木材、钢材、钢筋混凝土制作，形状有三角形、梯形、拱形、折线形等，如图 10-30 所示。屋架支承在纵向外墙或柱上，上面搁置的檩条或钢筋混凝土屋面板承受屋面传来的荷载。屋架承重与横墙承重相比，可以省去横墙，使房屋内部有较大的空间，增加了内部空间划分的灵活性。

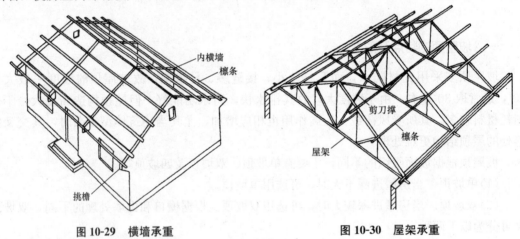

图 10-29　横墙承重　　　　　图 10-30　屋架承重

### 四、坡屋顶屋面构造

根据坡屋顶面层防水材料的种类不同，可将坡屋顶屋面划分为平瓦屋面、小青瓦屋面、波形瓦屋面、平板金属板以及构件自防水屋面等。

#### （一）平瓦屋面

平瓦又称为机制平瓦，有黏土瓦、水泥瓦、琉璃瓦等，一般尺寸为：长 380～420 mm，宽 240 mm，净厚 20 mm，适用于排水坡度为 20%～50% 的坡屋顶。根据基层的不同做法，平瓦屋面的构造有木望板平瓦屋面和钢筋混凝土挂瓦板平瓦屋面等。

1. 木望板平瓦屋面

木望板平瓦屋面也称为屋面板平瓦屋面，一般先在檩条上平铺一层厚度为 15～20 mm 的木望板，然后在木望板上满铺一层油毡，作为辅助防水层。油毡可平行于屋脊方向铺设，从檐口铺到屋脊,搭接不小于 80 mm,并用板条(称"顺水条")钉牢,板条方向与檐口垂直,上面再钉挂瓦条,如图 10-31 所示。这种屋面构造层次多,屋顶的防水、保温效果好,应用最为广泛。

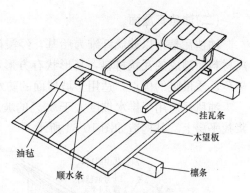

图 10-31 木望板平瓦屋面

2. 钢筋混凝土挂瓦板平瓦屋面

挂瓦板是将檩条、木望板以及挂瓦条等结合为一体的钢筋混凝土预制构件,其断面形式有双T形(双肋板)、单T形(单肋板)和F形(F形板)三种。挂瓦板直接搁置在横墙或屋架之上,板上直接挂瓦,如图 10-32 所示。这种屋顶构造简单,施工方便,造价经济,但易渗水,多用于等级较低的建筑。

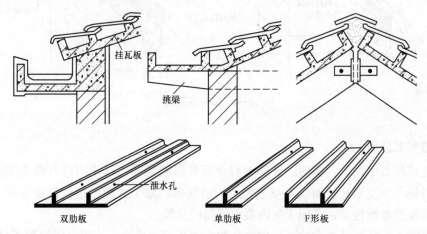

图 10-32 钢筋混凝土挂瓦板平瓦屋面

3. 现浇钢筋混凝土板平瓦屋面

如采用现浇钢筋混凝土屋面板作为屋顶的结构层,屋面上应固定挂瓦条挂瓦,或用水泥砂浆等材料固定平瓦。其构造如图 10-33 所示。

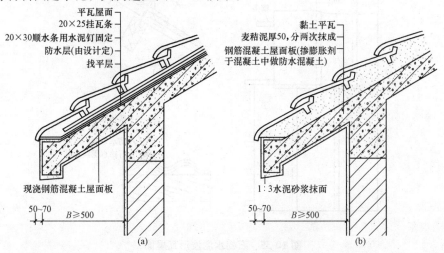

图 10-33 现浇钢筋混凝土板平瓦屋面

## (二)油毡瓦屋面

油毡瓦是指以玻璃纤维为胎基,经浸涂石油沥青后,面层热压各色彩砂,背面撒以隔离材料而制成的瓦状材料,其形状有方形和半圆形两种。油毡瓦具有柔性好、耐酸碱、不褪色、质量轻的优点,适用于坡屋面的防水层或多层防水层的面层。

油毡瓦适用于排水坡度大于20%的坡屋面,可铺设在木板基层和混凝土基层的水泥砂浆找平层上。其构造如图10-34所示。

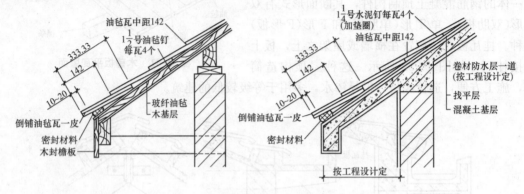

图10-34 油毡瓦屋面

## (三)波形瓦屋面

波形瓦可用石棉水泥、塑料、玻璃钢和金属等材料制成,其中,以石棉水泥波形瓦应用最多。石棉水泥波形瓦屋面具有质量轻、构造简单、施工方便、造价低廉等优点,但易脆裂,保温隔热性能较差,多用于室内要求不高的建筑。

石棉水泥波形瓦可分为大波瓦、中波瓦和小波瓦三种规格。石棉水泥波形瓦尺寸较大,且具有一定的刚度,可直接铺钉在檩条上,檩条的间距要保证每张瓦至少有三个支承点。瓦的上下搭接长度不小于100 mm,左右方向也应满足一定的搭接要求,并应在适当部位去角,以保证搭接处瓦的层数不致过多,如图10-35所示。

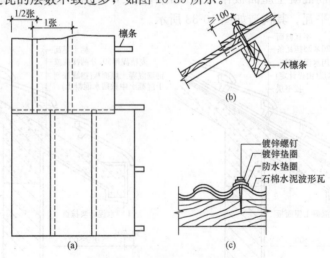

图10-35 石棉水泥波形瓦屋面
(a)石棉水泥波形瓦的铺法;(b)上下两瓦搭接;(c)相邻两瓦搭接

另外，在工程中常用的还有塑料波形瓦屋面、玻璃钢瓦屋面和彩色压型钢板瓦屋面，其构造方法与石棉水泥波形瓦基本相同。

### (四)小青瓦屋面

小青瓦屋面是我国传统民居中常用的一种屋面形式，小青瓦断面呈圆弧形，平面形状为一头较宽，另外一头较窄，尺寸规格各地不一。一般采用木望板、苇箔等做基层，上铺灰泥，灰泥上再铺瓦。小青瓦铺设时，在少雨地区的搭接长度为搭六露四，在多雨地区的搭接长度为搭七露三。图10-36所示为几种常见的小青瓦屋面构造。

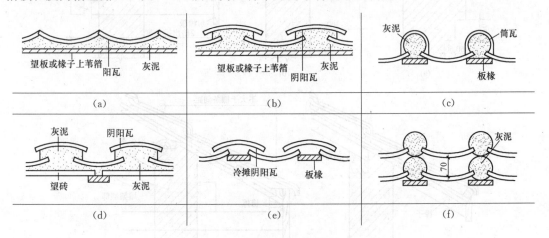

**图 10-36 几种常见的小青瓦屋面构造**
(a)单层瓦(适用于少雨地区)；(b)阴阳瓦(适用于多雨地区)；(c)筒板瓦(适用于多雨地区)；
(d)阴阳瓦(适用于多雨地区)；(e)冷摊瓦(适用于炎热地区)；(f)通风屋面(适用于炎热地区)

### (五)压型钢板屋面

压型钢板是将镀锌钢板轧制成型，表面涂刷防腐涂层或彩色烤漆而成的屋面材料，其具有多种规格，有的中间填充了保温材料，成为夹芯板，可提高屋顶的保温效果。压型钢板屋面一般与钢屋架配合，可先在钢屋架上固定工字形或槽形檩条，然后在檩条上固定钢板支架。这种屋面具有自重轻、施工方便、装饰性与耐久性强的优点，一般用于对屋顶的装饰性要求较高的建筑。

## 五、坡屋顶的细部构造

### (一)平瓦屋面

平瓦屋面是坡屋顶中应用最多的一种形式，其细部构造主要包括檐口、天沟、屋脊等。另外，烟囱出屋面处的处理除应满足防水要求外，还应满足防火要求。

#### 1. 纵墙檐口

纵墙檐口根据构造方法的不同有挑檐和封檐两种形式。当坡屋顶采用无组织排水时，应将屋面伸出外纵墙形式挑檐，挑檐有砖挑檐、屋面板挑檐、挑檐木挑檐、挑椽檐口和挑檩檐口等形式，如图10-37所示。当坡屋顶采用有组织排水时，一般多采用外排水，应将檐墙砌出屋面，形成女儿墙包檐口构造，此时，在屋面与女儿墙处必须设天沟，天沟最好采用预制天沟板，沟内铺油毡防水层，并将油毡一直铺到女儿墙上形成泛水，如图 10-38 所示。

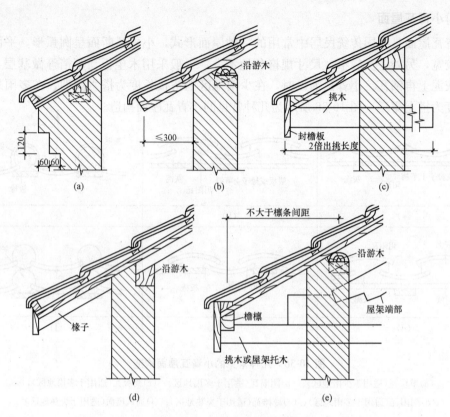

图 10-37 平瓦屋面挑檐构造

(a)砖挑檐；(b)屋面板挑檐；(c)挑檐木挑檐；(d)挑椽檐口；(e)挑檩檐口

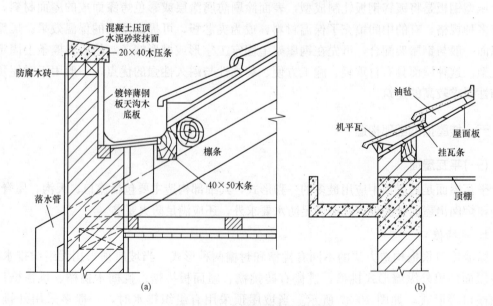

图 10-38 有组织排水纵墙挑檐

(a)包檐口构造；(b)钢筋混凝土外挑檐

2. 山墙檐口

山墙檐口可分为山墙挑檐(悬山)和山墙封檐(硬山)两种做法。

(1)悬山屋顶的檐口构造,是先将檩条挑出山墙形成悬山,檩条端部钉木封檐板,沿山墙挑檐的一行瓦,应用 1∶2.5 的水泥砂浆做出坡水线,将瓦封固,如图 10-39 所示。若是钢筋混凝土屋面板,应先将板伸出山墙挑出,上部用水泥砂浆抹出坡水线,然后进行封固。

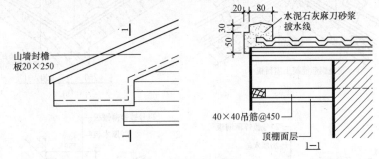

图 10-39　悬山屋顶檐口

(2)硬山有山墙与屋面等高和山墙高出屋面形成山墙女儿墙两种。等高做法是将山墙砌至屋面高度,使屋面铺瓦盖过山墙,然后用水泥麻刀砂浆嵌填,再用 1∶3 的水泥砂浆抹瓦出线。当山墙高出屋面时,女儿墙与屋面交接处应进行泛水处理,一般用砂浆黏结小青瓦或抹水泥石灰麻刀砂浆泛水,如图 10-40 所示。

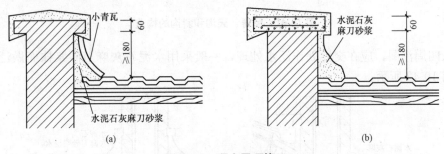

图 10-40　硬山屋顶檐口
(a)山墙与屋面等高；(b)山墙高出屋面

3. 屋脊、天沟和斜沟

互为相反的坡面在高处相交形成屋脊,屋脊处应用 V 形脊瓦盖缝。其构造如图 10-41 所示。

在等高跨和高低跨相交处,通常需要设置天沟,而两个相互垂直的屋面相交处则形成斜沟。斜沟和天沟应有足够的断面,上口宽度不宜小于 500 mm,沟底应用整体性好的材料做防水层,并压入屋面瓦材或油毡下面。一般用镀锌薄钢板铺于木基层上,镀锌薄钢板伸入瓦片下面至少 150 mm。高低跨和包檐天沟若采用镀锌薄钢板防水层,应从天沟内延伸到立墙上形成泛水。

4. 烟囱出屋面处的构造

烟囱穿过屋面,其构造问题是防水和防火。因屋面木基层与烟囱接触易引起火灾,故建筑防水规范要求,木基层与烟囱内壁应保持一定距离,一般不小于 370 mm。为了不使屋

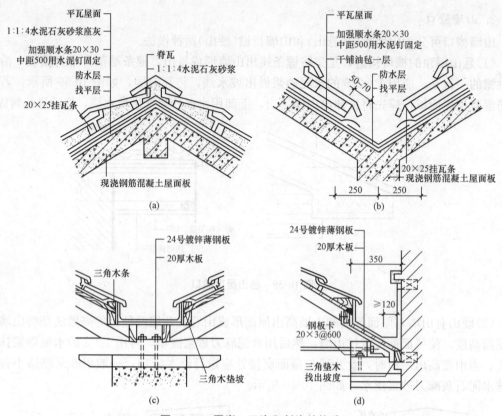

图 10-41 屋脊、天沟和斜沟的构造

面雨水从四周渗漏,应在交界处作泛水处理,一般采用水泥石灰麻刀砂浆抹面做泛水。其构造如图 10-42 所示。

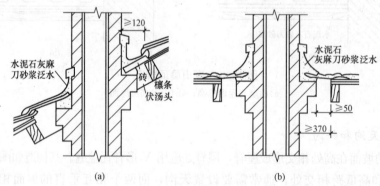

图 10-42 烟囱出屋面处泛水的构造

### (二)压型钢板屋面

1. 檐口

(1)无组织排水檐口。当压型钢板屋面采用无组织排水时,挑檐板与墙板之间应用封檐板密封,以提高屋面的围护效果。其构造如图 10-43(a)所示。

(2)有组织排水檐口。当压型钢板屋面采用有组织排水时,应在檐口处设置檐沟,其构造如图 10-43(b)所示。檐沟可采用彩板檐沟或钢板檐沟。当采用彩板檐沟时,压型钢板应伸入檐沟内,其长度一般为 150 mm。

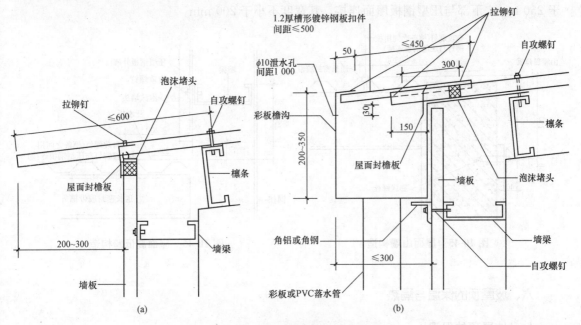

**图 10-43 压型钢板屋面檐口的构造**
(a)无组织排水檐口;(b)有组织排水檐口

**2. 屋脊**

压型钢板屋面屋脊构造可分为双坡屋脊和单坡屋脊。双坡屋脊处盖 A 型屋脊盖板;单坡屋脊处用彩色泛水板包裹。其具体构造如图 10-44 所示。

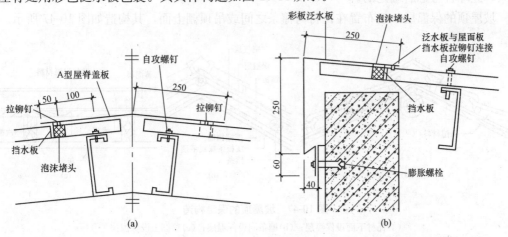

**图 10-44 屋脊构造**
(a)双坡屋脊;(b)单坡屋脊

**3. 山墙与高低跨**

采用压型钢板屋面时,与山墙之间一般用山墙包角板整体包裹。包角板与压型钢板屋面之间常用通长密封胶带进行密封,其构造如图 10-45 所示。在屋面高低跨交接部位,应加铺泛水板,其构造如图 10-46 所示。泛水板上部应与高侧外墙相连接,其高度不小于 250 mm,下部与压型钢板屋面连接,其宽度不小于 200 mm。

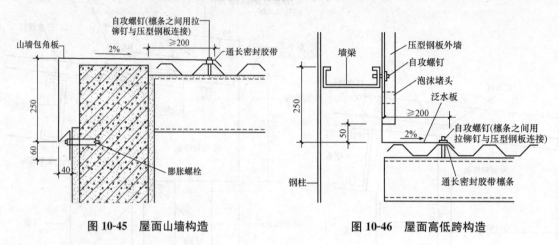

图 10-45 屋面山墙构造　　　　图 10-46 屋面高低跨构造

## 六、坡屋顶的保温与隔热

### (一)坡屋顶的保温

在北方寒冷地区或装有空调设备的建筑中,冬季室内采暖时的室内温度高于室外温度,热量通过围护结构向外散失。为了防止室内热量过多、过快地散失,须在围护结构中设置保温层以提高屋顶的热阻,使室内有一个舒适的环境。保温层的材料和构造方案是根据使用要求、气候条件、屋顶的结构形式、防水处理方法、材料种类、施工条件、整体造价等因素,经综合考虑后确定的。

坡屋顶的保温层一般布置在瓦材与檩条之间或吊顶棚上面,其构造如图 10-47 所示。

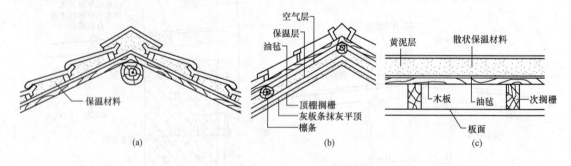

图 10-47 坡屋顶的保温构造
(a)瓦材下面设保温层;(b)檩条间设保温层;(c)顶棚上设保温层

**1. 屋顶的保温材料**

保温材料应吸水率低、导热系数较小并具有一定强度。屋顶保温材料一般为轻质多孔材料,可分为松散料、现场浇筑的混合料、板块料三大类。

2. 屋顶保温层的位置

(1)保温层设在防水层的上面,也称为"倒置式"。其优点是防水层受到保温层的保护,保温层保护防水层不受阳光和室外气候以及自然界的各种因素的直接影响,耐久性增强。

(2)保温层与结构层融为一体。加气钢筋混凝土屋顶板既能承载又能保温,构造简单,施工方便,造价低,使保温层与结构层融为一体,但其承载力小,耐久性差,适用于标准较低的不上人屋顶。

(3)保温层设在防水层的下面。这是目前广泛采用的一种形式。当保温层的坡度较大时,应采取防滑措施,在保温层上应做找平层。

(二)坡屋顶的隔热

坡屋顶一般利用屋顶通风来隔热,有屋面通风和吊顶棚通风两种做法。采用屋面通风时,应在屋顶檐口设进风口,在屋脊设出风口,利用空气流动带走间层的热量,以降低屋顶的温度。如采用吊顶棚通风,可利用吊顶棚与坡屋面之间的空间作为通风层,在坡屋顶的歇山、山墙或屋面等位置设进风口,其隔热效果显著,是坡屋顶常用的隔热形式,如图10-48所示。由于吊顶空间较大,可利用穿堂风来达到降温隔热的效果。

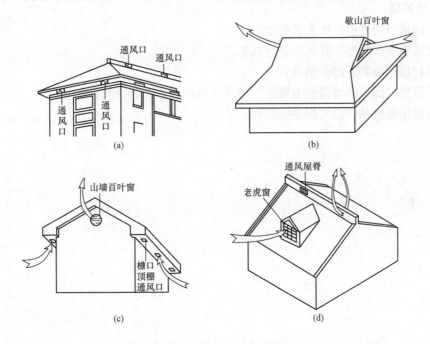

图 10-48 坡屋顶的隔热与通风

(a)檐口和屋脊通风;(b)歇山百叶窗;(c)山墙百叶窗和檐口顶棚通风口;(d)老虎窗与通风屋脊

炎热地区将坡屋顶做成双层,由檐口处进风,由屋脊处排风,可利用空气流动带走一部分热量,以降低瓦底面的温度,也可利用檩条的间距通风。

## 本章小结

本章主要对屋顶的类型以及各个类型屋面的构造进行了介绍。屋顶有平屋顶、坡屋顶和曲面屋顶三种类型。平屋顶一般由屋面、保温隔热层、防水层、结构层和顶棚层等部分组成，按排水方式可分为无组织排水和有组织排水两大类。坡屋顶由承重结构、屋面和顶棚等部分组成，坡屋顶屋面一般由基层和面层组成。坡屋顶排水也有两种形式，即无组织排水和有组织排水。有组织排水又分为挑檐沟外排水和女儿墙檐沟外排水。

### 思考与练习

**一、填空题**

1. 平屋顶一般由_____、_____、_____和_____等四部分组成。因各地气候条件不同，所以其组成也略有差异。我国南方地区一般不设_____，而北方地区则很少设_____。

2. 坡屋顶根据坡面组织的不同，主要有_____、_____及_____等。当房屋进深不大时，可选用_____。

3. 卷材防水屋面构造有结构层、_____、_____、_____、_____和保护层。

**二、简答题**

1. 影响坡屋顶坡度的因素有哪些？
2. 屋顶有哪些类型？其作用是什么？
3. 卷材屋面由哪些部分组成？
4. 平屋顶的隔热降温措施有哪些？每种措施的做法及特点如何？
5. 坡屋顶有哪些保温与隔热措施？

参考答案

# 第十一章 建筑变形缝构造

### 学习目标

(1)掌握变形缝的分类、特点和工作状态;
(2)掌握伸缩缝、沉降缝的构造特点以及常用的构造做法;
(3)了解防震缝的一般知识。

### 技能目标

(1)能够根据变形缝的特征对其进行分类,并说出其特点和工作状态;
(2)能够正确描述变形缝构造特点和常用构造做法。

建筑物在温度变化、地基不均匀沉降和地震等外界因素的作用下,在结构内部将产生附加应力和变形,造成建筑物的开裂和变形,甚至引起结构破坏,影响建筑物的安全使用。为避免发生上述情况,除加强房屋的整体性,使其具有足够的强度和刚度外,还可以在房屋结构薄弱的部位设置构造缝,把建筑物分成若干个相对独立的部分,以保证各部分能自由变形、互不干扰。这种在建筑物各个部分之间人为设置的构造缝称为变形缝。

墙体变形缝的构造应保证建筑物各独立部分能自由变形。在外墙处应做到不透风、不渗水、能够保温隔热,缝内需用防水、防腐、耐久性好、有弹性的材料,如沥青麻丝、玻璃棉毡、泡沫塑料等填充。

## 第一节 变形缝概述

### 一、变形缝的种类

变形缝包括伸缩缝、沉降缝和防震缝三种。目前,在实际工程中使用的后浇带做法,也属于此类。

(1)伸缩缝:解决由于建筑物超长而产生的伸缩变形。
(2)沉降缝:解决由于建筑物高度、重量不同及平面转折部位等产生的不均匀沉降变形。
(3)防震缝:解决由于地震时建筑物不同部分相互撞击产生的变形。

### 二、变形缝的设置原则

1. 伸缩缝

伸缩缝是指当建筑物较长时为避免建筑物因热胀冷缩较大而使结构构件产生裂缝所设

置的变形缝。建筑中需设置伸缩缝的情况主要有以下三类：

(1)建筑物长度超过一定限度；

(2)建筑平面复杂，变化较多；

(3)建筑中结构类型变化较大。

砌体结构墙体伸缩缝的最大间距见表 11-1；钢筋混凝土结构墙体伸缩缝的最大间距见表 11-2。

表 11-1  砌体结构墙体伸缩缝的最大间距      m

| 屋盖或楼盖类型 | | 间距 |
|---|---|---|
| 整体式或装配整体式钢筋混凝土结构 | 有保温层或隔热层的屋盖、楼盖 | 50 |
| | 无保温层或隔热层的屋盖 | 40 |
| 装配式无檩体系钢筋混凝土结构 | 有保温层或隔热层的屋盖、楼盖 | 60 |
| | 无保温层或隔热层的屋盖 | 50 |
| 装配式有檩体系钢筋混凝土结构 | 有保温层或隔热层的屋盖 | 75 |
| | 无保温层或隔热层的屋顶 | 60 |
| 瓦材屋盖、木屋盖或楼盖、轻钢屋盖 | | 100 |

表 11-2  钢筋混凝土结构伸缩缝的最大间距      m

| 结构类型 | | 室内或土中 | 露天 |
|---|---|---|---|
| 排架结构 | 装配式 | 100 | 70 |
| 框架结构 | 装配式 | 75 | 50 |
| | 现浇式 | 55 | 35 |
| 剪力墙结构 | 装配式 | 65 | 40 |
| | 现浇式 | 45 | 30 |
| 挡土墙、地下室墙壁等类结构 | 装配式 | 40 | 30 |
| | 现浇式 | 30 | 20 |

2. 沉降缝

凡符合下列情况之一者，应设置沉降缝：

(1)当建筑物建造在不同的地基土壤上时；

(2)当同一建筑物相邻部分高度相差在两层以上或部分高度差超过 10 m 以上时；

(3)当建筑物部分的基础底部压力值有很大差别时；

(4)在原有建筑物和扩建建筑物之间；

(5)当相邻的基础宽度和埋置深度相差悬殊时；

(6)在平面形状较复杂的建筑中，为了避免不均匀下沉，应将建筑物平面划分成几个单元，在各个部分之间设置沉降缝。

3. 防震缝

多层砌体房屋和底部框架、内框架房屋，遇下列情况之一应设置防震缝，且缝两侧均设置墙体：

(1)房屋立面高差在 6 m 以上；

(2)房屋有错层，且楼板高差较大；

(3)各部分结构刚度截然不同。

高层钢筋混凝土房屋宜避免采用不规则建筑结构方案，不设防震缝，当需要设置时，应符合建筑抗震设计规范的要求。防震缝应将房屋分成若干个形体简单、结构刚度均匀的独立单元。

### 三、变形缝的宽度尺寸

1. 伸缩缝

由于基础埋在土中，受温度变化的影响不大，故基础可不必设伸缩缝。伸缩缝的宽度为 20~40 mm。

2. 沉降缝

由于沉降缝的设缝目的是解决不均匀沉降变形，故应从基础开始断开。沉降缝的宽度按表 11-3 所列尺寸选取。

**表 11-3　房屋沉降缝宽度**

| 地基性质 | 建筑物高度 | 沉降缝宽度/mm |
|---|---|---|
| 一般地基 | $H<5$ m | 30 |
| | $H=5\sim10$ m | 50 |
| | $H=10\sim15$ m | 70 |
| 软弱地基 | 2~3 层 | 50~80 |
| | 4~5 层 | 80~120 |
| | 5 层以上 | 不小于 120 |
| 湿陷性黄土地基 | | ≥30~70 |

3. 防震缝

防震缝的宽度应根据地震设防烈度和房屋高度确定。多层砌体房屋和底层框架房屋、内框架房屋的防震缝宽度为 50~100 mm。框架结构房屋的防震缝宽度应符合下列要求：

(1)当房屋的高度在 15 m 及 15 m 以下时，取 70 mm。

(2)当房屋的高度超过 15 m 时，设计烈度为 6 度，高度每增加 5 m，缝宽增加 20 mm；设计烈度为 7 度，高度每增加 4 m，缝宽增加 20 mm；设计烈度为 8 度，高度每增加 3 m，缝宽增加 20 mm；设计烈度为 9 度，高度每增加 2 m，缝宽增加 20 mm。

高层建筑按建筑总高的 1/250 考虑(8 度区)。

防震缝应该沿建筑的全高设置,其两侧应布置墙,基础可以不设置防震缝。在地震设防的地区,沉降缝和伸缩缝应该符合防震缝的设计要求。

## 第二节　变形缝构造

### 一、伸缩缝的构造

伸缩缝要求将建筑物的墙体、楼层、屋顶等地面以上的构件在结构和构造上全部断开。若基础埋置在地下,受温度变化影响较小,则不必断开。

#### (一)墙体伸缩缝的构造

根据墙体的厚度和所用材料不同,伸缩缝可做成平缝、高低缝和企口缝等形式,如图 11-1 所示。伸缩缝的宽度一般为 20～30 mm。为减少外界环境对室内环境的影响以及考虑建筑立面处理的要求,需对伸缩缝进行嵌缝和盖缝处理,缝内一般填沥青麻丝、油膏、泡沫塑料等材料,当缝口较宽时,还应用镀锌薄钢板、彩色钢板、铝皮等金属调节片覆盖,一般外侧缝口用镀锌薄钢板或铝合金片盖缝,内侧缝口用木盖缝条盖缝。

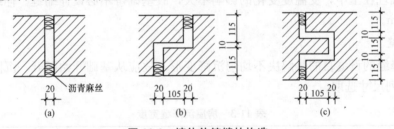

**图 11-1　墙体伸缩缝的构造**
(a)平缝；(b)高低缝；(c)企口缝

#### (二)楼地板层伸缩缝的构造

楼地板层伸缩缝的位置和缝宽应与墙体、屋顶伸缩缝一致。伸缩缝的处理应满足地面平整、光洁、防滑、防水和防尘等要求,可用油膏、沥青麻丝、橡胶、金属等弹性材料进行封缝,然后在上面铺钉活动盖板或橡胶、塑料板等地面材料。顶棚盖缝条只固定一侧,以保证两侧构件能自由伸缩变形。

#### (三)屋顶伸缩缝的构造

屋顶伸缩缝的处理应考虑屋面的防水构造和使用功能要求。一般不上人屋面,如卷材防水屋面,可在伸缩缝两侧加砌矮墙,并做好泛水处理,但在盖缝处应保证自由伸缩而不漏水。上人屋面,如刚性防水屋面,可采用油膏嵌缝并做泛水。

### 二、沉降缝的构造

#### (一)基础沉降缝

为了保证沉降缝两侧的建筑能够各自成为独立的单元,应自基础开始在结构及构造上将其完全断开。常见的基础沉降缝有悬挑式基础和双墙式基础两种类型，在构造上需要对它们进行特殊的处理。

1. 悬挑式基础

悬挑式基础适用于沉降缝两侧基础埋深较大以及新建筑与原有建筑相邻等情况，如图11-2(a)所示。为使沉降缝两侧结构单元能上下自由沉降又互不影响，可在缝的一侧做成挑梁基础。若在沉降缝的两侧设置双墙，可先在挑梁端部增设横梁，然后在横梁上砌墙。

2. 双墙式基础

双墙式基础是在沉降缝两侧均设置承重墙，墙下有各自的基础，以保证每个结构单元都有封闭连续的基础和纵、横墙。这种结构整体性好、刚度大，但基础偏心受力，并在沉降时相互影响，如图11-2(b)所示。若采用双墙交叉式基础方案，基础偏心受力将会得到改善，如图11-2(c)所示。

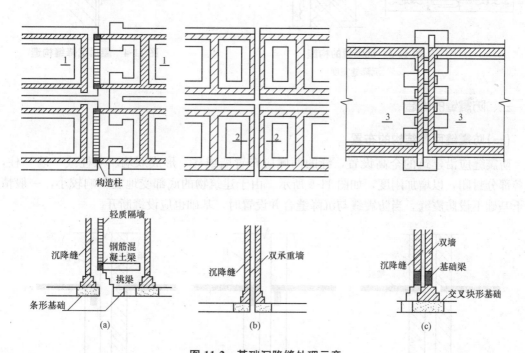

**图11-2 基础沉降缝处理示意**
(a)悬挑基础方案；(b)双墙式基础方案；(c)双墙交叉式基础方案

### (二)墙体沉降缝

墙体沉降缝构造与伸缩缝构造基本相同，只是调节片或盖缝板在构造上需要保证两侧结构在竖向相对变位不受约束，如图11-3所示。

### (三)屋顶沉降缝

屋顶沉降缝处泛水金属铁皮或其他构件应满足沉降变形的要求，并有维修余地，如图11-4所示。

沉降缝构造示意

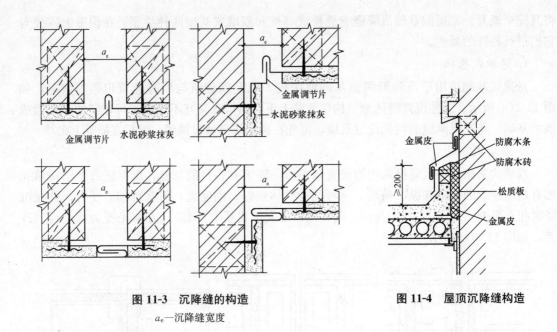

图 11-3 沉降缝的构造　　　　图 11-4 屋顶沉降缝构造
$a_e$—沉降缝宽度

### 三、防震缝的构造

#### (一)防震缝两侧结构的布置

防震缝应沿建筑的全高设置，缝的两侧应布置墙或柱，形成双墙、双柱或一墙一柱，使各部分封闭，以增加刚度，如图 11-5 所示。由于建筑物的底部受地震影响较小，一般情况下基础不设防震缝。当防震缝与沉降缝合并设置时，基础也应设缝断开。

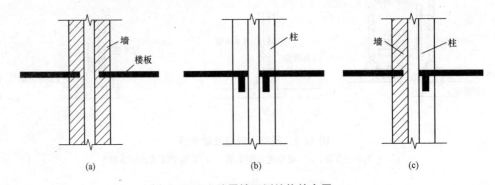

图 11-5 防震缝两侧结构的布置
(a)双墙方案；(b)双柱方案；(c)一墙一柱方案

#### (二)墙体防震缝的构造

由于防震缝的宽度较大，因此，在构造上应充分考虑盖缝条的牢固性和适应变形的能力，做好防水、防风措施，图 11-6 所示为墙身防震缝的构造示意。防震缝处应用双墙使缝两侧的结构封闭，其构造要求与伸缩缝相同，但不应做错口缝和企口缝，缝内不填任何材料。由于防震缝的宽度较大，构造上更应注意盖缝的牢固、防风沙、防水和保温等问题。

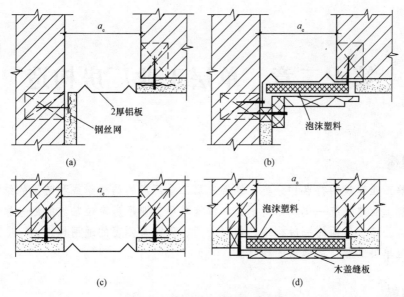

**图 11-6　墙身防震缝的构造示意**
(a)外墙转角；(b)内墙转角；(c)外墙平缝；(d)内墙平缝
$a_e$—防震缝宽度

## 本章小结

变形缝可分为伸缩缝、沉降缝、防震缝三种类型。伸缩缝应把建筑物地面以上部分全部断开，基础不需断开；沉降缝应从基础到屋顶所有构件均断开；设防震缝一般基础不断开。根据墙体厚度和材料，伸缩缝可分为平缝、高低缝和企口缝。基础沉降缝有悬挑式基础和双墙式基础两种类型。

## 思考与练习

一、填空题

1. _____是当建筑物较长时为避免建筑物因热胀冷缩较大而使结构构件产生裂缝所设置的变形缝。

2. 由于基础埋在土中，受温度变化的影响不大，故基础可不必设_____；由于沉降缝的设缝目的是解决不均匀沉降变形，故应从_____开始断开。

参考答案

3. 为了保证沉降缝两侧的建筑能够各自成为独立的单元，应自基础开始在结构及构造上将其完全断开。常见的基础沉降缝有_____和_____两种类型。

二、简答题

1. 变形缝有哪几种类型？其作用分别是什么？
2. 在什么情况下设置伸缩缝？

# 第十二章　单层工业厂房构造

◉ **学习目标**

(1)了解工业建筑的特点和分类，掌握单层工业厂房的结构组成和常见的结构类型；
(2)理解工业建筑统一化规则的意义，掌握单层工业厂房定位轴线的划分原理；
(3)了解外墙、屋面的一般构造，掌握大门、天窗与侧窗的通用构造；
(4)了解单层工业厂房地面的构造。

◉ **技能目标**

(1)能够根据工业厂房建筑的特点对其进行分类，并说出其组成和常见结构类型；
(2)能够对单层工业厂房进行划分；
(3)通过学习和参观，能够比较单层工业厂房与普通砌体房屋之间在构造上的区别。

## 第一节　工业厂房建筑的特点及类型

工业建筑(一般称为"厂房")是指从事各类工业生产及直接为工业生产需要服务而建造的各类工业房屋，包括主要工业生产用房及为生产提供动力用房和其他附属用房。工业建筑是根据生产工艺流程和机械设备布置的要求而设计的，与民用建筑相比，基建投资多，占地面积大，除应满足生产工艺要求外，还应符合坚固适用、经济合理和技术先进的设计方针。同时，必须为广大工人创造一个良好的生产环境。

### 一、工业厂房建筑的特点

从世界各国的工业建筑现状来看，单层工业厂房的应用比较广泛，在建筑结构等方面与民用建筑相比较，它具有以下特点。

**1. 厂房设计符合生产工艺的特点**

厂房的建筑设计在符合生产工艺特点的基础上进行，厂房设计必须满足工业生产的要求，为工人创造良好的劳动环境。单层工业厂房设计应具有一定的灵活性，能适应由于生产设备更新或改变生产工艺流程所带来的变化。

**2. 厂房内部空间较大**

由于厂房内生产设备多而且尺寸较大，并有多种起重运输设备，有的需加工巨型产品，有各类交通运输工具进出车间，因此，厂房内部大多具有较大的开敞空间。如有桥式吊车的厂房的室内净高应在 8 m 以上，万吨水压机车间的室内净高应在 20 m 以上，有些厂房的高度可达 40 m 以上。

### 3. 厂房的建筑构造比较复杂

大多数单层工业厂房采用多跨的平面组合形式，内部有不同类型的起吊运输设备，由于采光通风等缘故，采用组合式侧窗、天窗，使屋面排水、防水、保温、隔热等建筑构造的处理复杂化，技术要求比较高。

### 4. 厂房骨架的承载力比较大

单层工业厂房常采用体系化的排挤承重结构，多层工业厂房常采用钢筋混凝土或钢框架结构。

## 二、工业建筑的分类

随着社会的发展和生产规模的不断扩大，生产工艺更具有多样性和复杂性。工业建筑的类型很多，在建筑设计中常按用途、生产状况和层数等进行分类。

### 1. 按厂房的用途分类

(1) 主要生产厂房。主要生产厂房是指各类工厂的主要产品进行备料、加工到装配等主要工艺流程的厂房，如机械制造厂的机械加工与机械制造车间，钢铁厂的炼钢、轧钢车间。在主要生产厂房中常常布置较大的生产设备和起重设备。

(2) 辅助生产厂房。辅助生产厂房是指不直接加工产品，只是为生产服务的厂房，如机修、工具、模型车间等。

(3) 动力用厂房。动力用厂房是指为全厂提供能源和动力的厂房，如发电站、锅炉房、氧气站等。

(4) 材料仓库建筑。材料仓库建筑是指储存原材料、半成品、成品的房屋（一般称为"仓库"），如机械厂的金属料库、油料库、燃料库等。由于储存物质不同，其在防火、防爆、防潮、防腐等方面有不同的设计要求。

(5) 运输用建筑。运输用建筑是指储存及检修运输设备及起重消防设备等的房屋，如汽车库、机车库、起重机库、消防车库等。

(6) 其他建筑。其他建筑是指水泵房、污水处理设施等。

中、小型工厂或以协作为主的工厂，仅有上述各类型房屋中的一部分；大型厂房中，有时会包括多种类型用途的车间或部门等。

### 2. 按厂房的层数分类

(1) 单层工业厂房。单层工业厂房多用于冶金、机械等重工业。其特点是设备体积大、质量重，车间内以水平运输为主，大多靠厂房中的起重运输设备和车辆进行。厂房内的生产工艺路线和运输路线较容易组织，但单层工业厂房占地面积大，维护结构多，单路管线长，立面较单调。单层工业厂房又分为单跨厂房和多跨厂房，如图 12-1 所示。

(2) 多层工业厂房。多层工业厂房常用于轻工业，如纺织、仪表、电子、食品、印刷、皮革、服装等工业，常见的层数为 2~6 层。此类厂房的设备质量轻、体积小，大型机床一般安装在底层，小型设备一般安装在楼层。车间运输分垂直和水平两大部分，垂直运输靠电梯实现，水平运输则通过小型运输工具实现，如电瓶车等，如图 12-2 所示。

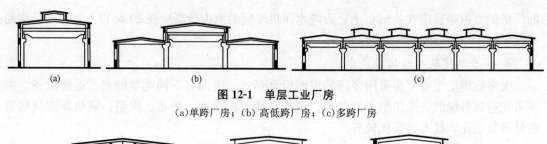

**图 12-1 单层工业厂房**

(a)单跨厂房;(b)高低跨厂房;(c)多跨厂房

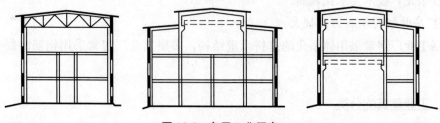

**图 12-2 多层工业厂房**

(3)层数混合的工业厂房。层数混合的工业厂房也就是在厂房中既有单层又有多层的混合类厂房。这种厂房常用于化工、热电站的主厂房等,例如,在热电厂主厂房,汽机间可设在单层单跨内,其他可设在多层内;在化工车间,高大的生产设备可设在单层单跨内,其他可设在多层内,如图 12-3 所示。

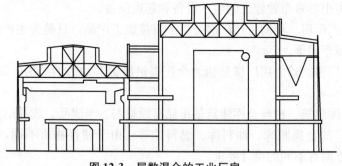

**图 12-3 层数混合的工业厂房**

### 3. 按厂房的跨度尺寸分类

(1)小跨度工业厂房。小跨度工业厂房是指小于或等于 15 m 的单层工业厂房,这类厂房多以砖混结构为主,多用于中、小型企业或大型企业的非主要生产厂房。

(2)大跨度工业厂房。大跨度工业厂房是指跨度为 15~36 m 及 36 m 以上的单层工业厂房。其中,跨度为 15~30 m 的厂房以钢筋混凝土结构为主,当跨度在 36 m 及 36 m 以上时,一般以钢结构为主。

## 第二节 单层工业厂房结构的组成和类型

### 一、单层工业厂房结构的组成

单层工业厂房的结构支承方式基本上可分为承重墙结构与骨架结构两类。仅当厂房的跨度、高度、起重机荷载较小及地震烈度较低时用承重墙结构；当厂房的跨度、高度、起重机荷载较大及地震烈度较高时，则广泛采用骨架结构。

除了厂房骨架之外，还有只起围护或分隔作用的外墙围护结构，它包括厂房四周的外墙、抗风柱等。外墙多采用承自重墙体和框架墙。通常，外墙砌置在基础梁上，基础梁两端搁置在独立式基础上，由基础梁承受墙体重量。当墙体较高时，还需要在墙体中间设置一道以上的连系梁，以承受连系梁上部的墙体重量。连系梁一般搁置在柱的牛腿上，因此，连系梁上的荷载通过连系梁传给柱子。抗风柱主要承受山墙传来的水平风荷载并传给屋架和基础。

从上述排架结构各构件受力概况分析，整个厂房的大部分荷载通过横向排架和纵向联系构件的作用，最后都要通过柱子传给基础。因此，屋架（屋面梁）、起重机梁、柱子、基础等是厂房的主要承重构件。而其他构件也是构成厂房骨架的有机组成部分。它们相互联系在一起，以保证厂房结构的整体性和稳定性。

## 二、单层工业厂房结构的类型

骨架结构按材料可分为砖石混合结构、装配式钢筋混凝土结构、钢结构。选择时应根据厂房的用途、规模、生产工艺、起重运输设备、施工条件和材料供应情况等因素综合分析确定。

(1)砖石混合结构由砖柱和钢筋混凝土屋架或屋面大梁组成，也有由砖柱和木屋架，或轻钢组合屋架组成的。由于砖石混合结构构造简单，承载能力及抗地震和振动性能较差，故仅可用于吊车起重量不超过 5 t、跨度不大于 15 m 的小型厂房。

(2)装配式钢筋混凝土结构坚固耐久，可预制装配。与钢结构相比，这种结构可节约钢材，造价较低，故在国内外的单层工业厂房中广泛应用。但其自重大，抗地震性能不如钢结构。

(3)钢结构的主要承重构件全部用钢材做成。虽然这种结构抗地震和振动性能好，构件较轻（与钢筋混凝土比），施工速度快。但钢结构易锈蚀，耐火性能差，使用时应采取相应的防护措施。

单层工业厂房承重结构除上述外，屋顶结构尚可用折板、壳体及网架等空间结构。它们的共同优点是传力、受力合理，能较充分地发挥材料的力学性能，空间刚度好，抗震性能较强。其缺点是施工复杂，现场作业量大，工期长。

另外，单层工业厂房的承重结构还有门架、T 形板等。门架相当于柱子与梁结合的构件。T 形板用作垂直承重时相当于墙柱结合构件，用作屋顶时相当于梁板结合构件。它们的共同特点是构件类型少，省材料。

## 三、单层工业厂房的主要结构及构件

### (一)基础和基础梁

由于基础起着支承厂房上部结构的全部重量，然后将之传递到地基中去的作用，因此，其是厂房结构中的重要构件之一。

1. 基础

单层工业厂房的基础一般做成独立柱基础，其形式有杯形基础、板肋基础、薄壳基础等。当结构荷载比较大而地基承载力又较小时，则可采用杯形基础或桩基础。基础所用混凝土等级一般不低于C15，为了方便施工放线和保护钢筋，基础底部通常要铺设C7.5的素混凝土垫层，厚度一般为100 mm。

当柱子采用现浇钢筋混凝土柱时，由于基础与柱施工不同，因此，应在基础顶面留出插筋，以便与柱连接。钢筋的数量和柱中纵向受力钢筋相同，其伸出长度应根据柱的受力情况、钢筋规格及接头方式（如焊接还是绑扎接头）来确定。

如采用预制柱，则钢筋混凝土预制柱下基础的顶部应做成杯口形，将柱安装在杯口内，这种基础称为杯形基础，如图12-4所示。预制柱下基础是目前应用最广泛的一种形式，有时为了使安装在埋置深度不同的杯形基础中的柱子规格统一，便于施工，可以把基础做成高杯基础。在伸缩缝处，双柱的基础可以做成双杯口形式。

2. 基础梁

当厂房采用钢筋混凝土排架结构时，仅起围护或隔离作用的外墙或内墙通常设计成自承重的。但是，当地基土层构造复杂、压缩性不均匀时，基础将会产生不均匀沉降，因此，一般厂房常将外墙或内墙砌筑在基础梁上，基础梁两端搁置在柱基础的杯口顶面，这样可使内、外墙和柱沉降一致，使墙面不易开裂。

基础梁的截面形状常为梯形，其分为有预应力与非预应力混凝土两种，其外形与尺寸如图12-5（a）所示。梯形基础梁预制较为方便，它可利用已制成的梁做模板，如图12-5（b）所示。

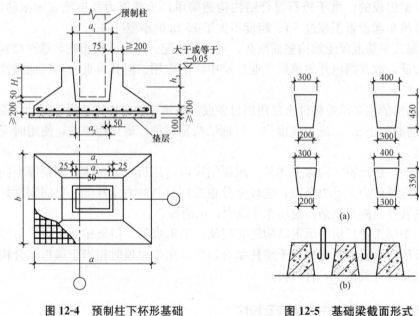

图12-4 预制柱下杯形基础　　图12-5 基础梁截面形式

基础梁顶面标高至少应低于室内地坪标高50 mm，比室外地坪标高至少应高100 mm，并且不单做防潮层。在基础梁底回填土时，一般不需要夯实，并留有不少于100 mm的空隙，以利于基础梁随柱基础一起沉降。在保温、隔热厂房中，为防止热量沿基础梁流失，可铺设松散的保温、隔热材料，如炉渣、干砂等，同时，在外墙周围做散水坡，如图12-6所示。松散材料的厚度宜大于300 mm。

基础梁搁置在杯形基础顶面的方式，视基础埋置深度而异，如图12-7所示。当基础杯口顶面与室内地坪的距离不大于500 mm时，则基础梁可直接搁置在杯口上。当基础杯口顶面与室内地坪的距离大于500 mm时，可设置C15混凝土垫块搁置在杯口顶面，当墙厚为370 mm时垫块的宽度为400 mm；当墙厚为240 mm时垫块的宽度为300 mm。当基础埋置很深时，也可设置高杯口基础或在柱上设牛腿来搁置基础梁。

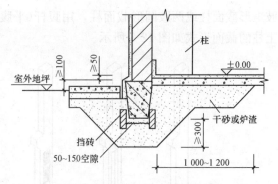

图12-6 基础梁搁置构造要求及防冻胀措施

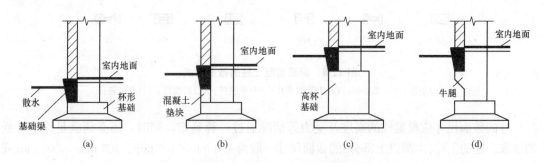

图12-7 基础梁与基础的连接
(a)放在杯形基础顶面；(b)放在混凝土垫块上；(c)放在高杯基础上；(d)放在牛腿上

## (二)柱

1. 排架柱

(1)排架柱的分类。排架柱又称为承重柱，是厂房的竖向承重构件，主要承受屋盖和起重机梁等竖向荷载、风荷载及起重机产生的纵向和横向水平荷载，有时还承受墙体、管道设备等的荷载，并且将这些荷载连同自重全部传递至基础。

1)柱子从位置上分为边列柱、中列柱、高低跨柱等。

2)柱子按材料可分为钢柱、钢筋混凝土柱、砖柱。砖柱的截面一般为矩形，钢柱的截面一般采用格构形。目前，钢筋混凝土柱应用较为广泛。

3)单层工业厂房的钢筋混凝土柱基本上可分为单肢柱、双肢柱两大类。单肢柱的截面形式有矩形、工字形、工字形带孔等。矩形柱外形简单，自重大，混凝土用量较大，适用于中小厂房。工字形柱比矩形柱节省混凝土30%～50%，其截面高度较大，适用于中型、大型厂房。另外，工字形带孔柱，还可利用空腹板穿孔架设一些管道。

双肢柱由两肢矩形截面柱或圆形截面柱用腹杆连接而成。平腹杆制作方便，节省材料，便于安装各种不同管线；斜腹杆比平腹杆的受力性能更为合理。双肢管柱是在离心制管机上加工成型的，其与墙体连接不如工字形柱方便，也可在钢管内注入混凝土做成管柱。双肢柱一般应用于大吨位起重机的厂房中。

(2)排架柱的截面形式。单肢柱的截面形式有矩形、工字形及单管圆形。双肢柱是由两肢矩形截面柱或两肢圆形截面柱，用腹杆（平腹杆或斜腹杆）连接而成的。各类型钢筋混凝土柱的截面形式如图 12-8 所示。

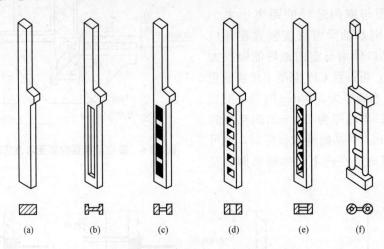

图 12-8　钢筋混凝土柱的截面形式
(a)矩形；(b)工字形；(c)工字形带孔；(d)平腹杆；(e)斜腹杆；(f)双肢管柱

柱的截面尺寸应根据柱的高度及受力等情况通过计算确定，同时，还必须满足构造方面的要求。柱的上柱（牛腿以上部分）的截面尺寸一般为 400 mm×400 mm、400 mm×500 mm 或 400 mm×600 mm；下柱（牛腿以下部分）的截面尺寸一般为 400 mm×600 mm、400 mm×800 mm 或 400 mm×11 000 mm。为支承起重机梁或其他构件，柱上设有牛腿，如图 12-9 所示。

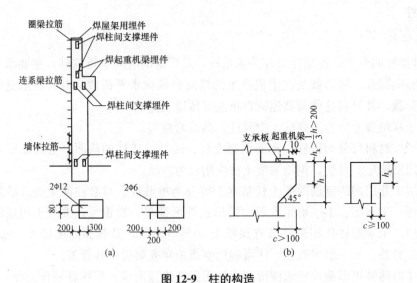

图 12-9　柱的构造
(a)柱的埋筋与埋件；(b)牛腿的构造

(3)排架柱的连接件。钢筋混凝土柱除按结构计算需要配置一定数量的钢筋外，还应根据柱的位置以及柱与其他构件连接的需要，在柱上预先埋设铁件。如柱与屋架、柱与起重机梁、柱与连系梁(或圈梁)、柱与砖墙或大型墙板及柱间支撑等处的相互连接处,均需在柱上设预埋件(如钢板、螺栓及锚拉钢筋等)。预埋件必须准确无误地设置在柱上,不能遗漏,如图 12-10 所示。

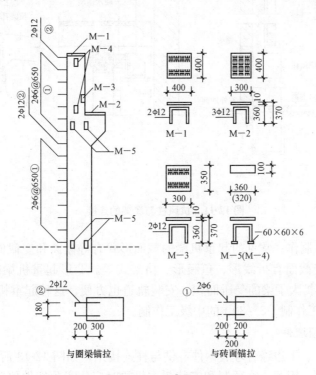

图 12-10　柱的预埋件

2. 抗风柱

由于单层工业厂房的山墙面积较大,所受到的风荷载也较大,因此,必须在山墙上设置抗风柱,使墙上的风荷载一部分由抗风柱传至基础,另一部分则由抗风柱上端通过屋盖系统传到厂房的纵向排架上去。在厂房高度及跨度不大时,抗风柱可采用砖柱,在其他情况下一般采用钢筋混凝土柱。

抗风柱除按外墙与柱的连接方式压砌钢筋外,在抗风柱的顶部还留有预埋件与折形弹簧板焊接在一起与屋架上弦连接,如图 12-11 所示。在垂直方向应允许屋架和抗风柱有相对的竖向位移,同时,屋架与抗风柱间应留有不小于 150 mm 的空隙。当厂房沉降较大时可采用图 12-11(b)所示的螺栓连接方式。一般情况下,抗风柱只需与屋架上弦连接,当屋架设有下弦横向水平支撑时,则抗风柱可与屋架下弦连接,作为抗风柱的另一支点。

(三)起重机梁

当厂房设有桥式起重机(或支承式梁式起重机)时,需在柱的牛腿上设置起重机梁,并在起重机梁上敷设轨道供起重机运行。因此,起重机梁直接承受起重机的自重和起吊物件的重量,以及刹车时产生的水平荷载。

1. 起重机梁的类型

起重机梁一般用钢筋混凝土制成,有非预应力混凝土和预应力混凝土两种,另外,也

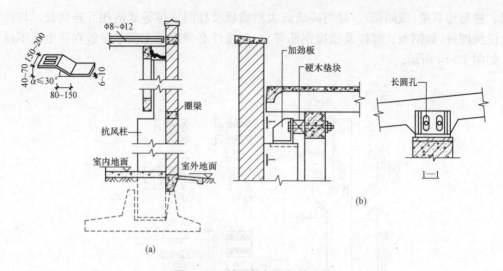

图 12-11 抗风柱与屋架的连接

可采用型钢及砖拱等制作。常见的起重机梁的截面形式有等截面和变截面两种。等截面有 T 形、工字形等；变截面有折线形、鱼腹形、格架式等。T 形起重机梁的上部翼缘较宽，如图 12-12 所示，其扩大了梁的受压面积，安装轨道也方便，这种起重机梁适用于 6 m 柱距、5~75 t 的重级工作制、3~30 t 的中级工作制。

2. 起重机梁的预埋件

起重机梁两端上、下边缘各埋有钢件，供与柱连接用，如图 12-13 所示。由于端柱处、伸缩缝处的柱距不同，因此，在预制和安装起重机梁时应注意预埋件位置。在起重机梁的上翼缘处留有固定轨道用的预留孔，在腹部预留滑触线安装孔。有车挡的起重机梁应预留与车挡连接用的钢管或预埋件。

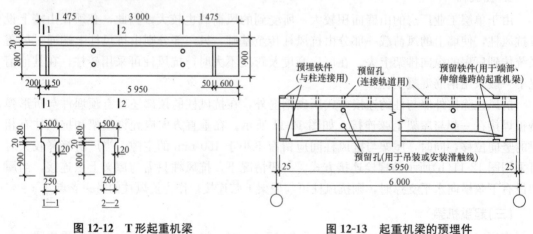

图 12-12　T 形起重机梁　　　　图 12-13　起重机梁的预埋件

3. 起重机梁与柱的连接

起重机梁与柱的连接多采用焊接。为承受起重机横向的水平刹车力，起重机梁上翼缘与柱间需用钢板或角钢与柱焊接。为承受起重机梁的竖向压力，起重机梁底部安装前应焊接上一块垫板（或称为"支承钢板"）与柱的牛腿顶面预埋钢板焊牢，如图 12-14 所示。起重机梁的对头空隙、起重机梁与柱之间的空隙均需用C20混凝土填实。

起重机梁的钢轨的截面有方形和工字形两种。起重机梁与轨道的安装通过垫木、橡胶垫等进行减震。

**(四)连系梁与圈梁**

1. 连系梁

连系梁是柱与柱之间在纵向上的水平连系构件。它可分为设在墙内和不在墙内两种。当墙的高度超过15 m时，应设置连系梁，以承受上部墙体重量并将荷载传递给柱。连系梁的截面形式有矩形和L形两种，分别适用于240 mm和370 mm的砖墙。连系梁有承重

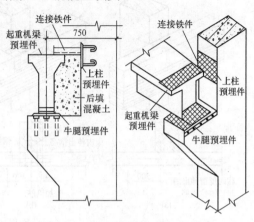

图12-14 起重机梁与柱的连接

连系梁和非承重连系梁两种类型。非承重连系梁的主要作用是增强厂房的纵向刚度、传递风荷载，而不起将墙体重量传给柱的作用，因此，它与柱的连接一般只需要用螺栓或钢筋与柱拉结即可，而不必将它搁置在柱的牛腿上。承重连系梁除可以起非承重连系梁的作用外，还可以承受上部墙体重量，并将之传给柱，因此，它应搁置在柱的牛腿上并通过焊接或用螺栓使之与柱牢固连接，如图12-15所示。

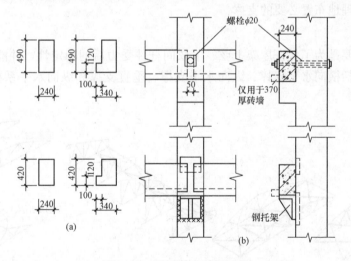

图12-15 连系梁与柱的连接
(a)连系梁截面尺寸；(b)连系梁与柱的连接

2. 圈梁

根据厂房高度、荷载和地基等情况以及抗震设防要求，应将一道或几道墙梁沿厂房四周连通做成圈梁，以增加厂房结构的整体性。圈梁的作用是将墙体同厂房的排架柱、抗风柱连在一起，以加强整体刚度和稳定性，如图12-16所示。在墙体中，可设置一道或几道圈梁，并按照上密下疏的原则每5 m左右加一道，其断面高度应不小于180 mm。圈梁的位置通常设在柱顶或起重机梁、窗过梁等处，圈梁在墙体内并搁在墙上，如图12-17所示。单层工业厂房的连系梁一般为预制的，而圈梁一般为现浇的，其截面常为矩形或L形。

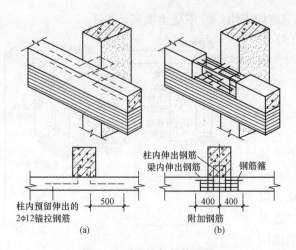
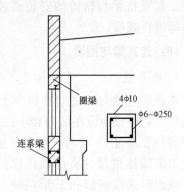

图 12-16 圈梁与柱的连接　　　　　　　图 12-17 圈梁的位置
(a)现浇钢筋混凝土圈梁；(b)预制现浇接头圈梁

**(五)支撑系统**

支撑系统的主要作用是使厂房形成整体空间骨架，以保证厂房的空间刚度，同时传递水平荷载，如山墙风荷载及起重机纵向制动力等，另外，支撑系统还保证了结构和构件的稳定。

支撑系统分为屋盖支撑和柱间支撑两大部分。为保证厂房的整体刚度和稳定性，必须按结构要求，合理地布置必要的支撑。

**1. 屋盖支撑**

屋盖支撑主要是为了保证屋架上弦、下弦间杆件受力后的稳定性，并能传递山墙受到的风荷载，它包括横向水平支撑、纵向水平支撑、垂直支撑和纵向水平系杆(加劲杆)等，如图 12-18 所示。

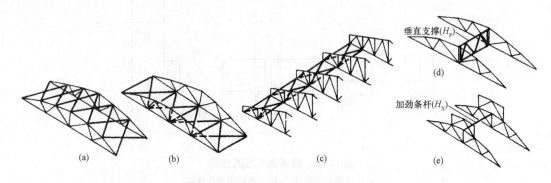

图 12-18 屋盖支撑的种类
(a)上弦横向水平支撑；(b)下弦横向水平支撑；(c)纵向水平支撑；(d)垂直支撑；(e)纵向水平系杆

横向水平支撑和垂直支撑一般布置在厂房端部和伸缩缝两侧的第二(或第一)柱间，通常，水平支撑布置在两榀屋架上弦和下弦之间，沿柱距横向布置或沿跨度纵向布置。

**2. 柱间支撑**

柱间支撑用来提高厂房的纵向刚度和稳定性。起重机纵向制动力和山墙抗风柱经屋盖系统传来的风力及纵向地震力，均经柱间支撑传至基础。柱间支撑一般用钢材制作，多采用交叉式，其交叉倾角通常为 35°～55°。当柱间需要通行或需放置设备或柱距较大采用交叉式支撑有困难时，可采用门架式支撑，如图 12-19 所示。

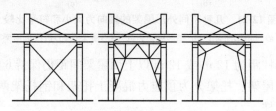

图 12-19　门架式支撑

### (六)屋盖结构

#### 1. 屋盖的类型及组成

厂房屋盖起围护与承重作用，它包括覆盖构件(如屋面板或檩条、屋面瓦材等)和承重构件(如屋架、屋面梁)两部分。目前，屋盖的结构类型大致可分为有檩体系和无檩体系两种，如图 12-20 所示。

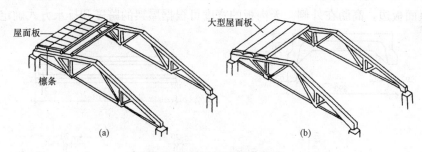

图 12-20　屋盖的结构类型
(a)有檩体系；(b)无檩体系

(1)有檩体系屋盖。有檩体系屋盖一般采用轻型屋面材料。在屋架(或屋面梁)上弦搁置檩条，在檩条上铺小型屋面板或瓦材。其特点是构件小、质量轻、吊装方便，但构件数量多，适用于中小型或有泄爆要求的厂房。

(2)无檩体系屋盖。无檩体系屋盖是指在屋架(或屋面大梁)上弦直接铺设大型屋面板。其特点是构件大、类型少、便于工业化施工，但要求有较强的施工吊装能力。目前，无檩体系屋盖在工程中广为应用。

#### 2. 屋盖结构的承重构件

屋架(或屋面梁)是屋盖结构的主要承重构件，它直接承受屋面荷载，有些厂房的屋架(或屋面梁)还承受悬挂起重机、管道或其他工艺设备及天窗架等荷载。屋架有钢屋架和钢筋混凝土屋架两种，它(或屋面梁)和柱网、屋面构件连接起来，组成一个整体的空间结构，对于保证厂房的空间刚度起着重要作用。

屋架按其形式可以分为屋面梁、两铰拱(或三铰拱)屋架、桁架式屋架三大类。桁架式屋架的外形有三角形、梯形、拱形、折线形等几种形式。屋架的外形对其杆件内力的影响很大，图 12-21 表示在同样的屋面均布荷载作用下，同样跨度和矢高的四种不同外形屋架的轴向力大小比例和轴向力符号("＋"号为拉力，"－"号为压力)。

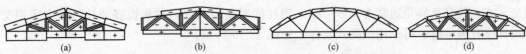

图 12-21 几种不同外形屋架的轴向力大小和符号比较
(a)三角形屋架；(b)梯形屋架；(c)拱形屋架；(d)折线形屋架

当厂房全部或局部柱距为 12 m 或 12 m 以上而屋架间距仍保持 6 m 时，需在 12 m 柱距间设置托架来支承中间屋架。托架分为预应力混凝土托架和钢托架两种，通过托架就可以将屋架上的荷载传递给柱。

3. 屋盖结构的覆盖构件

屋盖结构的覆盖构件主要包括屋面板、天沟板和檩条等。

(1)屋面板。目前，厂房中应用较多的是预应力混凝土屋面板(又称预应力混凝土大型屋面板)，其外形尺寸常用的是 1.5 m×6 m。为配合屋架尺寸和檐口做法，还有 0.9 m×6 m 的嵌板和檐口板，如图 12-22 所示，有时也采用 3 m×6 m、1.5 m×9 m、3 m×9 m、3 m×12 m 的屋面板。

(2)天沟板。预应力混凝土天沟板(图 12-22)的截面形状为槽形，两边肋高低不同，低肋依附在屋面板边，高肋在外侧。天沟板的宽度可根据屋架的跨度和排水方式确定。

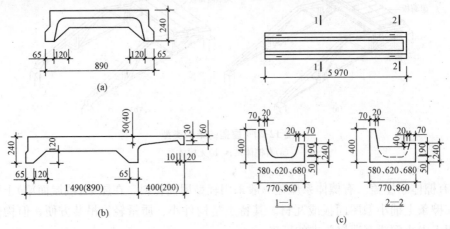

图 12-22 嵌板、檐口板、天沟板
(a)嵌板；(b)檐口板；(c)天沟板

(3)檩条。檩条起着支承槽瓦或小型屋面板等作用，并将屋面荷载传给屋架。檩条分为钢筋混凝土檩条、型钢檩条和冷弯钢板檩条三种类型。檩条应与屋架上弦连接牢固，以加强厂房纵向刚度。檩条与屋架上弦的连接一般采用焊接，如图 12-23 所示。两根檩条在屋架上弦的对头空隙应以水泥砂浆填实。檩条搁置在屋架上可以立放也可以斜放，后者较常使用。

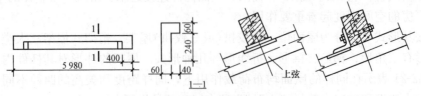

图 12-23 檩条与屋架的连接

## 第三节 外墙构造

单层工业厂房的外墙,按承重情况不同可分为承重墙、自承重墙及骨架墙等类型;根据构造不同可分为块材墙、板材墙。

承重墙一般用于中、小型厂房。当厂房跨度小于 15 m,吊车吨位不超过 5 t 时,可做成条形基础和带壁柱的承重砖墙。承重墙和自承重墙的构造类似于民用建筑。

骨架墙利用厂房的承重结构作为骨架,墙体仅起围护作用。与砖结构的承重墙相比,骨架墙减少了结构面积,便于建筑施工和设备安装,适应高大及有振动的厂房条件,易于实现建筑工业化,适应厂房的改建、扩建等,目前被广泛采用。依据使用要求、材料和施工条件,骨架墙有块材墙、板材墙和开敞式外墙等。

1. 块材墙

(1)块材墙的位置。块材墙厂房的围护墙与柱的平面关系有两种:一种是外墙位于柱之间,能节约用地,提高柱的刚度,但构造复杂,热工性能差;另一种是设在柱的外侧,其具有构造简单、施工方便、热工性能好、便于统一、应用普遍等特点。围护墙与柱的平面关系如图 12-24 所示。

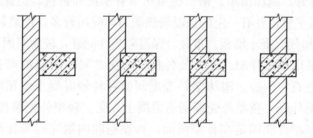

**图 12-24 围护墙与柱的平面关系**

(2)块材墙的相关构件及连接。块材围护墙一般不设基础,下部墙身支承在基础梁上,上部墙身通过连系梁经牛腿将自重传给柱再传至基础。块材墙和相关构件如图 12-25 所示。

2. 板材墙

发展大型板材墙是墙体改革和加快厂房建筑工业化的重要措施之一,其能减轻劳动强度、充分利用工业废料、节省耕地、加快施工速度、提高墙体的抗震性能。目前,适宜使用的板材墙分为钢筋混凝土板材墙和波形板材墙两种类型。

(1)钢筋混凝土板材墙。

1)墙板的规格、类型。钢筋混凝土墙板的长度和高度采用扩大模数 3M。板的长度有 4 500 mm、6 000 mm、7 500 mm、12 000 mm 四种,适用于常用的 6 m 或 12 m 柱距以及 3 m 整数的跨距。板的高度有 900 mm、1 200 mm、1 500 mm、1 800 mm 四种。常用的板厚度为 160~240 mm,以 20 mm 为模数进级。

根据材料和构造方式,墙板分为单一材料墙板和复合墙板。

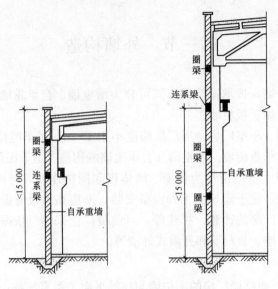

图 12-25 块材墙和相关构件

常见的单一材料墙板有钢筋混凝土槽形板、空心板和配筋轻混凝土墙板。用钢筋混凝土预制的墙板耐久性好，制作简单。槽形板虽然节省水泥和钢材，但保温隔热性能差，且易积灰。空心板表面平整，并有一定的保温隔热能力，应用较多。配筋轻混凝土（如陶粒珍珠砂混凝土）墙板和加气混凝土墙板自重轻，保温隔热性能好，较为坚固，但吸湿性大。

复合墙板是指采用承重骨架、外壳及各种轻质夹芯材料组成的墙板。常用的夹芯材料为膨胀珍珠岩、蛭石、陶粒、泡沫塑料等配制的各种轻混凝土或预制板材。常用的外壳有重型外壳和轻型外壳。重型外壳即钢筋混凝土外壳。轻型外壳墙板是将石棉水泥板、塑料板、薄钢板等轻型外壳固定在骨架两面，再在空腔内填充轻型保温隔热材料所制成的复合墙板。

复合墙板的优点是材料各尽所长、自重轻、防水、防火、保温、隔热，且具有一定的强度；其缺点是制作复杂，仍有热桥的不利影响，需要进一步改进。

2）墙板的布置。墙板的布置可分为横向布置、竖向布置和混合布置，如图 12-26 所示。其中，横向布置用得最多，其次是混合布置；竖向布置因板长受侧窗高度的限制，板型和构件较多，故应用较少。

横向布置的墙板以柱距为板长，可省去窗过梁和连系梁，且板型较少，并有助于加强厂房刚度，接缝处理也较容易。混合布置的墙板虽增加板型，但立面处理灵活。

3）墙板和柱的连接。墙板和柱的连接应安全可靠，并便于安装和检修，一般分为柔性连接和刚性连接两种类型。

柔性连接是墙板和柱之间通过预埋件和连接件将两者拉结在一起。其连接方式有螺栓挂钩柔性连接和角钢搭接柔性连接。柔性连接的特点是墙板与骨架以及墙板之间在一定范围内可相对位移，能较好地适应各种振动引起的变形。螺栓挂钩柔性连接如图 12-27 所示。它是在垂直方向上每隔 3～4 块板在柱上设钢托支承墙板荷载，在水平方向上用螺栓挂钩将墙板拉结固定在一起，其安装、维修方便，但用钢量较多，暴露的金属多，易腐蚀。角钢搭接柔性连

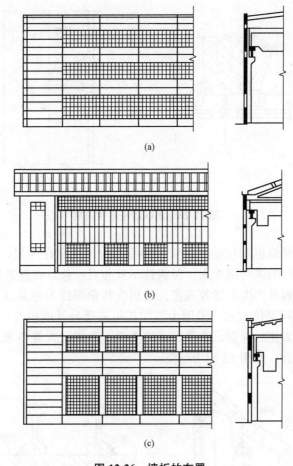

**图 12-26　墙板的布置**
(a)横向布置；(b)竖向布置；(c)混合布置

接如图 12-28 所示，它是利用焊在柱和墙板上的角钢连接固定，比螺栓连接节省用钢量，其外露的金属也少，施工速度快，但因有焊接点，安装不便，故其适应位移的程度差一些。

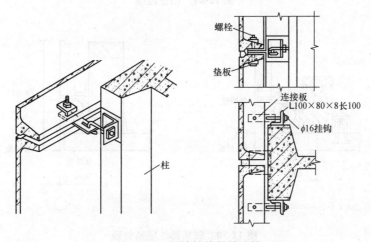

**图 12-27　螺栓挂钩柔性连接**

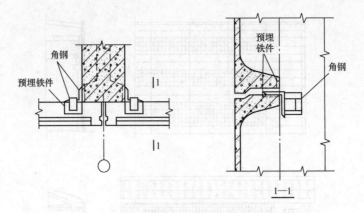

图 12-28　角钢搭接柔性连接

刚性连接就是通过墙板和柱的预埋铁件用型钢焊接固定在一起，如图 12-29 所示。其特点是用钢量少、厂房的纵向刚度大，但构件不能相对位移，在基础出现不均匀沉降或有较大振动荷载时，墙板易产生裂缝等现象。墙板在转角部位为避免过多增加板型，一般结合纵向定位轴线的不同定位方式，采用山墙加长板或增补其他构件，如图 12-30 所示。为满足防水、制作安装方便、保温、防风、经济美观、坚固耐久等要求，墙板的水平缝和垂直缝都应采取构造处理，如图 12-31 所示。

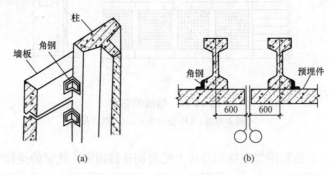

图 12-29　刚性连接

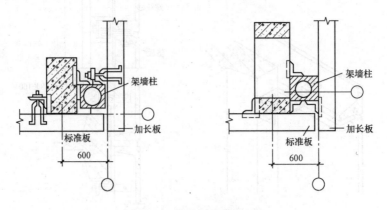

图 12-30　转角部位墙角处理

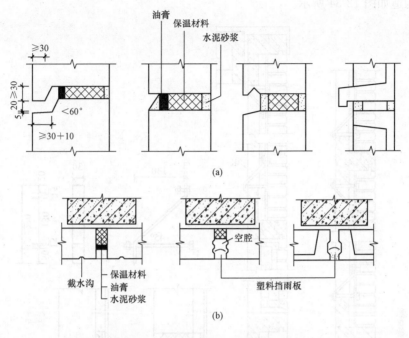

**图 12-31 墙板水平缝和垂直缝的构造**
(a)水平缝；(b)垂直缝

(2)波形板材墙。波形板材墙按材料可分为压型薄钢板、石棉水泥波形板、塑料玻璃钢波形板等。这类板材墙主要用于无保温要求的厂房和仓库等建筑，其连接构造基本类同。压型薄钢板是通过钩头螺栓连接在型钢墙梁上，型钢墙梁既可通过预埋件焊接，也可用螺栓连接在柱上，连接构造如图 12-32 所示。石棉水泥波形板是通过连接件悬挂在连系梁上的，连系梁的间距与板长相适应，石棉水泥波形板的连接构造如图 12-33 所示。

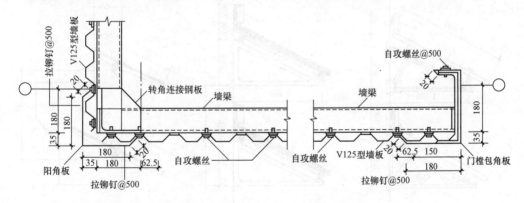

**图 12-32 压型薄钢板的连接构造**

3. 开敞式外墙

有些厂房车间为了迅速排出烟、尘、热量以及通风，换气，避雨，常采用开敞式或半开敞式外墙。常见的开敞式外墙的挡雨板有石棉波形瓦和钢筋混凝土挡雨板。开敞式外墙挡雨板的构造如图 12-34 所示。

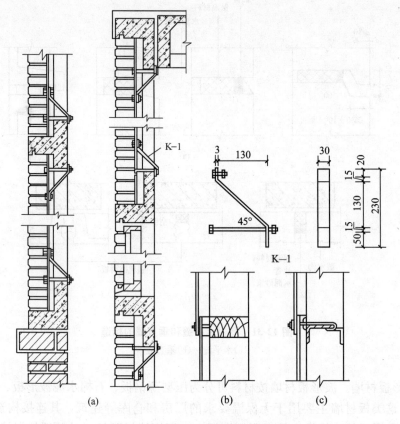

图 12-33 石棉水泥波形板的连接构造

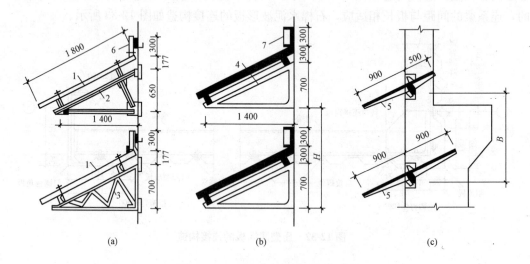

图 12-34 开敞式外墙挡雨板的构造

## 第四节 屋面构造

厂房屋面构造的主要问题是解决屋面的排水和防水。有些地区还要处理屋面的保温、隔热问题;对于有爆炸危险的厂房,还需要考虑屋面的防爆、泄压问题;对于有腐蚀气体的厂房,还需要考虑屋面防腐蚀的问题。

### 一、接缝

大型屋面板相接处的缝隙必须用 C20 细石混凝土灌缝填实。在无隔热(保温)层的屋面上,屋面板短边端肋的交接缝(即横缝)处的卷材易被拉裂,必须加以处理。常用的方法是在横缝上加铺一层干铺卷材延伸层,其效果较好,如图 12-35 所示。屋面板的长边主肋的交接缝(即纵缝),由于变形一般较小,故不需要特别处理。

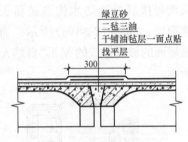

图 12-35 无隔热(保温)层的屋面板横缝处卷材防水层处理

### 二、挑檐

屋面为无组织排水时,可将外伸的檐口板做成挑檐,有时也可利用顶部圈梁挑出挑檐板。挑檐处常采用卷材自然收头和附加镀锌薄钢板收头的方法处理卷材的收头,以防止卷材起翘、翻裂,如图 12-36 所示。

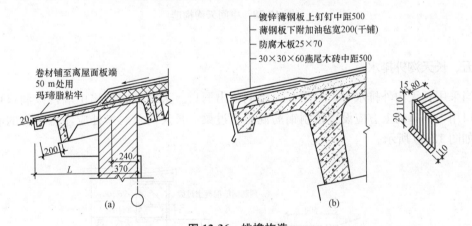

图 12-36 挑檐构造
(a)卷材自然收头;(b)附加镀锌薄钢板收头

### 三、纵墙外天沟

南方地区常采用外天沟外排水的形式,其槽形天沟板一般支承在钢筋混凝土屋架端部挑出的水平挑梁上或钢屋架、钢筋混凝土屋面大梁端部的钢牛腿上。天沟的卷材防水层除与屋面相同以外,在天沟内应加铺一层卷材,落水口周围应附加玻璃布两层。外天沟防水卷材的收头处理如图 12-37(a) 所示。为保证屋面检修、清灰的安全，可在沟外壁设置铁栏杆，其构造如图 12-37(b) 所示。

### 四、中间天沟

在等高多跨厂房的两坡屋面之间应设置中间天沟。中间天沟一般采用两块槽形天沟板并排布置，其防水处理、找坡等构造方法与纵墙外天沟基本相同。两块槽形天沟板接缝处的防水构造是将天沟卷材连续覆盖，如图 12-38(a) 所示。直接利用两坡屋面的坡度做成的 V 形"自然天沟"仅适用于内排水（或内落外排水），其构造如图 12-38(b) 所示。

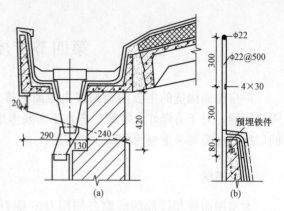

图 12-37 纵墙外天沟构造

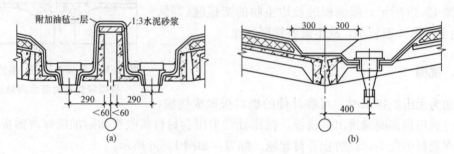

图 12-38 中间天沟构造

### 五、长天沟外排水

当采用长天沟外排水时，必须在山墙上留出洞口。天沟板应伸出山墙，该洞口可兼作溢水口用，洞口的上方应设置预制钢筋混凝土过梁。长天沟及洞口处应注意卷材的收头处理，如图 12-39 所示。

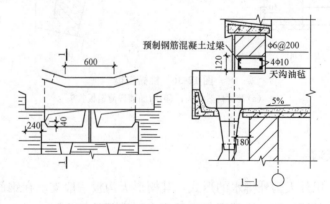

图 12-39 长天沟外排水构造

### 六、山墙、纵向女儿墙泛水

单层工业厂房山墙泛水的做法与民用建筑基本相同，应做好卷材收头处理和转折处理。振动较大的厂房，可在卷材转折处加铺一层卷材。山墙一般应采用钢筋混凝土压顶，以利于防水和加强山墙的整体性，如图12-40所示。

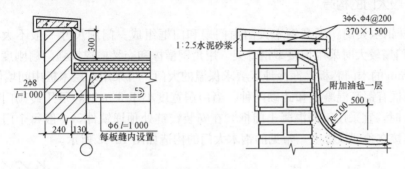

图12-40　山墙泛水构造

当纵墙采用女儿墙形式时，应注意天沟与女儿墙交接处的防水处理。天沟内的卷材防水层应升至女儿墙上一定高度，并做好收头处理，其做法与山墙泛水类似，如图12-41所示。

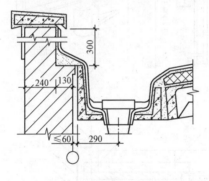

图12-41　纵向女儿墙构造

## 第五节　大门、侧窗和天窗

### 一、大门洞口的尺寸

工业厂房的大门应满足运输车辆、人流通行等要求，为使满载货物的车辆能顺利通过大门，门洞的尺寸应比满载货物车辆的外轮廓加宽600～1 000 mm，加高400～500 mm。大门门洞的尺寸应符合《厂房建筑模数协调标准》(GB/T 50006—2010)的规定，应以3M为扩大模数进级。我国单层工业厂房常用的大门洞口尺寸(宽×高)有以下几种：

(1)通行电瓶车的门洞：2 100 mm×2 400 mm；2 400 mm×2 400 mm。

(2)通行一般载重汽车的门洞：3 000 mm×3 000 mm；3 000 mm×3 300 mm；3 300 mm×3 000 mm；3 300 mm×3 600 mm。

(3)通行重型载重汽车的门洞：3 600 mm×3 600 mm；3 600 mm×4 200 mm。

(4)通行火车的门洞：4 200 mm×5 100 mm。

## 二、一般大门的构造

(1)平开钢木大门。平开钢木大门由门扇和门框组成。门洞尺寸一般不大于 3.6 m×3.6 m。当门扇较大时采用焊接型钢骨架，用角钢横撑和交叉横撑增强门扇刚度，上贴厚度为 15~25 mm 的木门芯板。寒冷地区要求保温的大门，可采用双层木板中间填保温材料。

大门门框有钢筋混凝土和砖砌两种。当门洞宽度小于 3 m 时，可用砖砌门框。当门洞宽大于 3 m 时，宜采用钢筋混凝土门框。在安装铰链处预埋铁件，一般每个门扇设两个铰链，铰链焊接在预埋铁件上。常见的钢木大门的构造如图 12-42 所示。

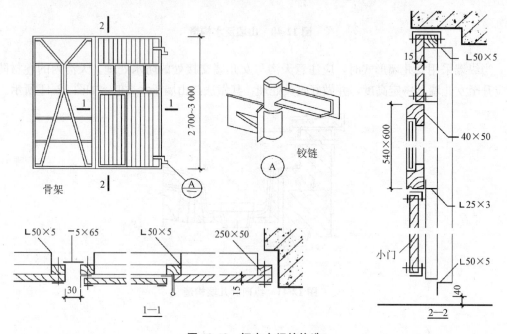

图 12-42 钢木大门的构造

(2)推拉门。推拉门由门扇、上导轨、地槽(下导轨)及门框组成。门扇可采用钢木大门、钢板门等。每个门扇的宽度一般不大于 1.8 m。门扇尺寸应比洞口宽 200 mm。当门扇不太高时，门扇角钢骨架中间只设横撑，在安装滑轮处设斜撑。推拉门的支承方式可分为上挂式和下滑式两种。当门扇高度小于 4 m 时，采用上挂式，即门扇通过滑轮挂在门洞上方的导轨上。当门扇高度大于 4 m 时，采用下滑式。在门洞上下均设导轨，下面导轨承受门的自重。门扇下边还应设铲灰刀，用于清除地槽尘土。为防止滑轮脱轨，在导轨尽端和地面分别设门挡，在门框处可加设小壁柱。导轨通过支架与钢筋混凝土门框的预埋件连接。推拉门位于墙外时，门上部应结合导轨设置雨篷或门斗。常见的双扇推拉门的构造如图 12-43 所示。

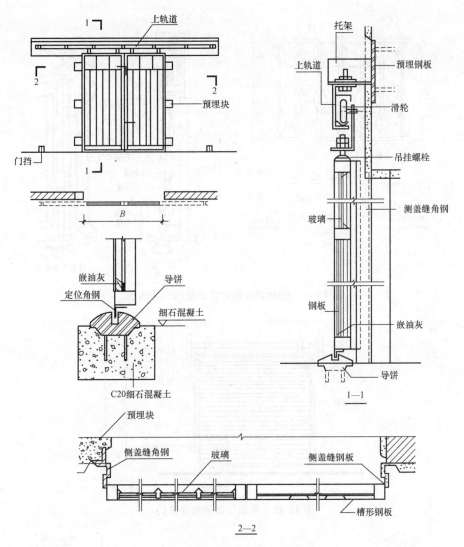

图 12-43 双扇推拉门构造

(3) 折叠门。折叠门一般可分为侧挂式折叠门、侧悬式折叠门和中悬式折叠门。侧挂式折叠门可用普通铰链，靠框的门扇如为平开门，在它的侧面只挂一扇门，不适合用于较大的洞口。侧悬式折叠门和中悬式折叠门，在洞口上方设有导轨，各门扇间除用铰链连接外，在门扇顶部还装有带滑轮的铰链，下部装地槽滑轮。在开闭时，上、下滑轮沿导轨移动，带动门扇折叠，它们适用于较大的洞口。滑轮铰链安装在门扇侧边的为侧悬式折叠门，其开关较灵活。中悬式折叠门的滑轮铰链装在门扇中部，门扇受力较好，但开关时比较费力。图 12-44 所示为侧悬式折叠空腹薄壁钢门的构造，空腹薄壁钢门不宜用于有腐蚀介质的车间。

(4) 卷帘门。卷帘门主要由帘板、导轨及传动装置组成。工业建筑中的帘板常采用页板式，页板可用镀锌钢板或合金铝板轧制而成，页板之间用铆钉连接。页板的下部采用钢板和角钢，用以增强卷帘门的刚度，并便于安设门钮。页板的上部与卷筒连接，开启时，页板沿着门洞两侧的导轨上升，卷在卷筒上。门洞的上部设传动装置，根据传动装置的不同分为手动传动装置卷帘门(图 12-45)和电动传动装置卷帘门(图 12-46)。

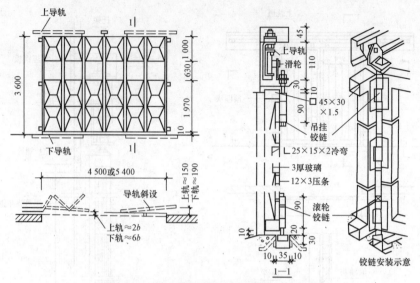

图 12-44 侧悬式折叠空腹薄壁钢门的构造

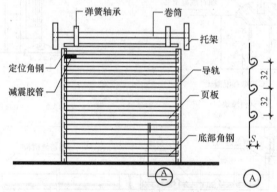

图 12-45 手动传动装置卷帘门

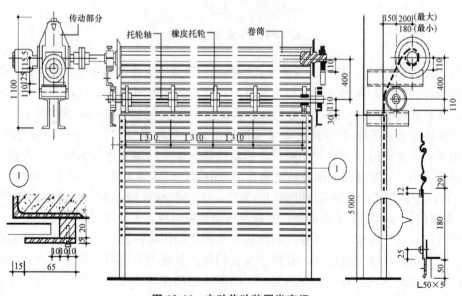

图 12-46 电动传动装置卷帘门

## 三、天窗与侧窗

大跨度或多跨度的单层工业厂房，为满足天然采光与自然通风的需要，常需在侧墙上设置侧窗，同时，往往还需在屋面上设置各种形式的天窗。这些天窗和侧窗大部分都同时兼有采光和通风的双重作用。

## 四、矩形天窗的构造

### (一)矩形天窗的组成

矩形天窗是单层工业厂房常用的天窗形式。矩形天窗沿厂房纵向布置，为了简化构造并留出屋面检修和消防通道，在厂房的两端和横向变形缝的第一个开间通常不设天窗，在每段天窗的端壁应设置上天窗屋面的消防梯(兼作检修梯)。矩形天窗主要由天窗架、天窗屋顶、天窗端壁、天窗侧板及天窗扇等构件组成，如图 12-47 所示。

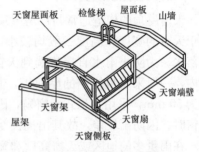

图 12-47 矩形天窗的组成

### (二)天窗架

天窗架是天窗的承重构件，支承在屋架(或屋面梁)上，其高度根据天窗扇的高度确定。天窗架的跨度一般为厂房跨度的 1/3~1/2，且应符合扩大模数 30M 系列，常见的有 6 m、9 m、12 m。常用的钢筋混凝土天窗架的尺寸见表 12-1。

表 12-1 常用的钢筋混凝土天窗架的尺寸  mm

| 天窗架形式 | Π 形 | | | | | | | W 形 | |
|---|---|---|---|---|---|---|---|---|---|
| 天窗架宽度 | 6 000 | | | | 9 000 | | | 6 000 | |
| 天窗扇高度 | 1 200 | 1 500 | 2×900 | 2×1 200 | 2×900 | 2×1 200 | 2×1 500 | 1 200 | 1 500 |
| 天窗架高度 | 2 070 | 2 370 | 2 670 | 3 270 | 2 670 | 3 270 | 3 850 | 1 950 | 2 250 |

天窗架有钢筋混凝土天窗架和钢天窗架两种。其形式如图 12-48 所示。其中，钢筋混凝土天窗架的形式一般有 Π 形和 W 形，也可做成 Y 形。钢天窗架有多压杆式天窗架和桁架式天窗架两种。钢天窗架质量轻，制作吊装方便，多用于钢屋架，也可用于钢筋混凝土屋架。钢筋混凝土天窗架则要与钢筋混凝土屋架配合使用。

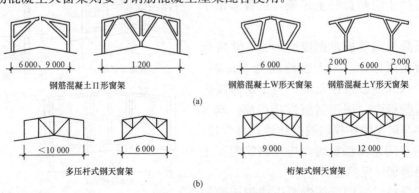

图 12-48 天窗架形式
(a)钢筋混凝土天窗架；(b)钢天窗架

为便于天窗架的制作和吊装,钢筋混凝土天窗架一般加工成两榀或三榀,在现场组合安装,各榀之间采用螺栓连接,与屋架采用焊接连接,如图 12-49 所示。钢天窗架一般采用桁架式,自重轻,便于制作和安装,其支脚与屋架一般采用焊接连接,适用于较大跨度的厂房。

### (三)天窗屋顶及檐口

天窗屋顶的构造通常与厂房屋顶的构造相同。由于天窗的宽度和高度一般均较小,故多采用自由落水。为防止雨水直接流淌到天窗扇上和飘入室内,一般采用带挑檐的屋面板,其挑出长度一

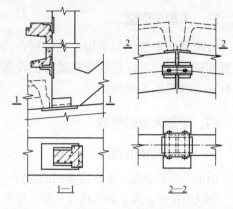

图 12-49 钢筋混凝土天窗架与屋架的连接

般为 50 mm,采用上悬式天窗扇,因防水较好,故出挑长度可小于 500 mm;若采用中悬式天窗时,因防雨较差,故其出挑长度可大于 500 mm,如图 12-50 所示。

在雨量多的地区或天窗高度和宽度较大时,宜采用有组织排水。一般可采用带檐沟的屋面板或在天窗架的钢牛腿上铺设槽形天沟板,以及在屋面板的挑檐下悬挂镀锌薄钢板或石棉水泥檐沟三种做法,如图 12-50(b)、(c)、(d)所示。

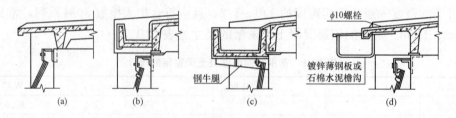

图 12-50 有组织排水的天窗檐口
(a)挑檐板;(b)带檐沟的屋面板;(c)钢牛腿上铺设槽形天沟板;(d)挑檐下悬挂镀锌薄钢板或石棉水泥檐沟

### (四)天窗端壁

矩形天窗两端的承重围护结构构件称为天窗端壁。通常,采用预制钢筋混凝土端壁板,或钢天窗架石棉瓦端壁板,如图 12-50 和图 12-51 所示。前者用于钢筋混凝土屋架,后者多用于钢屋架。

钢筋混凝土端壁板常做成肋形板,并可代替钢筋混凝土天窗架。当天窗跨度为 6 m 时,端壁板由两块预制板拼接而成;当天窗跨度为 9 m 时,端壁板由三块预制板拼接而成。端壁板及天窗架与屋架的连接均通过预埋铁件焊接。寒冷地区的车间需要保温时,应在钢筋混凝土端壁板内表面加设保温层。

石棉瓦端壁需采用钢筋混凝土或钢天窗架承重,而端壁的围护结构则由轻型波形瓦做成。

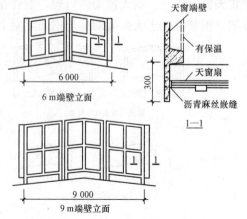

图 12-51 钢筋混凝土端壁

这种端壁构件琐碎，施工复杂，石棉水泥波瓦挂在由天窗架外挑出的角钢骨架上。需做保温时，一般在天窗架内侧挂贴刨花板、聚苯乙烯板等板状保温层。

**（五）天窗侧板**

天窗侧板是天窗下部的围护构件。它的主要作用是防止屋面的雨水溅入车间以及不被积雪挡住天窗扇的开启。屋面至侧板顶面的高度一般应大于 300 mm，多风雨或多雪地区应增高至 400～600 mm，如图 12-52 所示。

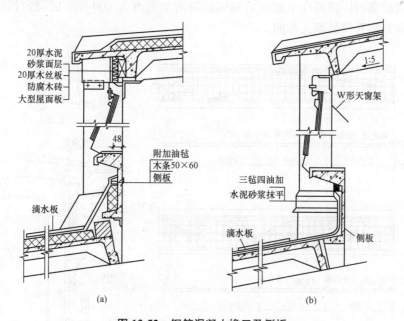

**图 12-52 钢筋混凝土檐口及侧板**
(a)对拼天窗架(屋面保温)；(b)W 形天窗架(不保温)

天窗侧板的形式应与屋面板相适应。当采用钢筋混凝土 W 形天窗架和钢筋混凝土大型屋面板时，则侧板采用长度与天窗架间距相同的钢筋混凝土槽板，它与天窗架的连接方法是在天窗架下端相应位置预埋铁件，然后用短角钢焊接，将槽板置于角钢上，再将槽板的预埋件与角钢焊接，如图 12-52(a)所示。由于图 12-52(a)中的车间需要保温，所以，屋面板及天窗屋面板均设有保温层，侧板也设有保温层。图 12-52(b)所示是采用钢筋混凝土小板，小板的一端支撑在屋面上，另一端靠在天窗框角钢下挡的外侧。当屋面为有檩体系时，侧板可采用水泥石棉瓦、压型钢板等轻质材料制作。

**（六）天窗扇**

天窗扇是由钢材、木材、塑料等材料制作而成。由于钢天窗扇具有耐久、耐高温、质量轻、挡光少、使用过程中不易变形、关闭严密等优点，因此，钢天窗扇被广泛采用。钢天窗扇的开启方式有上悬式和中悬式两种。因上悬式钢天窗的最大开启角度为 45°，所以，其通风效果差，但防雨性能较好。因中悬式钢天窗扇的开启角度可达 60°～80°，所以，其通风性能好，但防雨性较差。

**1. 上悬式钢天窗扇**

上悬式钢天窗扇的高度有三种，即 900 mm、1 200 mm、1 500 mm，可根据需要组合形成不同的窗口高度。上悬式钢天窗扇主要由开启扇和固定扇等若干单元组成,可以布置成通长天窗扇和分段天窗扇。

通长天窗扇是由两个端部窗扇和若干个中间窗扇利用垫板和螺栓连接而成的,其长度应根据厂房长度、采光通风的需要以及天窗开关器的启动能力等因素决定,如图12-53(a)所示。分段天窗扇是每个柱距设一个窗扇,各窗扇可单独开启,一般不用开关器,如图12-53(b)所示。在开启扇之间以及开启扇与天窗端壁之间,均需设置固定窗扇起竖框作用。防雨要求较高的厂房可在上述固定扇的后侧附加宽度为600 mm的固定挡雨板,以防止雨水从窗扇两端开口处飘入车间。

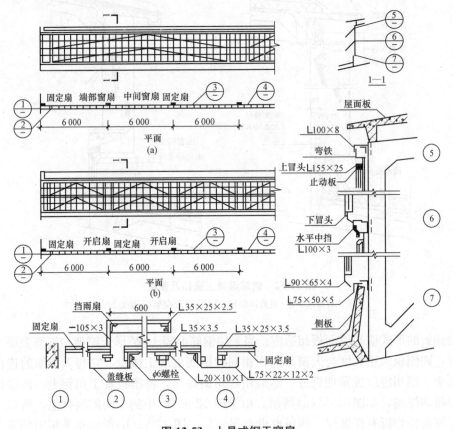

图 12-53 上悬式钢天窗扇
(a)通长天窗扇立面;(b)分段天窗扇

上悬式钢天窗扇由上下冒头、边框及窗芯组成。窗扇上冒头为槽钢,它悬挂在通长的弯铁上,弯铁用螺栓固定在纵向角钢上框上,上框则焊接或用螺栓固定于角钢牛腿上。窗扇的下冒头关闭时搭在天窗侧板的外沿。当设置两排天窗扇时,必须设置角钢中挡,用以搭靠上排开窗的下冒头和固定下排天窗的通长弯铁。天窗扇的窗芯为T型钢,边梃则用角钢制成,并附加盖缝板。

2. 中悬式钢天窗扇

中悬式钢天窗扇因受天窗架的阻挡和转轴位置的影响,只能分段设置,在一个柱距内设一樘窗扇。我国定型产品的中悬式钢天窗扇高有900 mm、1 200 mm和1 500 mm三种,可以组合成一排、二排、三排等不同高度的中悬式钢天窗。

中悬式钢天窗扇的上下冒头及边梃均为角钢,窗芯为T型钢。每个窗扇之间设槽钢做竖框,窗扇转轴固定在竖框上。中悬式钢天窗在变形缝处应设置固定小扇。

### (七)天窗开关器

由于天窗位置较高,需要经常开关的天窗应设置开关器。天窗开关器可分为电动、手动、气动等多种。用于上悬式钢天窗的有电动和手动撑臂式开关器。用于中悬式钢天窗的有电动引伸式或简易联动拉绳式开关器等。各种开关器均有定型产品,土建人员需要了解它们的特点及其对建筑构造的要求,并加以合理选用。

## 第六节　地面构造

工业建筑地面构造与民用建筑地面构造基本相同,一般由面层、结构层、垫层、基层组成。为了满足一些特殊要求,还要增设结合层、找平层、防水层、保温层、隔声层等功能层次。

### 一、结构层的设置与选择

结构层是指承受并传递地面荷载至地基的构造层次,其可分为刚性和柔性两类。刚性结构层(混凝土、沥青混凝土、钢筋混凝土)的整体性好、不透水、强度大,适用于荷载较大且要求变形小的场所;柔性结构层(砂、碎石、矿渣、三合土等)在荷载作用下会产生一定的塑性变形,造价较低,适用于有较大冲击和有剧烈振动作用的地面。

结构层的厚度主要由地面上的荷载决定,地基的承载能力对它也有一定的影响,较大荷载则需经计算确定,但一般不应小于下列数值:结构层为混凝土时,厚度不小于80 mm;结构层为灰土、三合土时,厚度不小于100 mm;结构层为碎石、沥青碎石、矿渣时,厚度不小于80 mm;结构层为砂、煤渣时,厚度不小于60 mm。混凝土结构层(或结构层兼面层)伸缩缝的设置一般以6～12m距离为宜,缝的形式有平头缝、企口缝、假缝,如图12-54所示,一般多为平头缝。企口缝适用于结构层厚度大于150 mm时,假缝只能用于横向缝。

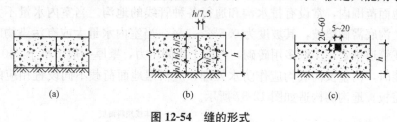

图12-54　缝的形式
(a)平头缝;(b)企口缝;(c)假缝

### 二、垫层

地面应铺设在均匀密实的基土上。在结构层下的基层土壤不够密实时,应对原土进行处理,如夯实、换土等,在此基础上设置灰土、碎石等垫层起过渡作用。若单纯从增加结构层厚度和提高其强度等级来加大地面的刚度,往往是不经济的,而且还会增加地面的内应力。

### 三、细部构造

1. 变形缝

地面变形缝的位置应与建筑物的变形缝(温度缝、沉降缝、抗震缝)一致。同时,在地面荷载差异较大和受局部冲击荷载的部分也应设变形缝。变形缝应贯穿地面各构造层次,并用沥青类材料填充。变形缝的构造如图 12-55 所示。

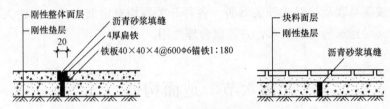

图 12-55 变形缝的构造

2. 不同材料接缝

两种不同材料的地面,由于强度不同、材料的性质不同,接缝处是最易破坏的地方,应根据不同情况采取措施。厂房内铺有铁轨时,轨顶应与地面相平,铁轨附近宜铺设块材地面,其宽度应大于枕木的长度,以便维修和安装,如图 12-56(a)所示。防腐地面与非防腐地面交接的时候,应在交接处设置挡水,以防止腐蚀性液体泛流,如图 12-56(b)所示。

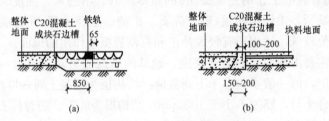

图 12-56 不同材料接缝

3. 地沟

在厂房地面范围内,常设有排水沟和通行各种管线的地沟。当室内水量不大时,可采用排水明沟,沟底需做垫坡,其坡度为 0.5%~1%。当室内水量大或有污染物时,应用有盖板的地沟或管道排走,沟壁多用砖砌,考虑土壤侧压力,壁厚一般不小于 240 mm。当要求有防水功能时,沟壁及沟底均应作防水处理,应根据地面荷载不同设置相应的钢筋混凝土盖板或钢盖板。地沟的构造如图 12-57 所示。

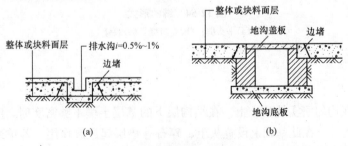

图 12-57 地沟的构造

4. 坡道

为便于各种车辆通行，在厂房出入口的门外侧须设坡道。坡道材料常采用混凝土，坡道宽度较门口两边各宽 500 mm，坡度为 5%～10%，若采用大于 10% 的坡度，面层应做防滑齿槽，坡道构造如图 12-58 所示。

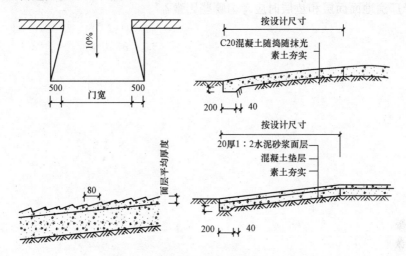

图 12-58　坡道构造

## 本章小结

本章主要通过单层工业厂房的分类、厂房屋面排水方式、平开钢木大门、单层工业厂房天窗以及单层工业厂房地面讲述了关于单层工业厂房结构的相关知识。

## 思考与练习

一、填空题

1. 厂房屋面防水可以采取的形式有 _____、_____ 和 _____。

2. 厂房屋面细部构造主要由接缝、_____、_____、_____、长天沟外泛水、山墙、纵向女儿墙泛水几部分组成。

3. 单层工业厂房的结构支承方式基本上可分为 _____ 与 _____ 两类。

4. 骨架结构按材料可分为 _____、_____、_____。选择时应根据厂房的用途、_____、生产工艺、起重运输设备、_____ 和材料供应情况等因素综合分析确定。

5. 大门门框有 _____ 和 _____ 两种。当门洞宽度小于 3 m 时，可用 _____；当门洞宽大于 3 m 时，宜采用 _____。

参考答案

二、简答题

1. 砖砌外墙有哪几种类型？砖墙的连接构造是怎样的？

2. 屋面排水有哪些方式？分别用于什么样的情况？
3. 单层工业厂房大门有哪些类型？平开大门和推拉大门各由哪些构配件组成？
4. 天窗有哪些类型？常用的矩形天窗是由哪些构件组成的？其布置要求有哪些？
5. 厂房地面有什么特点和要求？
6. 选择厂房地面面层和垫层时应考虑哪些因素？

# 第十三章 建筑工程施工图识读

### 学习目标
(1)掌握识读土建专业施工图的程序和技巧；
(2)了解土建专业施工图的构成及各自的作用；
(3)掌握利用工程语言进行交流的基本原则。

### 技能目标
(1)具备熟练识读土建专业施工图的能力；
(2)能够简单利用工程语言进行交流。

## 第一节 施工图概述

### 一、施工图的产生

一般建设项目应按两个阶段进行设计，即初步设计阶段和施工图设计阶段。对于技术要求复杂的项目，可在两个设计阶段之间增加技术设计阶段，用来深入解决各工种之间的协调等技术问题。

1. 初步设计阶段

设计人员接受任务书后，首先要根据业主的建造要求和有关政策性文件、地质条件等进行初步设计，画出比较简单的初步设计图，简称方案图纸。它包括简略的平面、立面、剖面等图样，文字说明及工程概算。有时还要向业主提供建筑效果图、建筑模型及计算机动画效果图，以便于直观地反映建筑的真实情况。方案图应报业主征求意见，并报规划、消防、卫生、交通、人防等部门审批。

2. 施工图设计阶段

施工图设计阶段的设计人员在已经批准的方案图纸的基础上，综合建筑、结构、设备等工种之间的相互配合、协调和调整，从施工要求的角度对设计方案予以具体化，为施工企业提供完整的、正确的施工图和必要的有关计算的技术资料。

### 二、施工图的分类

房屋施工图要能够准确地反映房屋的平面形状、功能布局、外貌特征、各项尺寸和构造做法等。按专业分工的不同，房屋施工图一般可分为建筑施工图，简称"建施"；结构施工图，简称"结施"；给水排水施工图，简称"水施"；采暖通风施工图，简称"暖施"；电气施工图，简称"电施"。也有的把水施、暖施、电施统称为"设施"（即设备施工图）。

一套完整的房屋施工图应按专业顺序编排。一般应为：图纸目录、建筑设计总说明、总平面图、建施、结施、水施、暖施、电施等。各专业的图纸，应该按图纸内容的主次关系、逻辑关系有序排列。

### 三、施工图常用符号

为使房屋施工图的图面统一、简洁，便于阅读，我国制定了《房屋建筑制图统一标准》(GB/T 50001—2017)，为常用的制图符号作出了明确的规定。在绘制施工图时，必须严格遵守这些规定。

#### (一)定位轴线

施工图上的定位轴线是施工定位、放线的重要依据。凡是承重墙、柱子、大梁或屋架等主要承重构件都要画上确定其位置的基准线，即定位轴线。对于非承重的隔墙、次要承重构件或建筑配件等的位置，有时用分轴线，有时也可通过注明它们与附近轴线的相关尺寸的方法来确定。

定位轴线用细点画线画出，并按国标要求编号。轴线的端部画细实线圆圈（直径为8~10 mm），编号写在圈内。平面图上定位轴线的编号，宜标注在下方与左侧。横向（墙的短向）编号采用阿拉伯数字从左向右顺序编号；竖向（墙的长向）编号采用大写拉丁字母（其中I、O、Z不能用），自下而上顺序编号，如图13-1所示。

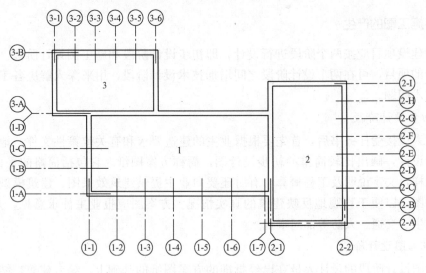

图13-1 定位轴线的分区编号

#### (二)尺寸和标高

1. 尺寸

尺寸是施工图中的重要内容，标注必须全面、清晰。尺寸单位除标高及建筑总平面图以米(m)为单位外，其余一律以毫米(mm)为单位。

2. 标高的种类

根据在工程中应用场合的不同，标高共有以下四种，标高的数值单位为米(m)。

(1)绝对标高。绝对标高是指以山东青岛海洋观测站平均海平面定为零点起算的高度，其他各地标高均以其为基准。绝对标高数值应精确到小数点后两位。

(2)相对标高。相对标高在施工图上要标出很多部位的高度，如全用绝对标高，不但数字烦琐，而且不易得出所需要的高差，这是很不实用的。因此，除总平面图外，一般均采用相对标高，即把房屋建筑室内底层主要房间地面定为高度的起点所形成的标高。相对标高精确到小数点后三位，其起始处记作"±0.000"。比它高的称为正标高，但在数字前不写"+"号；比它低的称为负标高，在标高数字前要写"－"号，如室外地面比室内底层主要房间地面低 0.75 m，则应记作"－0.750"，标高数字的单位省略不写。

在总平面图中要标明相对标高与绝对标高的关系，即相对标高的±0.000 相当于绝对标高的多少米，以利于用附近水准点来测定拟建工程的底层地面标高，从而确定竖向高度基准。

(3)建筑标高。建筑标高是指建筑物及其构配件在装修、抹灰以后表面的相对标高。如上述的"±0.000"即底层地面面层施工完成后的标高。

(4)结构标高。结构标高是指建筑物及其构配件在没有装修、抹灰以前表面的相对标高。由于它与结构件的支模或安装位置联系紧密，因此，通常标注其底面的结构标高，以利于施工操作，减少不必要的计算差错。结构标高通常标注在结施图上。

3. 标高符号及画法

标高符号为直角等腰三角形，用细实线绘制，如图 13-2(a)所示。标注位置不够时，也可按图 13-2(b)所示形式绘制，标高符号的具体画法如图 13-2(c)、(d)所示，其中，$h$、$l$ 的长度根据需要而定。

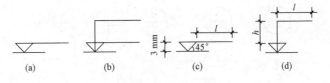

图 13-2　标高符号

总平面图室外地坪标高符号，宜用涂黑的三角形表示，如图 13-3(a)所示，具体画法如图 13-3(b)所示。标高符号的尖端应指至被注高度的位置，尖端一般应向下，也可向上。标高数字应注写在标高符号的左侧或右侧，如图 13-4 所示。

标高的数字应以 m 为单位，注写到小数点以后第三位。零点标高应注写成"±0.000"，正数标高不注"+"，负数标高应注"－"，例如 3.000、－0.600 等。在图纸的同一位置需表示几个不同标高时，标高数字可按图 13-5 所示的形式注写。

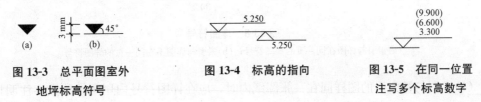

图 13-3　总平面图室外地坪标高符号　　图 13-4　标高的指向　　图 13-5　在同一位置注写多个标高数字

### (三)索引符号与详图符号

**1. 索引符号**

图样中的某一局部或构件,如需另见详图时,则应以索引符号索引。索引符号的形式如图 13-6 所示。索引符号的圆及直径横线均以细实线画出,圆的直径为 10 mm,如图 13-6(a)所示。索引符号应遵守下列规定:

(1)索引的详图,如与被索引的图样位于同一张图纸内,应在索引符号上半圆中用阿拉伯数字注明详图的编号,并在下半圆中间画一段水平细实线,如图 13-6(b)所示。

(2)索引的详图,如与被索引的图样不在同一张图纸内,应在索引符号的下半圆中用阿拉伯数字注明该详图所在图纸的图号(即页码),如图 13-6(c)所示。

(3)索引的详图,如采用标准图,应在索引符号水平直径的延长线上加注标准图册的代号,如图 13-6(d)所示。

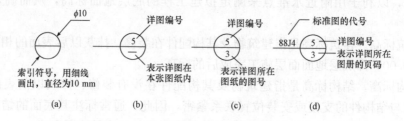

**图 13-6 索引符号的形式**

索引符号如用于索引剖面详图,应在被剖切的部位画出剖切位置线,长度以贯通所剖切内容为准,并以引出线引出索引符号,引出线所在的一侧应为剖视方向,如图 13-7 所示。

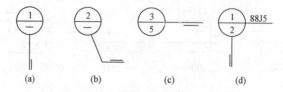

**图 13-7 用于索引剖面图的索引符号**

**2. 详图符号**

详图符号是与索引符号相对应的,用来标明索引出的详图所在的位置和编号,如图 13-8 所示。详图符号的圆应以直径为 14 mm 的粗实线绘制。详图符号的编号规定如下:

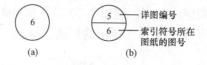

**图 13-8 详图符号**

(a)索引与详图在同一页的详图符号;(b)索引与详图不在同一页的详图符号

(1)详图与被索引的图样同在一张图纸内时,应在详图符号内用阿拉伯数字注明详图的编号,如图13-8(a)所示。

(2)详图与被索引的图样不在同一张图纸内时,应用细实线在详图符号内画一条水平直径线,在上半圆中注明详图编号,在下半圆中注明被索引的图纸的编号,如图13-8(b)所示。

### (四)引出线

(1)引出线应以细实线绘制,宜采用水平方向的直线,或与水平方向成30°、45°、60°、90°角的直线,或经上述角度再折为水平线。文字说明宜注写在水平线的上方,如图13-9(a)所示,也可注写在水平线的端部,如图13-9(b)所示。索引详图的引出线,应与水平直径线连接,如图13-9(c)所示。

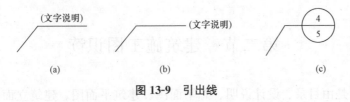

图13-9 引出线

(2)同时引出几个相同部分的引出线,宜互相平行,如图13-10(a)所示,也可画成集中于一点的放射线,如图13-10(b)所示。

(3)多层构造或多层管道共用引出线,应通过被引出的各层。文字说明应注写在水平线的上方,或注写在水平线的端部,说明的顺序应由上至下,并应与被说明的层次相互一致;如层次为横向排序,则由上至下的说明顺序应与由左至右的层次相互一致,如图13-11所示。

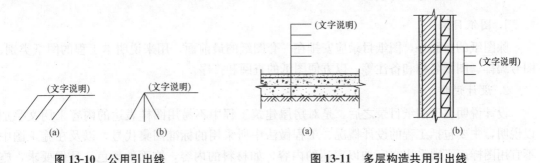

图13-10 公用引出线　　　　　图13-11 多层构造共用引出线

### (五)其他符号

#### 1. 对称符号

对称符号由对称线和两端的两对平行线组成。对称线用细点画线绘制;平行线用细实线绘制,其长度宜为6~10 mm,每对的间距宜为2~3 mm;对称线垂直平分于两对平行线,两端宜超出平行线2~3 mm,如图13-12所示。

#### 2. 连接符号

应以折断线表示需连接的部位。当两个部位相距过远时,折断线两端靠图样一侧应标注大写拉丁字母表示连接编号。两个被连接的图样必须用相同的字母编号,如图13-13所示。

指北针是用于表示房屋朝向的符号。指北针的形状如图13-14所示,其圆的直径为24 mm,用细实线绘制;指北针尾部的宽度宜为3 mm,指北针头部注"北"或"N"字。

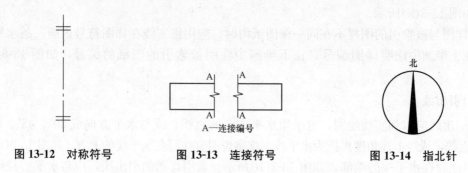

图 13-12　对称符号　　　　图 13-13　连接符号　　　　图 13-14　指北针

当需用较大直径绘制指北针时,指针尾部宽度宜为直径的 1/8。

## 第二节　建筑施工图识读

建筑施工图是由目录、设计说明、总平面图、建筑平面图、建筑立面图、建筑剖面图以及建筑详图等内容组成的,是房屋工程施工图中具有全局性地位的图纸,其反映房屋的平面形状、功能布局、外观特征、各项尺寸和构造做法等,是房屋施工放线、砌筑、安装门窗、室内外装修和编制施工概算及施工组织计划的主要依据。建筑施工图通常编排在整套图纸的最前位置,其后有结构图、设备施工图、装饰施工图。

### 一、图纸目录与设计说明

1. 图纸目录

除图纸的封面外,图纸目录应安排在一套图纸的最前面,用来说明本工程的图纸类别、图号编排、图纸名称和备注等,以方便图纸的查阅和排序。

2. 设计说明

设计说明位于图纸目录之后,是对房屋建筑工程中不易用图样表达的内容采用文字加以说明,主要包括工程的设计概况、工程做法中所采用的标准图集代号,以及在施工图中不宜用图样而必须采用文字加以表达的内容,如材料的内容,饰面的颜色,环保要求,施工注意事项,采用新材料、新工艺的情况说明等。

另外,在建筑施工图中,还应包括防火专篇等一些有关部门要求明确说明的内容。设计说明一般放在一套施工图的首页。

### 二、总平面图

总平面图是描绘新建房屋所在的建设地段或建设小区的地理位置以及周围环境的水平投影图,是新建房屋定位、布置施工总平面图的依据,也是室外水、暖、电等设备管线布置的依据。

(一)总平面图的用途

总平面图是将新建工程四周一定范围内的新建、拟建、原有和拆除的建筑物、构筑物连同其周围的地形、地物状况用正投影的方法和相应的图例所画出的 $H$ 面投影图。其常用比例一般为 1:500、1:1 000、1:1 500 等。

总平面图主要表示新建房屋的位置、朝向、与原有建筑物的关系，以及周围道路、绿化和给水、排水、供电条件等方面的情况，以其作为新建房屋施工定位、土方施工、设备管网平面布置，安排施工时进入现场的材料和构配件堆放场地以及运输道路布置等的依据。

(二)总平面图的图示内容

(1)新建建筑的定位。新建建筑的定位有三种方式：第一种是利用新建建筑与原有建筑或道路中心线的距离确定新建建筑的位置；第二种是利用施工坐标确定新建建筑的位置；第三种是利用大地测量坐标确定新建建筑的位置。

(2)相邻建筑、拆除建筑的位置或范围。

(3)附近的地形、地物情况。

(4)道路的位置、走向以及与新建建筑的联系等。

(5)用指北针或风向频率玫瑰图指出建筑区域的朝向。

(6)绿化规划。

(7)补充图例。若图中采用了建筑制图规范中没有的图例，则应在总平面图下方详细补充图例，并予以说明。

(三)总平面图的阅读方法

图13-15为某学校拟建教师住宅楼的总平面图。图中用粗实线画出的图形表示新建住宅楼，用中实线画出的图形表示原有建筑物，用各个平面图形内的小黑点数表示房屋的层数。

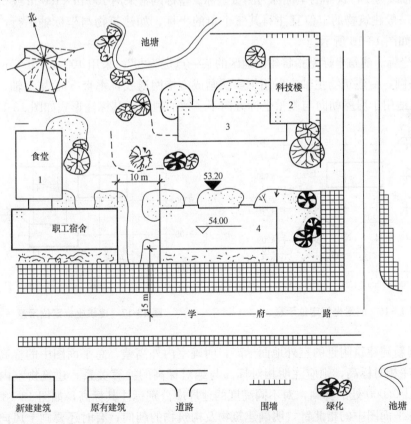

图13-15　某学校拟建教师住宅楼的总平面图

(1)先查看总平面图的图名、比例及有关文字说明。由于总平面图包括的区域较大,所以,绘制时都用较小比例,常用的比例有1:500、1:1 000、1:2 000等。总平面图中的尺寸(如标高、距离、坐标等)宜以米(m)为单位,并应至少取至小数点后两位,不足时以"0"补齐。

(2)了解新建工程的性质和总体布局,如各种建筑物及构筑物的位置、道路和绿化的布置等。由于总平面图的比例较小,各种有关物体均不能按照投影关系如实反映出来,只能用图例的形式进行绘制。要读懂总平面图,必须熟悉总平面图中常用的各种图例。在总平面图中,为了说明房屋的用途,在房屋的图例内应标注出名称。当图样比例小或图面无足够位置时,也可编号列表编注在图内。在图形过小时,可标注在图形外侧附近。同时,还要在图形的右上角标注房屋的层数符号,一般以数字表示,如14表示该房屋为14层,当层数不多时,也可用小圆点数量来表示,如"::"表示4层。

(3)看新建房屋的定位尺寸。新建房屋的定位方式基本有两种。一种是以周围其他建筑物或构筑物为参照物。在实际绘图时,标明新建房屋与其相邻的原有建筑物或道路中心线的相对位置尺寸。另一种是以坐标表示新建建筑物或构筑物的位置。当新建建筑区域所在地形较为复杂时,为了保证施工放线的准确,常用坐标定位。坐标定位分为测量坐标和施工坐标两种。

1)测量坐标。在地形图上用细实线画成交叉"十"字线的坐标网,南北方向的轴线为 $X$,东西方向的轴线为 $Y$,这样的坐标称为测量坐标。坐标网常采用 100 m×100 m 或 50 m×50 m 的方格网。一般建筑物的定位宜注写其三个角的坐标,如建筑物与坐标轴平行,可注写其对角坐标,如图13-16所示。

2)建筑坐标。建筑坐标是指将建设地区的某一点定为"0",采用 100 m×100 m 或 50 m×50 m 的方格网,沿建筑物主轴方向用细实线画成方格网通线,垂直方向为 $A$ 轴,水平方向为 $B$ 轴,其适用于房屋朝向与测量坐标方向不一致的情况。其标注形式如图13-17所示。

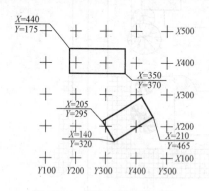

图13-16 测量坐标定位示意

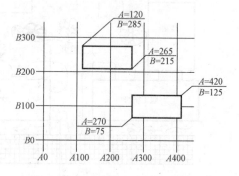

图13-17 建筑坐标定位示意

(4)了解新建建筑附近的室外地面标高,明确室内外高差。总平面图中的标高均为绝对标高,如标注相对标高,则应注明相对标高与绝对标高的换算关系。建筑物室内地坪为标准建筑图中±0.000处的标高,对不同高度的地坪应分别标注其标高,如图13-18所示。

(5)看总平面图中的指北针,明确建筑物及构筑物的朝向;有时还要画上风向频率玫瑰图,来表示该地区的常年风向频率。风向频率玫瑰图的画法如图13-19所示。风向频率玫瑰图用于反映建筑场地范围内常年的主导风向和六、七、八三个月的主导风向（用虚线表示），共有 16 个方向。风向是指从外侧刮向中心。刮风次数多的风，在图上离中心远，称为主导风。明确风向有助于建筑构造的选用及材料的堆场，如有粉尘污染的材料应堆放在下风向等。

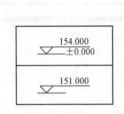
图 13-18 标高注写法

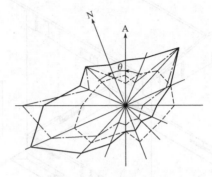
图 13-19 风向频率玫瑰图的画法

## 三、建筑平面图

### (一)建筑平面图的形成与作用

用一个假想的水平剖切平面沿略高于窗台的位置剖切房屋后，移去上面部分，对剩下部分向 $H$ 面作正投影，所得的水平剖面图，称为建筑平面图，简称平面图。平面图反映新建房屋的平面形状、房间的大小、功能布局、墙柱选用的材料、截面形状和尺寸、门窗的类型及位置等，作为施工时放线、砌墙、安装门窗、室内外装修及编制预算等的重要依据，是建筑施工中的重要图纸。

### (二)建筑平面图的表示方法

建筑平面图实际上是房屋的水平剖面图（除屋顶平面图外），是假想用一个水平面去剖切房屋，剖切平面一般位于每层窗台上方的位置，以保证剖切的平面图中墙、门、窗等主要构件都能被剖切到，然后移去平面上方的部分，对剩下的房屋作正投影所得到的水平剖面图，习惯上称为正面图。

建筑平面图主要表示建筑物的平面形状、水平方向各部分（如出入口、走廊、楼梯、房间、阳台等）的布置和组合关系、门窗位置、墙和柱的布置以及其他建筑构配件的位置和大小等。建筑平面图是施工放线，砌墙、柱，安装门窗框、设备的依据，是编制和审查工程预算的主要依据。

一般来说，多层房屋就应画出各层平面图。沿底层门窗洞口切开后得到的平面图，称为底层平面图。沿二层门窗洞口切开后得到的平面图，称为二层平面图。依次可得到三层、四层平面图。当某些楼层平面相同时，可以只画出其中一个平面图，称其为标准层平面图（或中间层平面图）。图 13-20 为一栋单层房屋建筑的平面图。

为了表明屋面构造，一般还要画出屋顶平面图。它不是剖面图，为俯视屋顶时的水平投影图，主要表示屋面的形状及排水情况和突出屋面的构造位置。

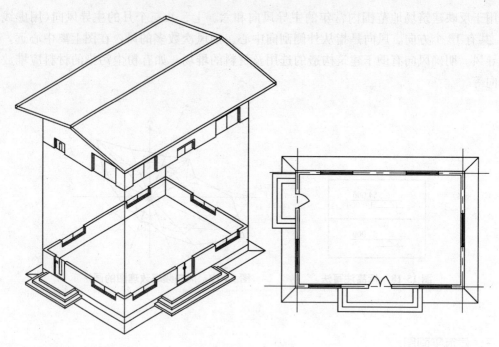

图 13-20　平面图

**(三)建筑平面图的基本内容**

(1)表明建筑物的平面形状,内部各房间包括走廊、楼梯、出入口的布置及朝向。

(2)表明建筑物及其各部分的平面尺寸。在建筑平面图中,必须详细标注尺寸。平面图中的尺寸可分为外部尺寸和内部尺寸。外部尺寸有三道,一般沿横向、竖向分别标注在图形的下方和左方。

1)第一道尺寸:表示建筑物外轮廓的总体尺寸,也称为外包尺寸。它是从建筑物一端外墙边到另一端外墙边的总长和总宽尺寸。

2)第二道尺寸:表示轴线之间的距离,也称为轴线尺寸。它标注在各轴线之间,说明房间的开间及进深的尺寸。

3)第三道尺寸:表示各细部的位置和大小的尺寸,也称为细部尺寸。它以轴线为基准,标注出门、窗的大小和位置,墙、柱的大小和位置。另外,台阶(或坡道)、散水等细部结构的尺寸可分别单独标注。

内部尺寸标注在图形内部,用以说明房间的净空大小、内门窗的宽度、内墙厚度以及固定设备的大小和位置。

(3)表明地面及各层楼面标高。

(4)表明各种门窗的位置、代号和编号以及门的开启方向。门的代号是 M,窗的代号是 C,编号数用阿拉伯数字。

(5)表示剖面图剖切符号、详图索引符号的位置及编号。

(6)综合反映其他各工种(工艺、水、暖、电)对土建的要求。各工程要求的坑、台、水池、地沟、电闸箱、消火栓、雨水管等及其在墙或楼板上的预留洞,应在图中表明其位置及尺寸。

(7)表明室内装修做法,包括室内地面、墙面及顶棚等处的材料及做法。一般简单的装修,在平面图内直接用文字说明;较复杂的工程则另列房间明细表和材料做法表,或另画建筑装修图。

(8)文字说明。平面图中不易表明的内容,如施工要求、砖以及灰浆的强度等级等需要文字说明。

### (四)平面图的内容及阅读方法

(1)看图名、比例。首先,要从中了解平面图层次、图例及绘制建筑平面图所采用的比例,如1∶50、1∶100、1∶200。

(2)看图中定位轴线编号及其间距。从中了解各承重构件的位置及房间的大小,以便于施工时定位放线和查阅图纸。定位轴线的标注应符合《房屋建筑制图统一标准》(GB/T 50001—2010)的规定。

(3)看房屋平面形状和内部墙的分隔情况。从平面图的形状与总长、总宽尺寸,可计算出房屋的用地面积;从图中墙的分隔情况和房间的名称,可了解到房屋内部各房间的分布、用途、数量及其相互间的联系情况。

(4)看平面图的各部分尺寸。在建筑平面图中,标注的尺寸有内部尺寸和外部尺寸两种,主要反映建筑物中房间的开间、进深的大小,门窗的平面位置及墙厚、柱的断面尺寸等。

1)外部尺寸。外部尺寸一般标注三道尺寸,最外一道尺寸为总尺寸,表示建筑物的总长、总宽,即从一端外墙皮到另一端外墙皮的尺寸;中间一道尺寸为定位尺寸,表示轴线尺寸,即房间的开间与进深尺寸;最里一道为细部尺寸,表示各细部的位置及大小,如外墙门窗的大小以及与轴线的平面关系。

2)内部尺寸。内部尺寸用来标注内部门窗洞口和宽度及位置、墙身厚度以及固定设备的大小和位置等,一般用一道尺寸线表示。

(5)看楼地面标高。平面图中标注的楼地面标高为相对标高,而且是完成面的标高。一般在平面图中地面或楼面有高度变化的位置都应标注标高。

(6)看门窗的位置、编号和数量。图中门窗除用图例画出外,还应注写门窗代号和编号。门的代号通常用"门"的汉语拼音的首字母"M",窗的代号通常用"窗"的汉语拼音首字母"C",并分别在代号后面写上编号,用于区别门窗类型,统计门窗数量,如M—1、M—2和C—1、C—2等。对一些特殊用途的门窗也有相应的符号进行表示,如FM代表防火门,MM代表密闭防护门,CM代表窗连门。为了便于施工,一般情况下,在首页图上或在本平面图内,附有门窗表,列出门窗的编号、名称、尺寸、数量及其所选标准图集的编号等内容。

(7)看剖面的剖切符号及指北针。通过查看图纸中的剖切符号及指北针,可以在底层平面图中了解剖切部位,了解建筑物朝向。

### 四、建筑立面图

#### (一)建筑立面图的表达方法

房屋建筑的立面图是利用正投影法从一个建筑物的前后、左右、上下等不同方向(根据物体的复杂程度而定)分别向互相垂直的投影面上作投影,如图13-21所示。

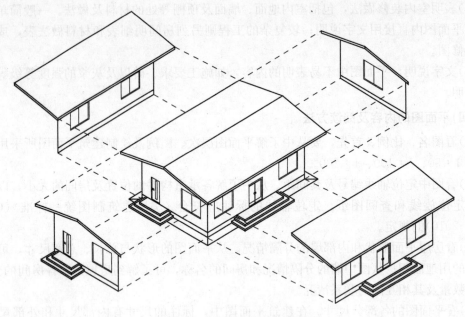

**图 13-21 利用正投影作立面图**

立面图的命名有两种形式：有定位轴线的建筑物，宜根据两端的轴线来命名，如①~④立面图、④~⑤立面图；没有定位轴线时，可按建筑物的方向命名，如图 13-22 所示的四个立面图。

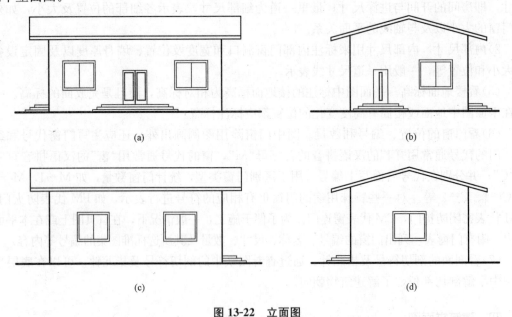

**图 13-22 立面图**
(a)南立面图；(b)西立面图；(c)北立面图；(d)东立面图

立面图主要反映房屋的体型，门窗形式，位置，长、宽、高尺寸和标高等，在该视图中，只画可见轮廓线，不画内部不可见的虚线。

### (二)建筑立面图的基本内容

(1)画出室外地面线及房屋的勒脚、台阶、花池、门窗、雨篷、阳台、室外楼梯、墙柱、檐口、屋顶、落水管、墙面分格线等内容。

(2)标注外墙各主要部位的标高,如室外地面、台阶顶面、窗台、窗上口、阳台、雨篷、檐口、女儿墙顶、屋顶水箱间及楼梯间屋顶等的标高。

(3)标注建筑物两端的定位轴线及其编号。

(4)标注索引符号。

(5)用文字说明外墙面装修的材料及其做法。

### (三)建筑立面图的阅读方法

(1)看图名和比例。了解是房屋哪一立面的投影,绘图比例是多少,以便与平面图对照阅读。

(2)看立面图中的标高尺寸,通常立面图中标注有室外地坪、出入口地面、勒脚、窗口、大门口及檐口等处的标高。

(3)看立面图两端的定位轴线及其编号。

(4)看房屋立面的外形,以及门窗、屋檐、台阶、阳台、烟囱、雨水管等的形状位置。

(5)看房屋外墙表面装修的做法和分格形式等,通常用指引线和文字来说明粉刷材料的类型、配合比和颜色等。

## 五、建筑剖面图

### (一)建筑剖面图的表达方法

建筑剖面图是用一假想的竖直剖切平面,垂直于外墙将房屋剖开,移去剖切平面与观察者之间的部分作出剩下部分的正投影图,简称剖面图。因剖切位置不同,剖面图又分为横剖面图(如图13-23中的2—2剖面图)和纵剖面图(如图13-23中的1—1剖面图)。

剖面图的主要作用是表明建筑物内部在高度方面的情况,如屋顶的坡度、楼房的分层、房门和门窗各部分的高度、楼板的厚度等,同时,也可以表示出建筑物所采用的结构形式。

剖面图的位置一般选择建筑内部做法有代表性和空间变化比较复杂的部位。例如,图13-23中沿2—2切开得到2—2剖面图。2—2剖面图有台阶、门和窗的部位。多层建筑一般选择在楼梯间。复杂的建筑则需要画出几个不同位置的剖面图。剖面的位置应在平面图上用剖切线标出。剖切线的长线表示剖切的位置,短线表示剖视方向,剖切位置的编号写在表示剖视方向的一方,图13-23所示剖面图中,剖切线2—2表示横向剖切,从南向北看。在一个剖面图中要想表示出不同的剖切位置,剖切线可以转折,但只允许转折一次。图13-23中1—1、2—2剖面图都是通过剖切线的转折,同时,表示南侧、西侧入口处的台阶、大门,北侧、东侧的窗的情况。

从以上介绍可以看出,平、立、剖面图相互之间既有区别,又紧密联系。平面图可以说明建筑物各部分在水平方向的尺寸和位置,却无法表明它们的高度。立面图能说明建筑物外形的长、宽、高尺寸,却无法表明它的内部关系。剖面图则能说明建筑物内部高度方向的布置情况。因此,只有通过平、立、剖三种图相互配合才能完整地说明建筑物从内到外、从水平到垂直的全貌。

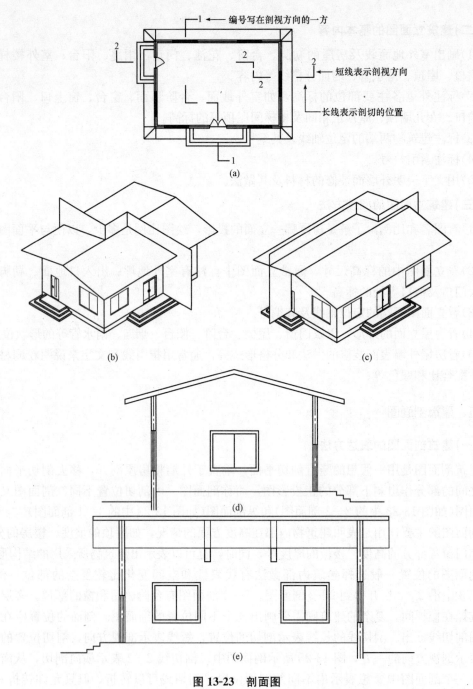

图 13-23 剖面图

(a)剖切位置示意；(b)沿 1—1 切开，由此得到 1—1 剖面图；
(c)沿 2—2 切开，由此得到 2—2 剖面图；(d)1—1 剖面图；(e)2—2 剖面图

**(二)建筑剖面图的基本内容**

(1)表示被剖切到的墙、柱、门窗洞口及其所属定位轴线。剖面图的比例应与平面图、立面图的比例一致，因此，在 1∶100 的剖面图中一般也不画材料图例，而用粗实线表示被剖切到的墙、梁、板等轮廓线，被剖断的钢筋混凝土梁板等应涂黑表示。

(2)表示室内底层地面、各层楼面及楼层面、屋顶、门窗、楼梯、阳台、雨篷、防潮层、踢脚板、室外地面、散水、明沟及室内、外装修等剖到或能见到的内容。

(3)表示楼地面、屋顶各层的构造。一般可用多层共用引出线说明楼地面、屋顶的构造层次和做法。如果另画详图或已有构造说明(如工程做法表),则在剖面图中用索引符号引出说明。

(三)建筑剖面图的阅读方法

(1)看图名、轴线编号和绘图比例。与底层平面图对照,确定剖切平面的位置及投影方向,从中了解它所画出的是房屋哪一部分的投影。

(2)看房屋各部位的高度,如房屋总高、室外地坪、门窗顶、窗台、檐口等处标高,室内底层地面、各层楼面及楼梯平台面标高等。

(3)看房屋内部构造和结构形式,如各层梁板、楼梯、屋面的结构形式、位置及其与柱的相互关系等。

(4)看楼地面、屋面的构造。在剖面图中表示楼地面、屋面的构造时,通常用一引出线指着需说明的部位,并按其构造层次顺序地列出材料等说明。有时将这一内容放在墙身剖面详图中。

(5)看图中有关部位坡度的标注。如屋面、散水、排水沟与坡道等处,需要做成斜面时,都标有坡度符号,如"3%"等。

## 六、建筑详图

### (一)建筑详图的表达方法

建筑平、立、剖面图是建筑施工图中最基本的图样,其反映了建筑物的全局,但由于其采用的比例比较小,因而某些建筑构配件(如门、窗、楼梯、阳台、各种装饰等)和某些建筑剖面节点(如檐口、窗台、明沟以及楼地面层和屋顶层等)的详细构造(包括式样、层次、做法、用料和详细尺寸等)都无法表达清楚。根据施工需要,必须另外绘制比例较大的图样平面图作为补充,这种图样称为建筑详图(包括建筑构配件详图和剖面节点详图)。大样图和平面图的比较如图 13-24 所示。

详图的数量及表示方法,应根据配构件的复杂程度而定,有时仅仅是平、立、剖中某个细部的放大,有时则需要画出其剖面或断面图,或需要多个视图或剖面(断面)图共同组成某一配构件的详图。详图必须注明详图符号、详图名称和比例,与被索引的图样上的索引符号对应,以方便对照阅读。

对于套用标准图或通用详图的建筑构配件和剖面节点,只要注明所套用图集的名称、编号或页次,就可不必再画详图。

### (二)建筑详图的分类及特点

建筑详图分为局部构造详图和构配件详图。局部构造详图主要表示房屋某一局部构造的做法和材料的组成,如墙身详图、楼梯详图等。构配件详图主要表示构配件本身的构造,如门、窗、花格等的详图。

建筑详图具有以下特点:

(1)图形详:图形采用较大比例绘制,各部分结构应表达详细,层次清楚,但又要详细而不烦琐。

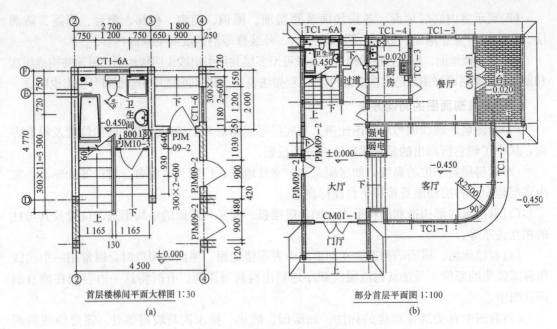

图 13-24 大样图和平面图的比较
(a)大样图；(b)平面图

(2)数据详：各结构的尺寸要标注完整、齐全。

(3)文字详：无法用图形表达的内容采用文字说明，要详尽清楚。

详图的表达方法和数量，可根据房屋构造的复杂程度而定。有的只用一个剖面详图就能表达清楚(如墙身详图)，而有的则需加平面详图(如楼梯间、卫生间详图)，或用立面详图(如门、窗详图)表达。

**(三)建筑详图的阅读方法**

(1)看详图的名称、比例、定位轴线及其编号。

(2)看建筑构配件的形状及与其他构配件的详细构造、层次有关的详细尺寸和材料图例等。

(3)看各部位和各层次的用料、做法、颜色及施工要求等。

(4)看标注的标高等。

# 第三节　结构施工图识读

建筑物的设计除要满足使用功能、美观、防火等要求外，还应按照建筑各方面的要求进行力学与结构计算，决定建筑承重构件(如基础、梁、板、柱等)的布置、形状、尺寸和详细设计的构造要求，并将其结果绘制成图样，用以指导施工，这样的图样称为结构施工图。

## 一、结构施工图的内容

结构施工图的内容主要包括结构设计说明、结构布置平面图和构件详图三部分，现分

述如下:

(1)结构设计说明。结构设计说明主要用于说明结构设计依据、对材料质量及构件的要求、有关地基的概况及施工要求等。

(2)结构布置平面图。结构布置平面图与建筑平面图相同,属于全局性的图纸,通常包括基础平面图、楼层结构平面布置图、屋顶结构平面布置图。

(3)构件详图。构件详图属于局部性的图纸,表示构件的形状、大小,所用材料的强度等级和制作安装等。其主要内容包括基础详图,梁、板、柱等构件详图,楼梯结构详图以及其他构件详图等。

## 二、结构施工图的比例

结构施工图的比例是根据图样的用途、被绘物体的复杂程度进行选取的,一般选用表 13-1 中的常用比例,特殊情况下也可选用可用比例。

表 13-1 常用比例

| 图名 | 常用比例 | 可用比例 |
| --- | --- | --- |
| 结构平面图<br>基础平面图 | 1:50、1:100、1:150 | 1:60、1:200 |
| 圈梁平面图,总图中管沟、地下设施等 | 1:200、1:500 | 1:300 |
| 详图 | 1:10、1:20、1:50 | 1:5、1:30、1:25 |

## 三、钢筋混凝土结构图

钢筋混凝土在建筑工程中是一种应用极为广泛的建筑材料,它由力学性能完全不同的钢筋和混凝土两种材料组合而成。

### (一)钢筋

**1. 钢筋的作用及标注方法**

配置在钢筋混凝土结构构件中的钢筋,其作用及标注方法如下:

(1)受力筋。受力筋是指承受构件内拉、压应力的钢筋。其配置根据受力情况通过计算确定,且应满足构造要求。在梁、柱中的受力筋也称为纵向受力筋,在标注时应说明其数量、品种和直径,如"4ϕ20",表示配置 4 根 HPB300 级钢筋,直径为 20 mm。

在板中的受力筋,标注时应说明其品种、直径和间距,如"ϕ10@100"(@是相等中心距符号),表示配置 HPB300 级钢筋,直径为 10 mm,间距为 100 mm。

(2)架立筋。架立筋一般设置在梁的受压区,与纵向受力钢筋平行,用于固定梁内钢筋的位置,并与受力筋形成钢筋骨架。架立筋是按构造配置的,其标注方法同梁内受力筋。

(3)箍筋。箍筋用于承受梁、柱中的剪力、扭矩,固定纵向受力钢筋的位置等。标注箍筋时,应说明箍筋的级别、直径、间距,如 ϕ10@100。

(4)分布筋。分布筋用于单向板、剪力墙中。

单向板中的分布筋与受力筋垂直。其作用是将承受的荷载均匀地传递给受力筋,并固定受力筋的位置以及抵抗热胀冷缩所引起的温度变形。其标注方法同板中受力筋。在剪力墙中布置的水平和竖向分布筋,除上述作用外,还可参与承受外荷载,其标注方法同板中受力筋。

(5)构造筋。构造筋是指因构造要求及施工安装需要而配置的钢筋,如腰筋、吊筋、拉结筋等。其标注方法同板中受力筋。

2. 钢筋的表示方法

了解钢筋混凝土构件中钢筋的配置非常重要。在结构图中通常用粗实线表示钢筋。一般钢筋的表示方法见表13-2。钢筋在结构构件中的画法见表13-3。

表 13-2　一般钢筋的表示方法

| 序号 | 名称 | 图例 | 说明 | 序号 | 名称 | 图例 | 说明 |
|---|---|---|---|---|---|---|---|
| 1 | 钢筋横断面 | · | | 6 | 无弯钩的钢筋搭接 | | |
| 2 | 无弯钩的钢筋端部 |  | 下图表示长、短钢筋投影重叠时,短钢筋的端部用45°斜画线表示 | 7 | 带半圆形弯钩的钢筋搭接 | | |
| 3 | 带半圆形弯钩的钢筋端部 |  | | 8 | 带直钩的钢筋搭接 | | |
| 4 | 带直钩的钢筋端部 | | | 9 | 花篮螺栓钢筋接头 |  | |
| 5 | 带丝扣的钢筋端部 |  | | 10 | 机械连接的钢筋接头 |  | 用文字说明机械连接的方式(冷挤压或锥螺纹等) |

表 13-3　钢筋的画法

| 序号 | 说明 | 图例 |
|---|---|---|
| 1 | 在结构平面图中配置双层钢筋时,底层钢筋的弯钩应向上或向左,顶层钢筋的弯钩则向下或向右 | 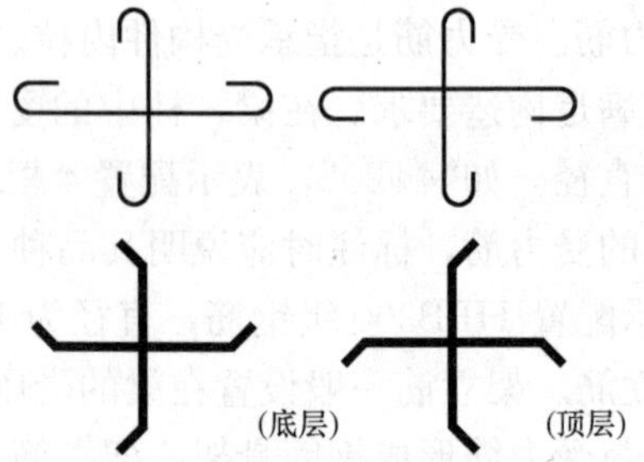 (底层) (顶层) |
| 2 | 当钢筋混凝土墙体配双层钢筋时,在配筋立面图中,远面钢筋的弯钩应向上或向左,而近面钢筋的弯钩向下或向右(JM为近面;YM为远面) | 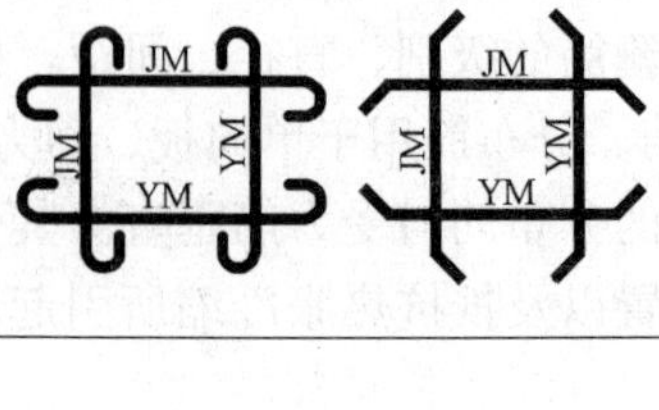 |

续表

| 序号 | 说明 | 图例 |
|---|---|---|
| 3 | 若在断面图中不能表达清楚钢筋的布置,应在断面图外增加钢筋大样图(钢筋混凝土墙、楼梯等) | 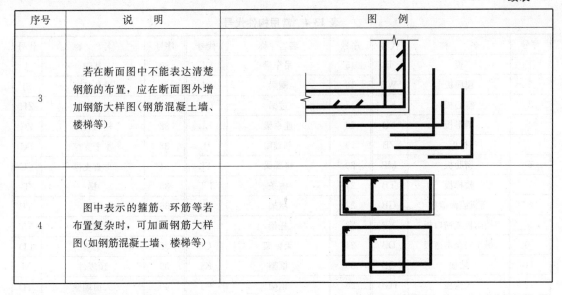 |
| 4 | 图中表示的箍筋、环筋等若布置复杂时,可加画钢筋大样图(如钢筋混凝土墙、楼梯等) | |

### 3. 弯钩的表示方法

为了增强钢筋与混凝土的黏结力,表面光圆的钢筋两端需要做弯钩。弯钩的形式及表示方法如图 13-25 所示。

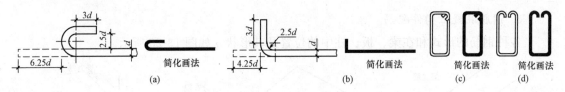

**图 13-25 钢筋的弯钩**
(a)半圆弯钩;(b)直角弯钩;(c)封闭式;(d)开口式

### (二)钢筋混凝土构件

#### 1. 构件的形成

用钢筋混凝土制成的梁、板、柱、基础等称为钢筋混凝土构件。混凝土是由水泥、砂子、石子和水按一定比例拌和而成的。凝固后的混凝土如同天然石材,具有较高的抗压强度,但抗拉强度却很低,容易因受拉而断裂。而钢筋的抗压、抗拉强度都很高,但价格昂贵且易腐蚀。为了解决混凝土受拉易断裂的矛盾,充分利用混凝土的受压能力,可在混凝土构件的受拉区域内加入一定数量的钢筋,使混凝土和钢筋结合成一个整体,共同发挥作用。

#### 2. 常用构件的代号

房屋结构的基本构件很多,布置也很复杂,为使图面清晰,以及把不同的构件表示清楚,《建筑结构制图标准》(GB/T 50105—2010)规定构件的名称应用代号来表示。常用构件的代号见表 13-4。代号后应用阿拉伯数字标注该构件的型号或编号,也可标注构件的顺序号。构件的顺序号采用不带角标的阿拉伯数字连续编排,代号用构件名称的汉语拼音中的第一个字母表示。

表13-4 常用构件代号

| 序号 | 名称 | 代号 | 序号 | 名称 | 代号 | 序号 | 名称 | 代号 |
|---|---|---|---|---|---|---|---|---|
| 1 | 板 | B | 15 | 吊车梁 | DL | 29 | 基础 | J |
| 2 | 屋面板 | WB | 16 | 圈梁 | QL | 30 | 设备基础 | SJ |
| 3 | 空心板 | KB | 17 | 过梁 | GL | 31 | 柱 | ZH |
| 4 | 槽形板 | CB | 18 | 连系梁 | LL | 32 | 柱间支撑 | ZC |
| 5 | 折板 | ZB | 19 | 基础梁 | JL | 33 | 水平支撑 | SC |
| 6 | 密肋板 | MB | 20 | 楼梯梁 | TL | 34 | 垂直支撑 | CC |
| 7 | 楼梯板 | TB | 21 | 檩条 | LT | 35 | 梯 | T |
| 8 | 盖板或沟盖板 | GB | 22 | 屋架 | WJ | 36 | 雨篷 | YP |
| 9 | 挡雨板或檐口板 | YB | 23 | 托架 | TJ | 37 | 阳台 | YT |
| 10 | 吊车安全走道板 | DB | 24 | 天窗架 | CJ | 38 | 梁垫 | LD |
| 11 | 墙板 | QB | 25 | 框架 | KJ | 39 | 预埋件 | M |
| 12 | 天沟板 | TGB | 26 | 钢架 | GJ | 40 | 天窗端壁 | TD |
| 13 | 梁 | L | 27 | 支架 | ZJ | 41 | 钢筋网 | W |
| 14 | 屋面梁 | WL | 28 | 柱 | Z | 42 | 钢筋骨架 | G |

注：预应力钢筋混凝土构件代号，应在构件代号前加注"Y—"，例如"Y—KB"表示预应力混凝土空心板。

**3. 钢筋混凝土构件配筋**

各种钢筋的形式和在梁、板、柱中的位置及其形状，如图13-26所示。

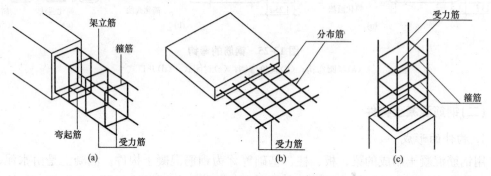

图13-26 钢筋混凝土梁、板、柱配筋示意
(a)梁；(b)板；(c)柱

**4. 钢筋混凝土构件图**

钢筋混凝土构件图是加工制作钢筋、浇筑混凝土的依据，其内容包括模板图、配筋图、钢筋表和文字说明四个部分。

(1)模板图。模板图是为浇筑构件的混凝土绘制的，主要表达构件的外形尺寸、预埋件的位置、预留孔洞的大小和位置。对于外形简单的构件，一般不必单独绘制模板图，只需在配筋图中把构件的尺寸标注清楚即可。对于外形较复杂或预埋件较多的构件，一般要单独画出模板图。

模板图的图示方法就是按构件的外形绘制的视图,外形轮廓线用中粗实线绘制,如图 13-27 所示。

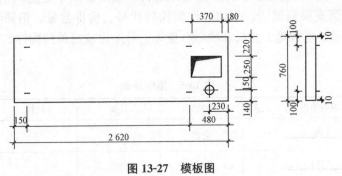

图 13-27 模板图

(2) 配筋图。配筋图是指钢筋混凝土构件(结构)中的钢筋配置图,主要表示构件内部所配置钢筋的形状、大小、数量、级别和排放位置。配筋图又可分为立面图、断面图和钢筋详图。

1) 立面图。立面图是假定构件为一透明体而画出的一个纵向正投影图,主要表示构件中钢筋的立面形状和上下排列位置。通常构件外形轮廓用细实线表示,钢筋用粗实线表示,如图 13-28(a)所示。当钢筋的类型、直径、间距均相同时,可只画出其中的一部分,其余可省略不画。

2) 断面图。断面图是构件横向剖切投影图。它主要表示钢筋的上下和前后的排列、箍筋的形状等内容。凡构件的断面形状及钢筋的数量、位置有变化之处,均应画出其断面图。断面图的轮廓为细实线,钢筋横断面用黑点表示,如图 13-28(b)所示。

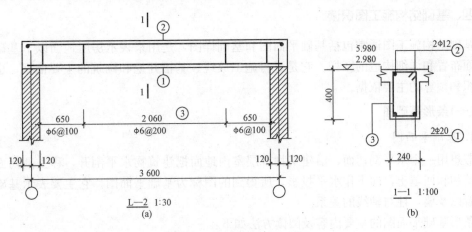

图 13-28 钢筋简支梁配筋图

3) 钢筋详图。钢筋详图是按规定的图例画出的一种示意图。它主要表示钢筋的形状,以便于钢筋下料和加工成型。同一编号的钢筋只画一根,并标注钢筋的编号、数量(或间距)、等级、直径及各段的长度和总尺寸。

为了区分钢筋的等级、形状、大小,应将钢筋予以编号。钢筋编号用阿拉伯数字注写在直径为 6 mm 的细实线圆圈内,并用引出线指到对应的钢筋部位。同时,在引出线的水平线段上注出钢筋标注内容。

(3)钢筋表。为便于编制施工预算和统计用料,在配筋图中还应列出钢筋表,表13-5为某钢筋混凝土简支梁钢筋表。表内应注明构件代号、构件数量、钢筋编号、钢筋简图、直径、长度、数量、总数量、总长和质(重)量等。对于比较简单的构件,可不画钢筋详图,只列钢筋表。

表 13-5 梁钢筋表

| 编号 | 钢筋简图 | 规格 | 长度 | 根数 | 质(重)量 |
|---|---|---|---|---|---|
| ① | 3 790 | $\underline{\Phi}$20 | 3 790 | 2 | |
| ② | 3 790 | $\underline{\Phi}$12 | 3 950 | 2 | |
| ③ | 190 350 | $\underline{\Phi}$6 | 1 180 | 23 | |
| 总重 | | | | | |

注:此表应与图13-28所示钢筋混凝土简支梁配筋图结合阅读。

5. 钢筋的保护层

为了防止构件中的钢筋被锈蚀,加强钢筋与混凝土的黏结力,构件中的钢筋不允许外露,构件表面到钢筋外缘必须有一定厚度的混凝土,这层混凝土称为钢筋的保护层。保护层的厚度因构件不同而异,根据《钢筋混凝土结构设计规范》(GB 50010—2010)的规定,一般情况下,梁和柱的保护层的厚度为25 mm,板的保护层的厚度为10~15 mm。

四、基础结构施工图识读

基础结构施工图通常包括基础平面图和基础详图,是用来表示房屋地面以下基础部分的平面布置和详细构造的图样。它是进行施工放线、基槽开挖和砌筑的主要依据,也是施工组织和预算的主要依据。

(一)条形基础图

1. 基础平面图

假想用一个水平剖切面,沿建筑物首层室内地面把建筑物水平剖开,移去剖切面以上的建筑物和回填土,向下作水平投影,所得到的图称为基础平面图。它主要表示基础的平面布置以及墙、柱与轴线的关系。

条形基础平面图的主要内容及阅读方法如下:

(1)看图名、比例和轴线。基础平面图的绘图比例、轴线编号及轴线间的尺寸必须同建筑平面图一样。

(2)看基础的平面布置,即基础墙、柱以及基础底面的形状、大小及其与轴线的关系。

(3)看基础梁的位置和代号。主要了解基础的哪些部位有梁,根据代号可以统计梁的种类、数量和查阅梁的详图。

(4)看地沟与孔洞。由于给水排水的要求,常常设置地沟或在地面以下的基础墙上预留孔洞。在基础平面图中用虚线表示地沟或孔洞的位置,并注明大小及洞底的标高。

(5)看基础平面图中的剖切符号及其编号。在不同的位置,基础的形状、尺寸、埋置深度及其与轴线的相对位置不同,需要分别画出它们的断面图(基础详图)。在基础平面图中要相应地画出剖切符号,并注明断面图的编号。

2. 基础详图

条形基础详图就是先假想用剖切平面垂直剖切基础,用较大比例画出的断面图,它用于表示基础的断面形状、尺寸、材料、构造及基础埋置深度等内容。其阅读方法及步骤如下:

(1)看图名、比例。基础详图的图名常用"1—1、2—2……",断面或基础代号表示。基础详图比例常用1:20。读图时先用基础详图的名字(1—1、2—2等),对照基础平面图的位置,了解其是哪一条基础上的断面图。

(2)看基础断面的形状、大小、材料及配筋。断面图中(除配筋部分),要画上材料图例表示。

(3)看基础断面图的各部分详细尺寸和室内外地面、基础底面的标高。基础断面图中的详细尺寸包括基础底部的宽度及其与轴线的关系、基础的深度及大放脚的尺寸。

(二)独立基础图

1. 基础平面图

独立基础图是由基础平面图和基础详图两部分组成的。独立基础平面图不但要表示出基础的平面形状,而且要标明各独立基础的相对位置。对不同类型的单独基础要分别编号。

某厂房的钢筋混凝土杯形基础平面图如图 13-29 所示,图中的"□"表示独立基础的外轮廓线,框中的"I"是矩形钢筋混凝土柱的断面,基础沿定位轴线分布,其编号为J—1、J—2及J—1a,其中J—2有10个,布置在②~⑥轴线之间并分前后两排;J—1共4个,布置在①和⑦轴线上;J—1a 也有 4 个,布置在车间四角。

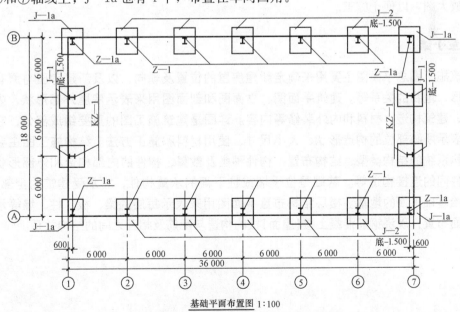

图 13-29 钢筋混凝土杯形基础平面图

2. 基础详图

钢筋混凝土独立基础详图一般应画出平面图和剖面图,用以表达每一基础的形状、尺寸和配筋情况。

### 五、楼层结构布置平面图

楼层结构布置平面图是假想用一水平剖切平面,沿每层楼板面将建筑物水平剖开,移去剖切平面上部建筑物后,向下作水平投影所得到的水平剖面图。它主要用来表示每层的梁、板、柱、墙等承重构件的平面布置,是安装梁、板等各种楼层构件的依据,也是计算构件数量、编制施工预算的依据。

楼层结构布置平面图的内容与阅读方法如下:

(1) 看图名、轴线、比例。一般房屋有几层,就应画出几个楼层结构布置平面图。对于结构布置相同的楼层,可画一个通用的结构布置平面图。

(2) 看预制楼板的平面布置及其标注。在平面图上,预制楼板应按实际布置情况用细实线表示,其表示方法为:在布板的区域内用细实线画一对角线并注写板的数量和代号。目前,各地标注构件代号的方法不同,应注意按选用图集中的规定代号注写。一般应包含数量、标志长度、板宽、荷载等级等内容。

(3) 看现浇楼板的布置。现浇楼板在结构平面图中的表示方法主要有两种:一种是直接在现浇板的位置处绘出配筋图,并进行钢筋标注;另一种是在现浇板范围内画一条对角线,并注写板的编号,该板配筋另有详图。

(4) 看楼板与墙体(或梁)的构造关系。在结构布置平面图中,配置在板下的圈梁、过梁、梁等钢筋混凝土构件的轮廓线可用中虚线表示,也可用单线(粗虚线)表示,并应在构件旁侧标注其编号和代号。为了清楚地表达楼板与墙体(或梁)的构造关系,通常要画出节点剖面放大图,以便于施工。

### 本章小结

建筑施工图总平面图主要用来确定新建房屋的位置及朝向,以及新建房屋与原有房屋周围地形、地物的关系等。建筑平面图、立面图和剖面图用来表示房屋外部形状、内部房间布置、建筑构造、材料和内外装修等内容。详图是建筑施工图的重要组成部分,它可以详细地表示所画部位的构造形状、大小尺寸、使用材料和施工方法。结构施工图主要表示房屋结构系统的结构类型、结构布置、构件种类及数量、构件的内部构造和外部形状尺寸以及构件间的连接构造等。基础是位于墙或柱下面的承重构件,它承受建筑的全部荷载,并传递给基础下面的地基。楼层结构布置平面图用来表示每层的梁、板、柱、墙等承重构件的平面布置,现浇钢筋混凝土楼(屋面)板的构造与配筋及相互之间的结构关系。

# 思考与练习

## 一、单选题

1. 阅读条形基础详图的时候,无须进行的步骤是(　　)。
   A. 看图名、比例
   B. 看基础断面图的各部分详细尺寸和室内外地面、基础底面的标高
   C. 看基础梁的位置和代号
   D. 看基础断面形状、大小、材料及配筋

2. 施工结构图的内容不包括(　　)。
   A. 结构设计说明　　　　　　B. 名称、比例、定位轴线及其编号
   C. 结构布置平面图　　　　　D. 构件详图

3. 房屋平面图一般是指用(　　)剖切房屋画出的剖面图。
   A. 水平面　　B. 侧平面　　C. 正平面　　D. 铅垂面

参考答案

## 二、简答题

1. 总平面图的内容有哪些?
2. 结构施工图的用途是什么?
3. 建筑立面图的内容有哪些?
4. 建筑物的哪些部位要作详图?
5. 条形基础图中包括哪些内容?基础详图中应标注哪些尺寸?

# 参 考 文 献

[1] 陈文斌，等．建筑工程制图[M]．4 版．上海：同济大学出版社，2005．
[2] 王丽洁，张萍．画法几何与阴影透视[M]．北京：中国建材工业出版社，2006．
[3] 张英，郭树荣．建筑工程制图[M]．北京：中国建筑工业出版社，2005．
[4] 李宣．安装工程识图与制图[M]．北京：中国电力出版社，2003．
[5] 张岩．建筑工程制图[M]．2 版．北京：中国建筑工业出版社，2007．
[6] 同济大学，等．房屋建筑学[M]．4 版．北京：中国建筑工业出版社，2005．
[7] 李国生，黄水生．土建工程制图[M]．广州：华南理工大学出版社，2005．
[8] 赵研．建筑识图与构造[M]．2 版．北京：中国建筑工业出版社，2008．
[9] 李必瑜．房屋建筑学[M]．武汉：武汉理工大学出版社，2000．
[10] 陈大钏．房屋建筑学[M]．北京：高等教育出版社，2001．
[11] 王强，张小平．建筑工程制图与识图[M]．北京：机械工业出版社，2003．